Rosner

# Mathe gut erklärt
# Abitur 2023

Baden-Württemberg
Leistungsfach Mathematik
Allgemeinbildende Gymnasien

9. Auflage

Freiburger Verlag

Stefan Rosner, geb. 1979,
studierte Mathematik in
Mannheim und unterrichtet
seit 2005 in der Oberstufe.


Printed in EU
www.freiburger-verlag.de

# Inhaltsverzeichnis

**I. Grundlagen Analysis** . . . 8
**1 Funktionen (Mindmap)** . . . 8
1.1 Ganzrationale Funktionen (Polynome) . . . 10
1.2 Der Nullstellenansatz und die Vielfachheit von Nullstellen . . . 12
1.3 Gebrochenrationale Funktionen . . . 14
1.4 Exponentialfunktionen . . . 16
1.5 Trigonometrische Funktionen . . . 18
1.6 Wurzelfunktion . . . 20
1.7 Natürliche Logarithmusfunktion . . . 20
1.8 Umkehrfunktion . . . 21
1.9 Übersicht: Spiegeln, Strecken und Verschieben . . . 22
1.10 Funktionenscharen . . . 24
1.11 Symmetrie zur $y$-Achse bzw. zum Ursprung . . . 26
1.12 Umgang mit Funktionen: Rechenansätze . . . 27
**2 Gleichungen (Mindmap)** . . . 28
2.1 Gleichungstypen: Übersicht . . . 30
2.2 Gleichungstypen: Konkretes Lösungsvorgehen . . . 32
2.3 Goldene Regeln zum Lösen von Gleichungen . . . 40
2.4 Ungleichungen . . . 42
2.5 Lineare Gleichungssysteme . . . 44
**3 Differenzialrechnung (Mindmap)** . . . 46
3.1 Ableitungsregeln . . . 48
3.2 Tangente und Normale . . . 51
3.3 Schnittpunkte (Berührpunkt, senkrechter Schnitt, Schnittwinkel) . . . 54
3.4 Monotonie . . . 56
3.5 Krümmung . . . 57
3.6 Extrempunkte (Hoch- und Tiefpunkte) . . . 58
3.7 Wendepunkte . . . 59
3.8 Sattelpunkte . . . 60
3.9 Ortskurve (Zusatz) . . . 64
3.10 Zusammenhang zwischen den Schaubildern von Funktion und Ableitung . . . 66
3.11 Ermittlung von Funktionsgleichungen . . . 68
3.12 Extremwertaufgaben . . . 72
3.13 Wachstum und Zerfall . . . 74
**4 Integralrechnung (Mindmap)** . . . 70
4.1 Integrationsregeln („Aufleitungsregeln“) . . . 78
4.2 Flächeninhaltsberechnung zwischen Schaubild und $x$-Achse . . . 82
4.3 Flächeninhaltsberechnung zwischen zwei Schaubildern . . . 84

4.4 Mittelwert (durchschnittlicher $y$-Wert) einer Funktion . . . 88
4.5 Flächen, die bis ins Unendliche reichen (Uneigentliche Integrale) . . . 90
4.6 Berechnung des Rotationsvolumens: Fläche zwischen Schaubild und $x$-Achse rotiert um die $x$-Achse . . . 92
4.7 Berechnung des Rotationsvolumens: Fläche zwischen zwei Schaubildern rotiert um die $x$-Achse . . . 93
4.8 Zusatz: Wichtiges für Anwendungsorientierte Aufgaben . . . 94

**II. Grundlagen Vektorgeometrie (Mindmap)** . . . 98
**1 Vorwissen** . . . 100
1.1 Punkte (im $\mathbb{R}^3$) . . . 100
1.2 Vektoren (im $\mathbb{R}^3$) . . . 100
1.3 Rechnen mit Vektoren (Addition, Subtraktion, Betrag, Skalare Multiplikation, Linearkombination, Lineare Abhängigkeit und Unabhängigkeit, Skalarprodukt, Vektorprodukt) . . . 101
**2 Geraden** . . . 104
2.1 Geradengleichungen in Parameterform . . . 104
2.2 Gegenseitige Lage von Geraden . . . 106
**3 Ebenen** . . . 108
3.1 Ebenengleichungen in Parameterform . . . 108
3.2 Ebenengleichungen in Normalenform . . . 110
3.3 Ebenengleichungen in Koordinatenform . . . 112
3.4 Spurpunkte, Spurgeraden und die Lage im Koordinatensystem . . . 114
3.5 Umwandlungen der Ebenenformen . . . 115
**4 Gegenseitige Lage** . . . 120
4.1 Ebene-Gerade . . . 120
4.2 Ebene-Ebene . . . 122
**5 Schnittwinkel** . . . 125
**6 Abstandsberechnungen** . . . 126
6.1 Abstände zu einem Punkt . . . 127
6.2 Abstände zu einer Geraden . . . 130
6.3 Abstände zu einer Ebene . . . 132
**7 Zusatz: Bewegungsaufgaben (Modellieren mit Vektoren)** . . . 134
**8 Spiegelungen** . . . 136
**9 Das Vektorprodukt zur Flächen- und Volumenberechnung** . . . 138

**III. Grundlagen Stochastik (Mindmap)** . . . 140
**1 Baumdiagramm, Pfadregeln und Erwartungswert** . . . 142
1.1 Einführung . . . 142

1.2 Aufgabentypen . . . . . 145
1.3 Zufallsgröße, Erwartungswert und Standardabweichung . . . . . 148
**2 Bedingte Wahrscheinlichkeit, Unabhängigkeit, Vierfeldertafel** . . . . . 152
2.1 Bedingte Wahrscheinlichkeit . . . . . 152
2.2 Unabhängigkeit . . . . . 154
2.3 Vierfeldertafel . . . . . 155
2.4 Zusammenhänge und Vernetzung . . . . . 156
**3 Kombinatorik** . . . . . 162
3.1 Übersicht: Berechnung von Anzahlen und Wahrscheinlichkeiten . . . . . 162
3.2 Beispielaufgaben . . . . . 164
**4 Binomialverteilung** . . . . . 166
4.1 Bernoulliformel . . . . . 166
4.2 Binomialverteilung und kumulierte Binomialverteilung . . . . . 168
4.3 Aufgabentypen . . . . . 170
4.4 Erwartungswert und Standardabweichung . . . . . 177
**5 Der einseitige Hypothesentest** . . . . . 178
5.1 Ausführliche Erklärung . . . . . 178
5.2 Vorgehen und Beispiele . . . . . 179
5.3 Fehler 1. Art und 2. Art . . . . . 182
5.4 Zweiseitiger Hypothesentest . . . . . 186
**6 Normalverteilung** . . . . . 188
6.1 Unterschied zur Binomialverteilung . . . . . 188
6.2 Normalverteilung und Gaußsche Glockenkurve . . . . . 188
6.3 Aufgabentypen . . . . . 190

# Vorwort

**Liebe Schülerinnen und Schüler,**

dieses Buch und die Videos sollen Sie dabei unterstützen,

- sich in den letzten beiden Schuljahren optimal auf Klausuren und auf das Abitur in Mathematik vorzubereiten.
- sich alle Lehrplaninhalte anhand verständlicher und übersichtlicher Stoffzusammenfassungen anzueignen.
- die Abitursaufgaben der vergangenen Jahrgänge zu bearbeiten, da Sie hiermit ein Nachschlagewerk zur Verfügung haben.
- durch Erfolge neue Motivation für das Fach Mathematik zu bekommen.

**Liebe Fachkolleginnen und Fachkollegen,**

dieses Buch und die Videos sollen Sie dabei unterstützen,

- die zeitintensive Stoffwiederholung, Klausur- und Abiturvorbereitung teilweise aus dem Unterricht auslagern zu können.
- auf diese Weise mehr Zeit für verständnisorientierten Unterricht zu gewinnen.
- sicherzustellen, dass Ihre Schülerinnen und Schüler über ausreichendes Basiswissen verfügen.

## NEU

**Mindmaps** zu Beginn des jeweiligen Kapitels.

**Liebe Schülerinnen und Schüler,**

über Fragen oder Anregungen zu den Inhalten dieses Buches freue ich mich sehr.

*Stefan Rosner*

(stefan_rosner@hotmail.com)

Funktionstypen

Ganzrationale Funktion

$f(x) = x^4 - 2x^3 - 1$

(S. 10)

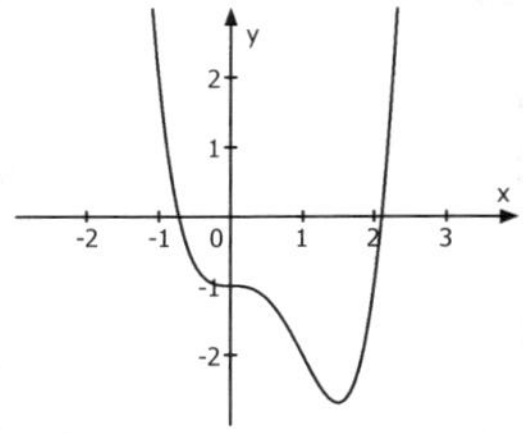


Gebrochenrationale Funktion

$f(x) = \frac{x-1}{x^2}$

(S. 14)

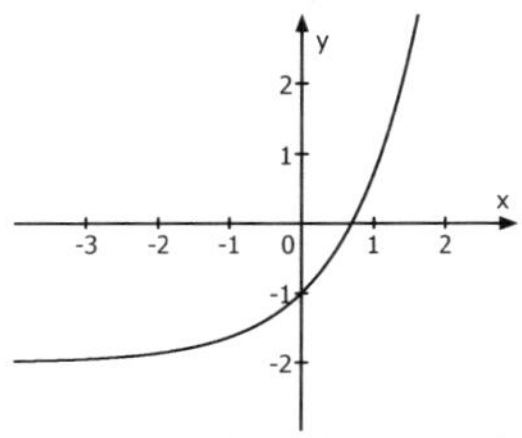


Exponentialfunktion

$f(x) = e^x - 2$

(S. 16)

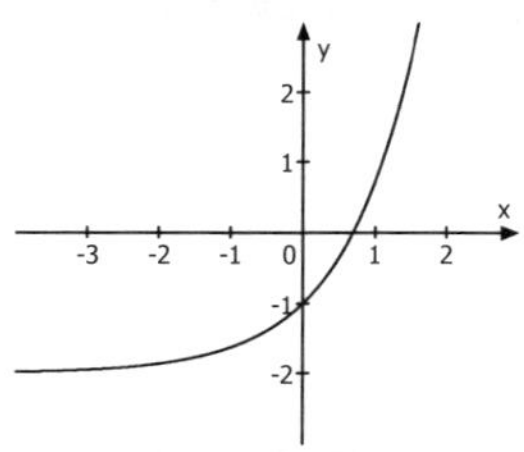


Trignonometrische Funktion

$f(x) = 2 \cdot \sin(x)$

(S. 18)

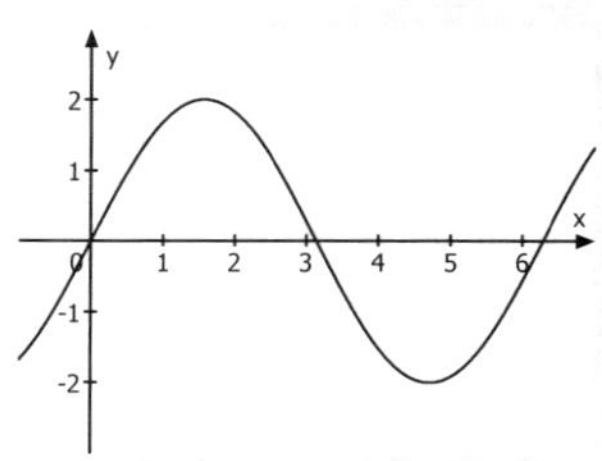

# Analysis
## Funktionen

Nullstellenansatz

$f(x) = (x+1)^2 \cdot (x-1)$

(S. 12)

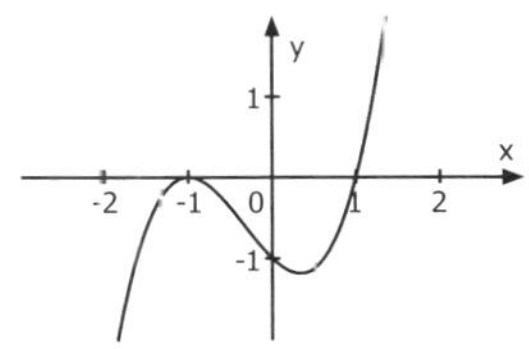


Symmetrie

...zur $y$-Achse

...zum Ursprung

(S. 26)

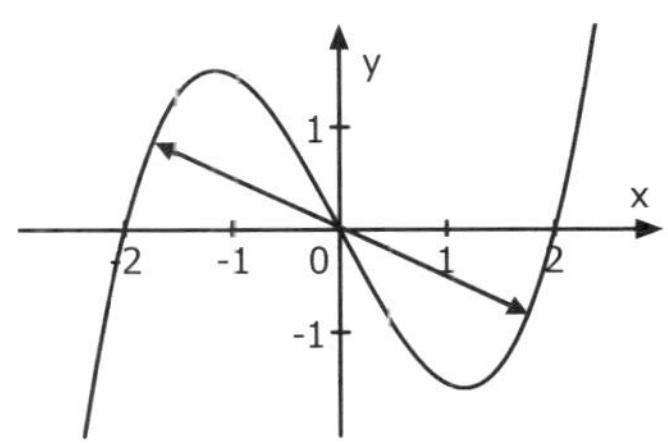


Spiegeln, Strecken
und Verschieben

(S. 22)

Umkehrfunktion

$f(x) = x^2$

$f^{-1}(x) = \sqrt{x}$

(S. 21)

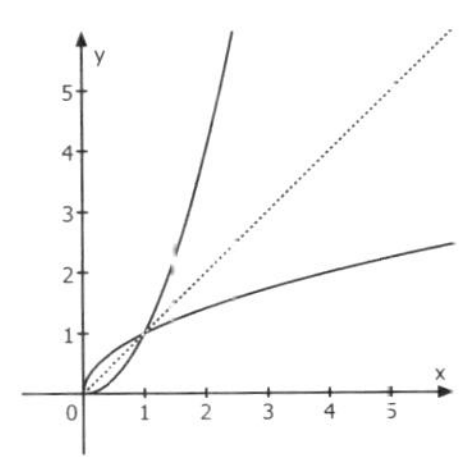

# 1. Funktionen

## 1.1 Ganzrationale Funktionen (Polynome)

| 1. Grades (Geraden) | 2. Grades (Parabeln) |
|---|---|
| **Hauptform :** $\boldsymbol{y = mx + b}$<br><br>Vorgehen zum Einzeichnen:<br>$y = \frac{\textit{hoch / runter}}{\textit{rechts}} \cdot x + \textit{y-Achsen-abschnitt}$<br><br>Steigung aus 2 Punkten: $m = \frac{y_2 - y_1}{x_2 - x_1}$<br><br>Steigungswinkel aus Steigung bestimmen:<br>$m = \tan(\alpha)$<br><br>Parallele Geraden:<br>$m_1 = m_2$ (gleiche Steigung)<br><br>Senkrechte (orthogonale) Geraden:<br>Steigungen sind negative Kehrwerte voneinander: $m_2 = -\frac{1}{m_1}$ bzw. $m_1 \cdot m_2 = -1$<br><br>1. Winkelhalbierende: $y = x \quad (m = 1)$<br>2. Winkelhalbierende: $y = -x \quad (m = -1)$ | **Allg.:** $\boldsymbol{f(x) = ax^2 + bx + c}$<br><br>Scheitelpunkt-Ansatz:<br>$f(x) = a \cdot (x - x_s)^2 + y_s$ mit $S(x_s \mid y_s)$<br><br>$a > 0$: nach oben geöffnet bzw. Verlauf von II nach I<br><br>$a < 0$: nach unten geöffnet bzw. Verlauf von III nach IV<br><br>Schnittpunkt mit $y$-Achse: $S_y(0 \mid c)$<br><br>Bei Symmetrie zur $y$-Achse:<br>$f(x) = ax^2 + c$ (nur gerade Hochzahlen) |
| 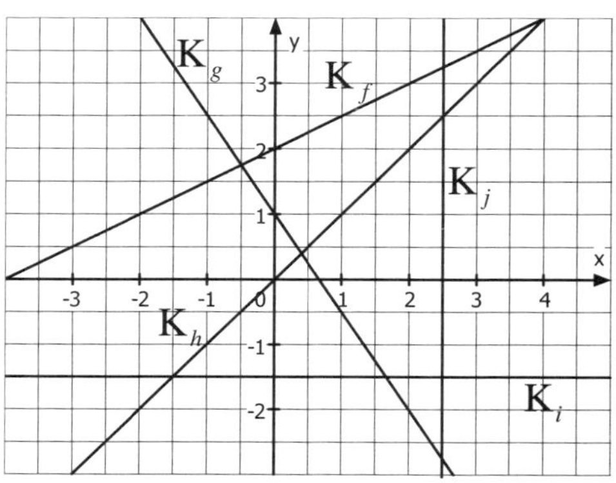 | 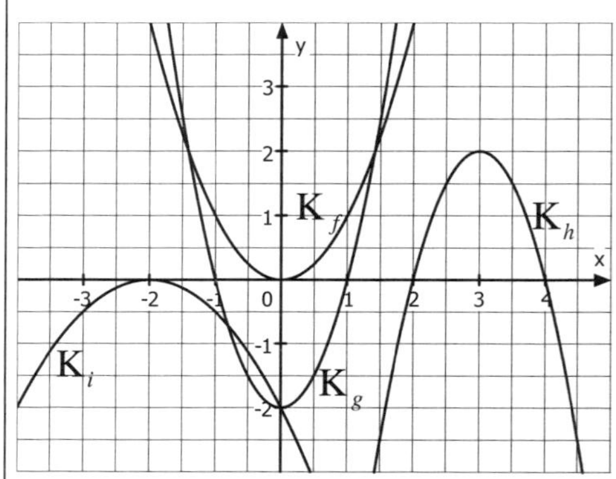 |
| $K_f$: $y = \frac{1}{2}x + 2$ $\quad$ $K_g$: $y = -\frac{3}{2}x + 1$<br>$K_h$: $y = x$ (1. Winkelhalbierende)<br>$K_i$: $y = -1{,}5$ $\quad$ $K_j$: $x = 2{,}5$ | $K_f$: $f(x) = x^2$ $\quad$ $K_g$: $g(x) = 2x^2 - 2$<br>$K_h$: $h(x) = -2(x-3)^2 + 2$<br>$K_i$: $i(x) = -0{,}5x^2 - 2x - 2$ |



http://frv.tv/5s

<table>
<tr><th>3. Grades</th><th>4. Grades</th></tr>
<tr>
<td>

**Allg.:** $f(x)=ax^3+bx^2+cx+d$

$a>0$: Verlauf von III nach I

$a<0$: Verlauf von II nach IV

Schnittpunkt mit $y$-Achse: $S_y(0\,|\,d)$

Ansatz bei Symmetrie zum Ursprung:<br>$f(x)=ax^3+cx$ (nur ungerade Hochzahlen)

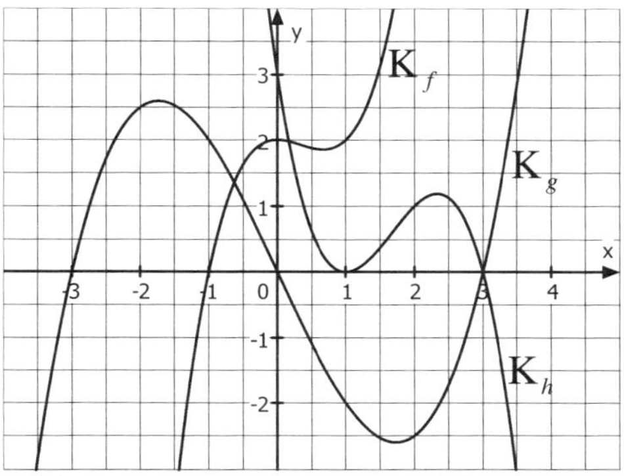


$K_f$: $f(x)=x^3-x^2+2$

$K_g$: $g(x)=\frac{1}{4}x^3-\frac{9}{4}x$

$K_h$: $h(x)=-x^3+5x^2-7x+3$

</td>
<td>

**Allg.:** $f(x)=ax^4+bx^3+cx^2+dx+e$

$a>0$: Verlauf von II nach I

$a<0$: Verlauf von III nach IV

Schnittpunkt mit $y$-Achse: $S_y(0\,|\,e)$

Ansatz bei Symmetrie zur $y$-Achse:<br>$f(x)=ax^4+cx^2+e$ (nur gerade Hochzahlen)

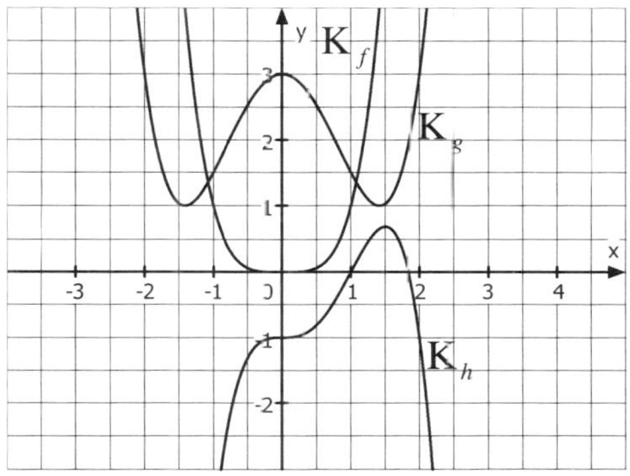


$K_f$: $f(x)=x^4$

$K_g$: $g(x)=0{,}5x^4-2x^2+3$

$K_h$: $h(x)=-x^4+2x^3-1$

</td>
</tr>
</table>

**Die Quadranten**

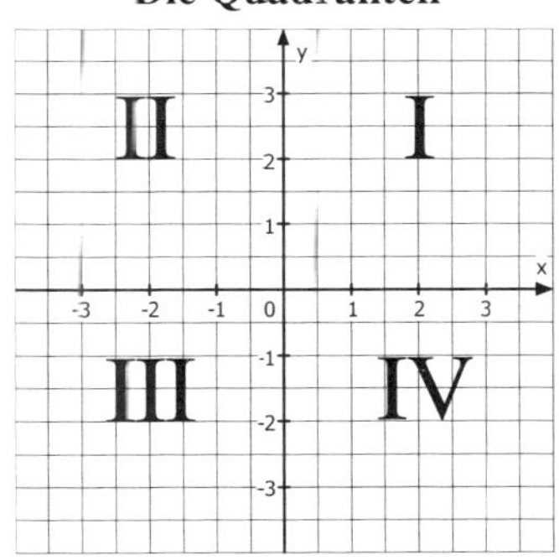

## 1.2 Der Nullstellenansatz und die Vielfachheit von Nullstellen

**Beispiele**

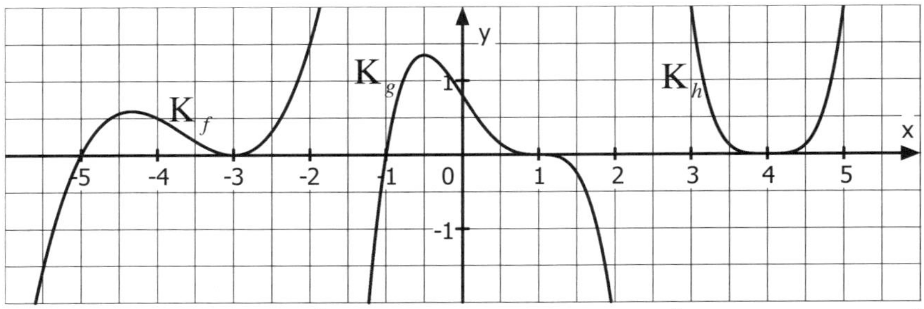


$K_f$: $f(x) = 0,5 \cdot (x+5) \cdot (x+3)^2$ $K_g$: $g(x) = -0,8 \cdot (x+1) \cdot (x-1)^3$ $K_h$: $h(x) = 2 \cdot (x-4)^4$

**Aufbau des Nullstellenansatzes** (am Beispiel)

$$g(x) = -0,8 \cdot (x+1) \cdot (x-1)^3$$

| -0,8 | (x+1) | (x−1)³ |
|---|---|---|
| Verlauf von III nach IV | $x_0 = -1$ ist einfache Nullstelle | $x_{1/2/3} = +1$ ist dreifache Nullstelle |

**Übersicht (für ganzrationale Funktionen)**

| Vielfachheit Nullstelle | Faktor im Nullstellenansatz | Skizze | Beschreibung |
|---|---|---|---|
| **Einfache** Nullstelle: $x_0$ | $f(x) = \ldots \cdot (x - x_0) \cdot \ldots$ | 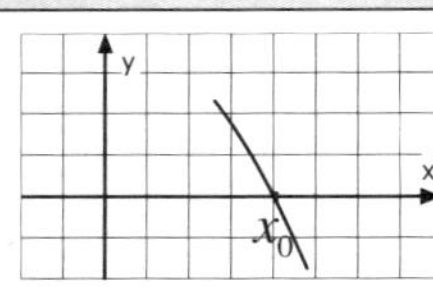  | Schaubild **schneidet** $x$-Achse (mit Vorzeichenwechsel VZW) |
| **Doppelte** Nullstelle: $x_0$ | $f(x) = \ldots \cdot (x - x_0)^2 \cdot \ldots$ | 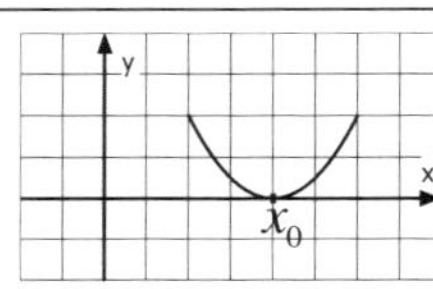  | Schaubild **berührt** $x$-Achse (ohne VZW) |
| **Dreifache** Nullstelle: $x_0$ | $f(x) = \ldots \cdot (x - x_0)^3 \cdot \ldots$ | 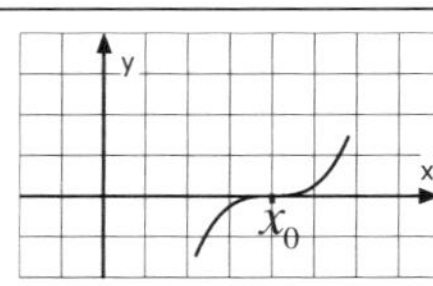  | Schaubild **schneidet** und **berührt** $x$-Achse (mit VZW) |
| **Vierfache** Nullstelle: $x_0$ | $f(x) = \ldots \cdot (x - x_0)^4 \cdot \ldots$ | 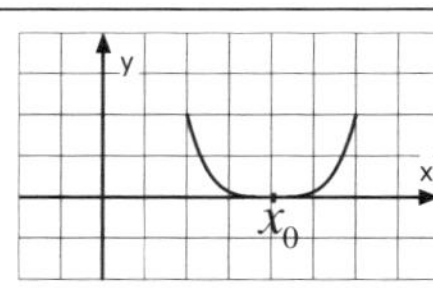  | Schaubild **berührt** $x$-Achse (ohne VZW) („breiter“ geformt als doppelte Nullstelle) |



http://frv.tv/5t

**Beispiel**
Gesucht ist der Funktionsterm zum nebenstehenden Schaubild.

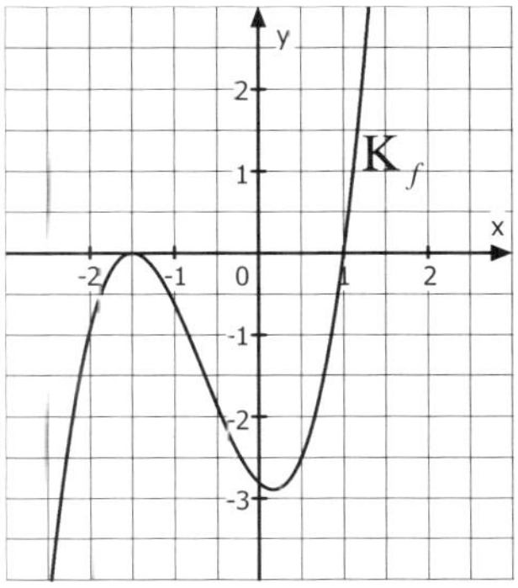


**Lösung**
Da die Nullstellen $\left(x_{1/2}=-1{,}5;\;\; x_3=1\right)$ des Schaubildes ablesbar sind, kann der Nullstellenansatz der Funktion weitgehend aufgestellt werden:

$f(x)=a\cdot(x+1{,}5)^2\cdot(x-1)$

Dann werden die Koordinaten eines weiteren Punktes, der kein Schnittpunkt mit der $x$-Achse ist, eingesetzt:

P(0,5 | −2,5):

$$\begin{aligned} f(x) &= a\cdot(x+1{,}5)^2\cdot(x-1)\\ -2{,}5 &= a\cdot(0{,}5+1{,}5)^2\cdot(0{,}5-1)\\ -2{,}5 &= -2a\\ \frac{5}{4} &= a \end{aligned}$$

$$\Rightarrow f(x)=\frac{5}{4}\cdot(x+1{,}5)^2\cdot(x-1)$$

## 1.3 Gebrochenrationale Funktionen

**Allg.** $f(x) = \dfrac{\textit{(ganzrationale) Funktion}}{\textit{(ganzrationale) Funktion}}$ Beispiel: $f(x) = \dfrac{-2x^2 + 3x}{x+2}$ $\left(\text{mit } D = \mathbb{R} \setminus \{-2\}\right)$

### 1. Untersuchung auf senkrechte Asymptoten

$x$-Werte, die im **Nenner** zum **Wert 0** führen, nennt man **Definitionslücken**. Solche $x$-Werte sind nicht in der Definitionsmenge der Funktion enthalten.
An einer Definitionslücke kann das Schaubild eine **senkrechte Asymptote** aufweisen.
(Hinweis: Asymptote = Näherungsgerade)

**Fall 1 : Polstelle mit Vorzeichenwechel (einfache** Nullstelle des Nenners)

Beispiel: $f(x) = \dfrac{1}{x-1}$ $\left(\text{mit } D = \mathbb{R} \setminus \{1\}\right)$

Senkrechte Asymptote: $\boldsymbol{x = 1}$

Für $x \to 1$ $(x < 1)$ gilt: $f(x) \to -\infty$
Für $x \to 1$ $(x > 1)$ gilt: $f(x) \to +\infty$

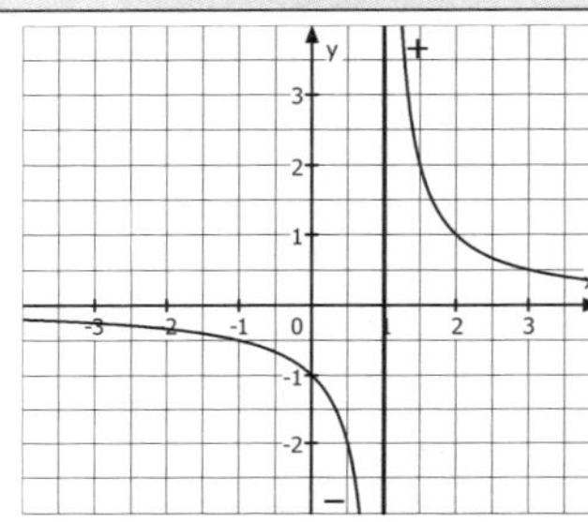


**Fall 2 : Polstelle ohne Vorzeichenwechel (doppelte** Nullstelle des Nenners)

Beispiel: $f(x) = \dfrac{1}{(x-1)^2}$ $\left(\text{mit } D = \mathbb{R} \setminus \{1\}\right)$

Senkrechte Asymptote: $\boldsymbol{x = 1}$

Für $x \to 1$ $(x < 1)$ gilt: $f(x) \to +\infty$
Für $x \to 1$ $(x > 1)$ gilt: $f(x) \to +\infty$

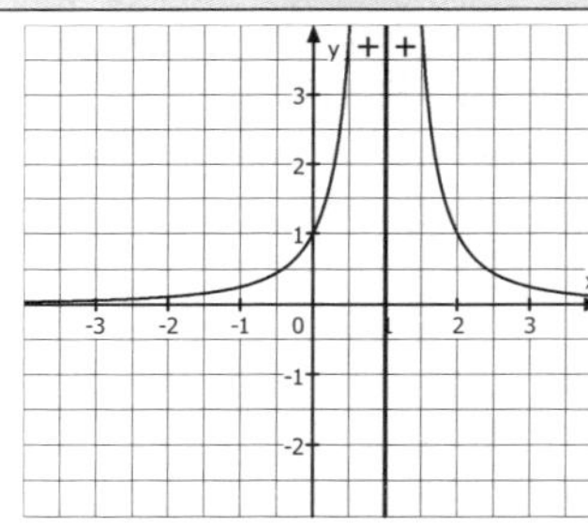


**Hinweise**

- $x$-Werte, für die der **Nenner** gleich **0** ist sind **Definitionslücken** $\left(\dfrac{\cdots}{0} = ?\right)$
- $x$-Werte, für die der **Zähler** gleich **0** ist sind **Nullstellen** $\left(\dfrac{0}{\cdots} = 0\right)$



http://frv.tv/5u

## 2. Untersuchung auf waagrechte Asymptoten (Verhalten für $x \to \pm\infty$)

**Fall 1 : Zählergrad < Nennergrad :** ***x*** **- Achse** ist waagrechte **Asymptote**

$$f(x) = \frac{1}{2x+4} \quad \left(\frac{\text{Grad } 0}{\text{Grad } 1}\right)$$

waagrechte Asymptote: $\boldsymbol{y = 0}$ ($x$-Achse)

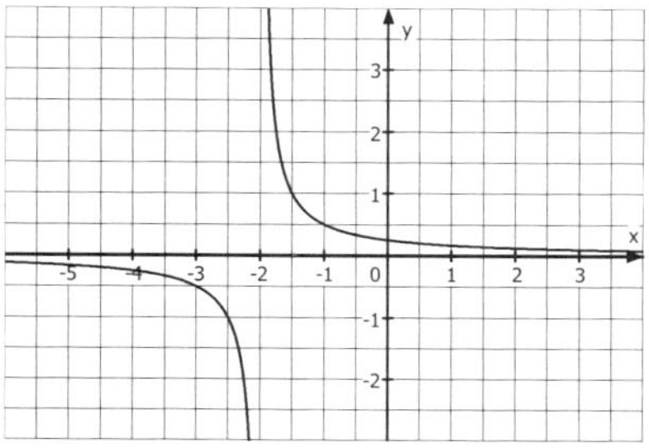


$$f(x) = \frac{-2x+1}{3x^2} \quad \left(\frac{\text{Grad } 1}{\text{Grad } 2}\right)$$

waagrechte Asymptote: $\boldsymbol{y = 0}$ ($x$-Achse)

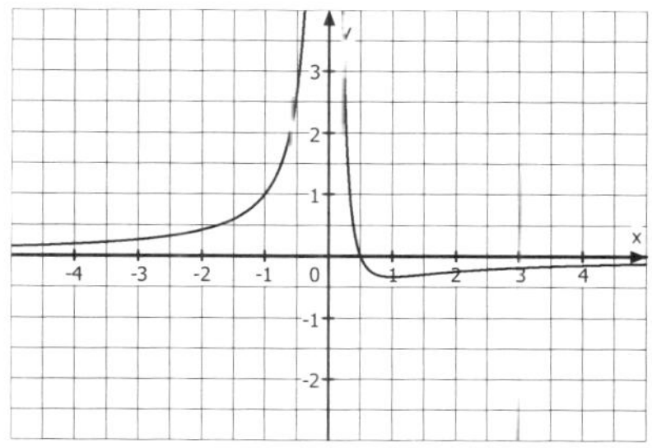


**Fall 2 : Zählergrad = Nennergrad : Waagrechte Asymptote**, jedoch nicht $x$-Achse

$$f(x) = \frac{\mathbf{1}x}{\mathbf{2}x+4} \quad \left(\frac{\text{Grad } 1}{\text{Grad } 1}\right)$$

waagrechte Asymptote: $\boldsymbol{y = \frac{1}{2}}$

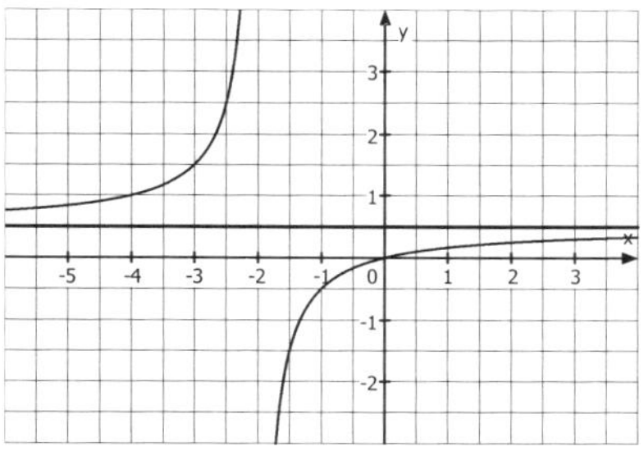


$$f(x) = \frac{\mathbf{-2}x^2+1}{\mathbf{3}x^2} \quad \left(\frac{\text{Grad } 2}{\text{Grad } 2}\right)$$

waagrechte Asymptote: $\boldsymbol{y = -\frac{2}{3}}$

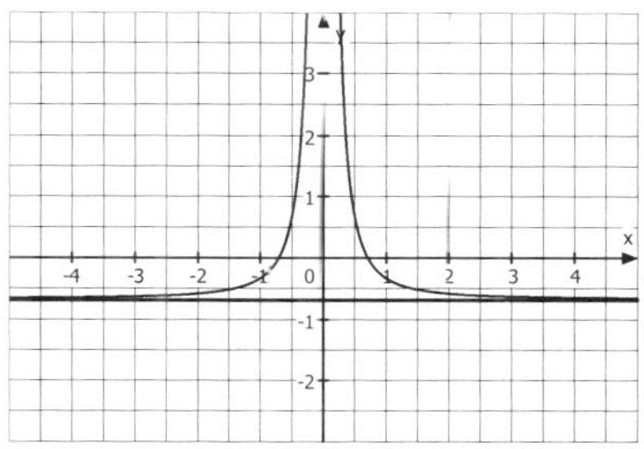


**Fall 3 : Zählergrad > Nennergrad: Keine** waagrechte Asymptote.

(Keine Beispiele, da nicht relevant für das Abitur.)

## 1.4 Exponentialfunktionen

**1. Verlauf : $f(x) = e^x$**

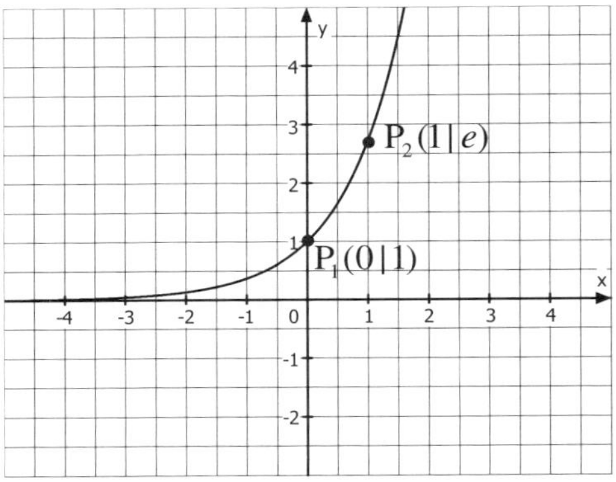


**2. Spiegelungen**

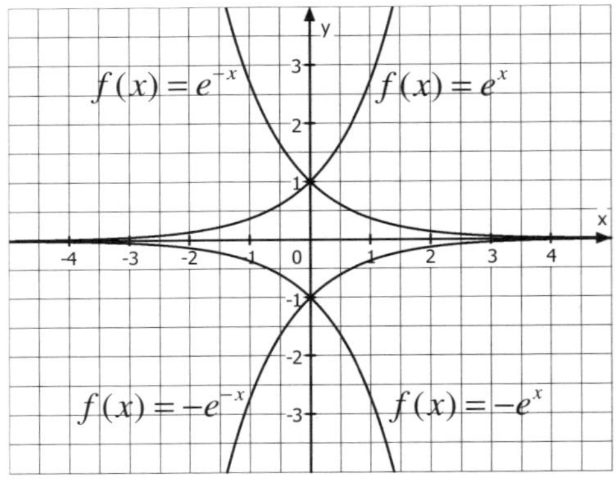


**3. Koeffizienten in : $f(x) = a \cdot e^{b \cdot (x-c)} + d$**

| | |
|---|---|
| ***a*** **- Streckung / Stauchung in *y*-Richtung** | $a > 1$: „steiler“<br>$0 < a < 1$: „flacher“<br>($a < 0$: an der $x$-Achse gespiegelt) |
| ***b*** **- ansteigendes oder fallendes Schaubild** | $b > 0$: ansteigendes Schaubild<br>$b < 0$: fallendes Schaubild<br>(bzw. an der $y$-Achse gespiegelt) |
| ***c*** **- Verschiebung in *x*-Richtung** | $c > 0$: nach rechts<br>$c < 0$: nach links |
| ***d*** **- Verschiebung in *y*-Richtung**<br>($y = d$ ist Asymptote) | $d > 0$: nach oben<br>$d < 0$: nach unten |

**Vorsicht beim Koeffizienten *c***

Das Schaubild zu $f(x) = e^{x-3}$ wurde um 3 Einheiten nach *rechts* verschoben!
Der Koeffizient $c$ hat hier den Wert $+3$, das Minuszeichen kommt vom allgemeinen Ansatz der Funktion.

Entsprechend $f(x) = e^{x+2}$: Verschiebung um 2 nach *links*!



http://frv.tv/7k

## 4. **Asymptoten** (Näherungsgeraden)

| **Beispielfunktion** | **Asymptote** | **Schaubilder** |
|---|---|---|
| $f(x) = e^x$ | $y = 0$ ($x$ – Achse) für $x \to -\infty$ | 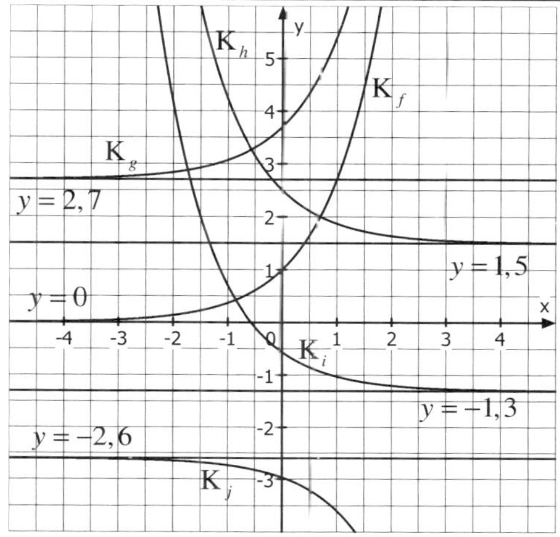 |
| $g(x) = e^x + 2,7$ | $y = 2,7$ für $x \to -\infty$ | |
| $h(x) = e^{-x} + 1,5$ | $y = 1,5$ für $x \to +\infty$ | |
| $i(x) = 2e^{-x-1} - 1,3$ | $y = -1,3$ für $x \to +\infty$ | |
| $j(x) = -e^{x-1} - 2,6$ | $y = -2,6$ für $x \to -\infty$ | |

**Regeln :**

**1. Asymptotengleichung : $y$ =„Exponentialgleichung ohne $e^{...x}$"**

**2. Annäherungsrichtung : Bei $e^{"+x"}$ für $x \to -\infty$** bzw. **bei $e^{"-x"}$ für $x \to +\infty$**

## 5. Anwendungen

**Wachstum** mit $f(x) = e^{"+x"}$

Beispiel: Angelegter Geldbetrag vermehrt sich

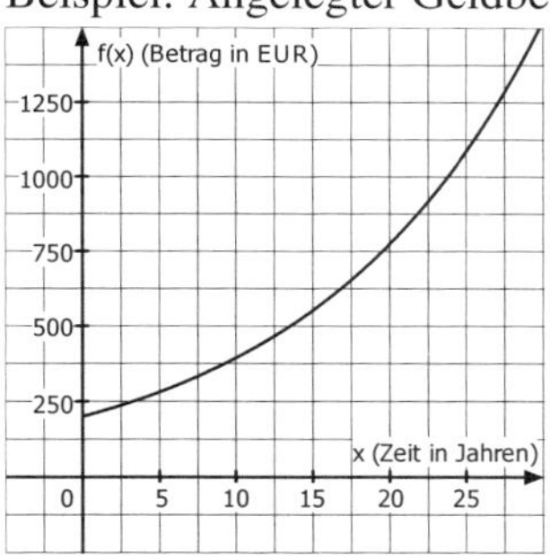


**Zerfall** mit $f(x) = e^{"-x"}$

Beispiel: Chemischer Stoff zerfällt

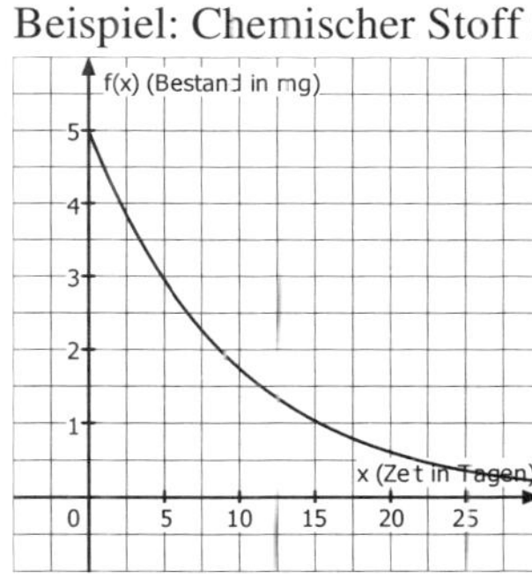

## 1.5 Trigonometrische Funktionen

### 1. Verlauf

$f(x) = \sin(x)$

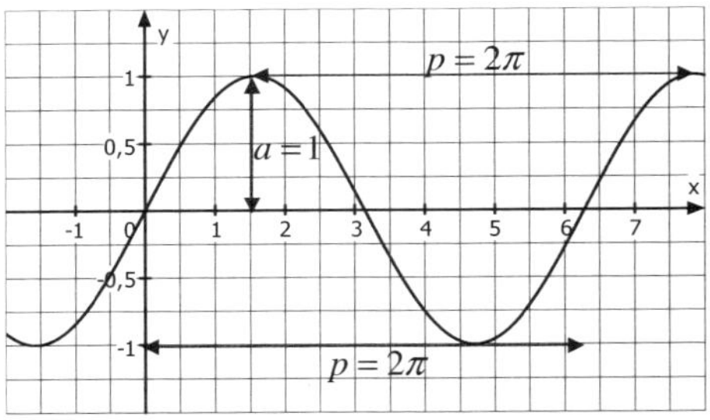


$f(x) = \cos(x)$

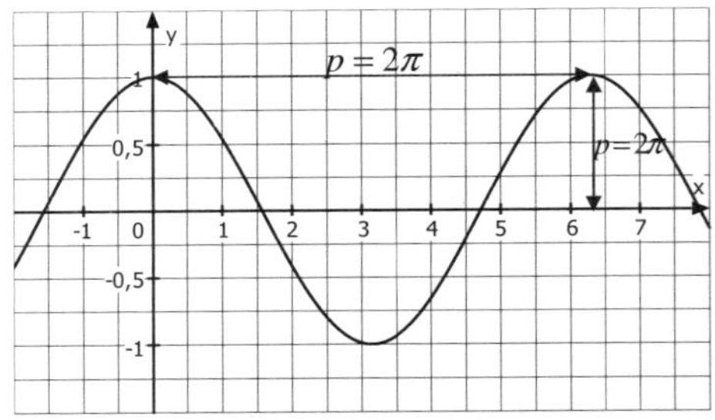


### 2. Koeffizienten: $f(x) = a \cdot \sin\big(b \cdot (x - c)\big) + d$ und $f(x) = a \cdot \cos\big(b \cdot (x - c)\big) + d$

***a* - Amplitude**
($|a|$, also „Zahl $a$ ohne Vorzeichen“, gibt max. Abstand zur „Mittellinie“ an)
(Streckung in $y$-Richtung)

$\left( a < 0: \text{ an der } x\text{-Achse gespiegelt} \right)$

$\left( a = \frac{y_{max} - y_{min}}{2} \right)$

***b* - entscheidet Periodenlänge**
(„Dauer eines Durchlaufes“)
$\left( \text{Streckung in } x\text{-Richtung um } \frac{1}{b} \right)$

$b = \frac{2\pi}{p}$ $\left( p \text{ entspricht der Periodenlänge} \right)$

***c* - Verschiebung in *x*-Richtung**

$c > 0$: nach rechts
$c < 0$: nach links

***d* - Verschiebung in *y* - Richtung**
(„Höhe der Mittellinie“)

$d > 0$: nach oben
$d < 0$: nach unten

$\left( d = \frac{y_{max} + y_{min}}{2} \right)$

**Vorsicht beim Koeffizienten *c***

Das Schaubild zu $f(x) = \sin(x - 3)$ wurde um 3 Einheiten nach *rechts* verschoben!
Der Koeffizient $c$ hat den Wert $+3$, das Minuszeichen kommt vom allgemeinen Ansatz der Funktion.

Entsprechend $f(x) = \sin(x + 2)$: Verschiebung um 2 nach *links*!



http://frv.tv/1e

**Beispiel 1** (Zusätzlich ist das Schaubild von $f(x)=\sin(x)$ gestrichelt eingezeichnet.)

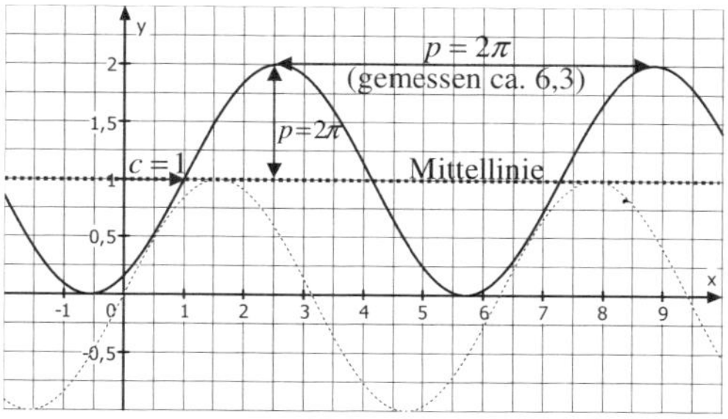


$\Rightarrow f(x)=\sin(x-1)+1$

(Alternativ: $f(x)=\cos(x-2{,}57)+1$)

Mit $\boldsymbol{f(x)=a\cdot\sin(b\cdot(x-c))+d}$:

- $d=1$ Mittellinie auf Höhe $+1$ $\left(\text{oder mit } \frac{2+0}{2}=\frac{2}{2}=1\right)$
- $a=1$ (max. Abstand von 1 zur Mittellinie) $\left(\text{oder mit } \frac{2-0}{2}=\frac{2}{2}=1\right)$
- $c=1$ Verschiebung um 1 nach rechts
- $b=\frac{2\pi}{p}=\frac{2\pi}{2\pi}=1$

**Beispiel 2**

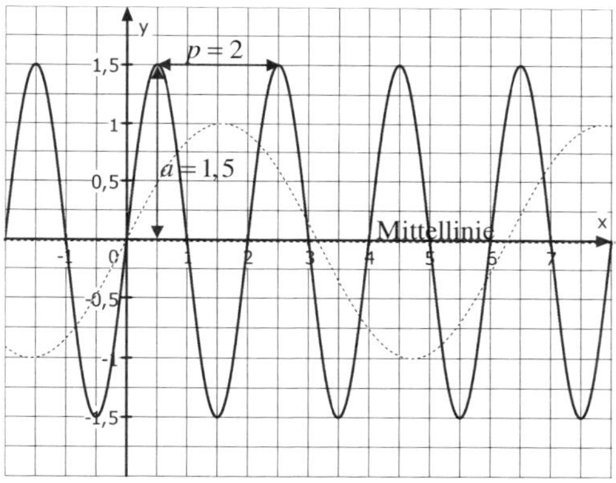


$\Rightarrow f(x)=1{,}5\cdot\sin(\pi\cdot x)$

(Alternativ: $f(x)=1{,}5\cdot\cos(\pi\cdot(x-0{,}5))$)

Mit $\boldsymbol{f(x)=a\cdot\sin(b\cdot(x-c))+d}$:

- $d=0$ Mittellinie auf Höhe 0 $\left(\text{oder mit } \frac{1{,}5+(-1{,}5)}{2}=\frac{0}{2}=0\right)$
- $a=1{,}5$ max. Abstand von 1,5 zur Mittellinie $\left(\text{oder mit } \frac{1{,}5-(-1{,}5)}{2}=\frac{3}{2}\right)$
- $c=0$ keine Verschiebung bei sin
- $b=\frac{2\pi}{p}=\frac{2\pi}{2}=\pi$

## 3. Anwendungen

Periodische Vorgänge, also Vorgänge, die sich in gleichen Zeitabschnitten wiederholen, werden oft mit trigonometrischen Funktionen modelliert.

Beispiel: Wasserstand bei Ebbe und Flut

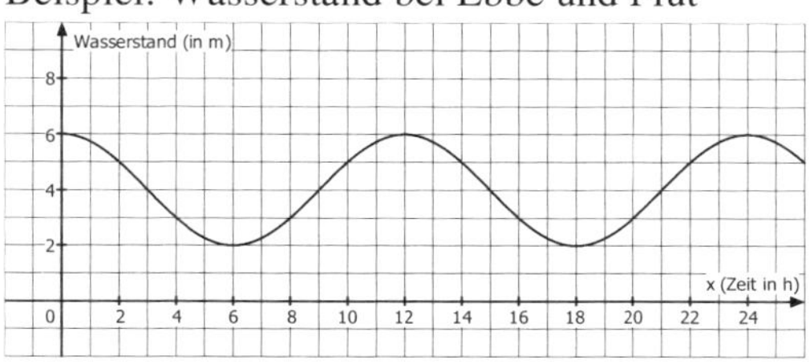

## 1.6 Wurzelfunktion

$f(x) = \sqrt{x}$

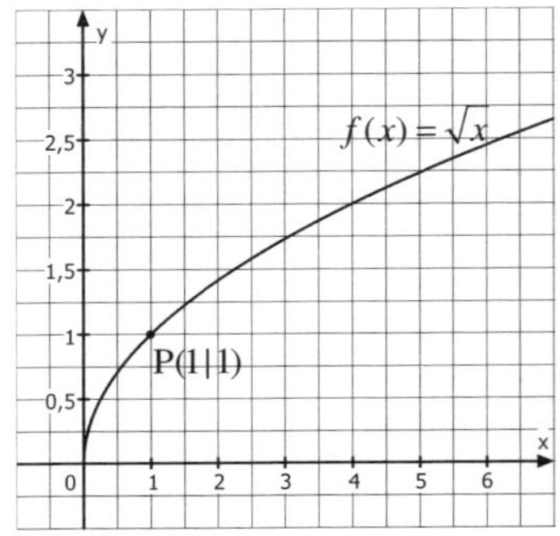


- **Definitionsmenge:** $D = \{x \in \mathbb{R} \mid x \geq 0\}$

Es dürfen nur positive $x$-Werte und der $x$-Wert 0 selbst eingesetzt werden.
(Aus einer negativen Zahl kann keine Wurzel „gezogen" werden.)

- **Wertemenge:** Man erhält nur positive $y$-Werte und den $y$-Wert 0 selbst.

**Hinweis**

$f(x) = \sqrt{x}$ ist die Umkehrfunktion (s. nächste Seite) zu $g(x) = x^2$ (für $x \geq 0$).

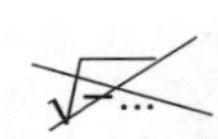

## 1.7 Natürliche Logarithmusfunktion

**Allg.** $f(x) = \ln(x)$

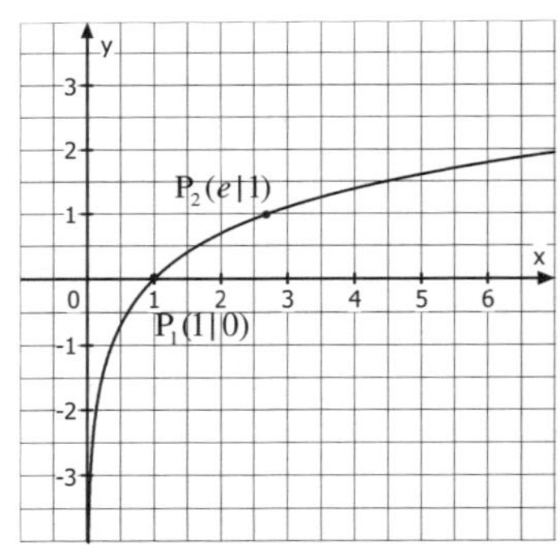


- **Definitionsmenge:** $D = \{x \in \mathbb{R} \mid x > 0\}$

Es dürfen nur positive $x$-Werte eingesetzt werden.
(Der Logarithmus ist nur für positive Zahlen definiert.)

- **Wertemenge:** Man erhält alle reellen Zahlen als $y$-Werte.

**Grenzwerte**

- Für sehr kleine positive $x$-Werte streben die $y$-Werte gegen $-\infty$ (für $x \to 0$ $(x > 0)$ gilt: $f(x) \to -\infty$).
- Für sehr große positive $x$-Werte streben die $y$-Werte gegen $+\infty$ (für $x \to \infty$ gilt: $f(x) \to +\infty$).

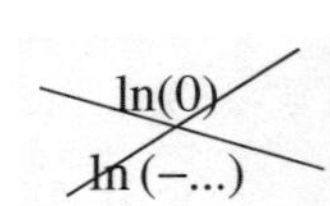


**Hinweis**

$f(x) = \ln(x)$ ist die Umkehrfunktion (s. nächste Seite) zu $g(x) = e^x$.

## 1.8 Zusatz : Umkehrfunktion $f^{-1}(x)$

**• Begriffserklärung**

Stellen Sie sich die Wertetabelle zu einer gegebenen Funktion vor. Vertauschen Sie nun gedanklich die $x$- und $y$-Werte aller Kurvenpunkte (Beispiel: $P(1|4) \to P'(4|1)$).
Das Schaubild welcher Funktion verläuft durch alle Punkte der „neuen" Wertetabelle?
Das Schaubild der zugehörigen Umkehrfunktion!

**Beispiel :** Umkehrfunktion zu $f(x) = 2x + 2$.

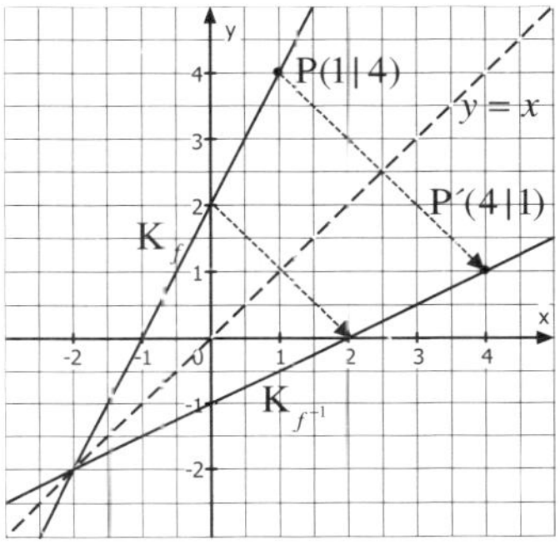


**• Rechnerische Bestimmung**

**1. Schritt : Vertauschen von *x* und *y*.**

$y = 2x + 2$

$x = 2y + 2$

**2. Schritt : Auflösen nach *y*. Ersetzen durch $f^{-1}(x)$.**

$x = 2y + 2 \quad |-2$

$x - 2 = 2y \quad |:2$

$0{,}5x - 1 = y \quad \Rightarrow \quad f^{-1}(x) = 0{,}5x - 1$

**• Grafische Bestimmung**

Spiegelung an der 1.Winkelhalbierenden ($y = x$).

**• Spezielle Umkehrfunktionen**

$f(x) = x^2$ (für $x > 0$) und $f^{-1}(x) = \sqrt{x}$

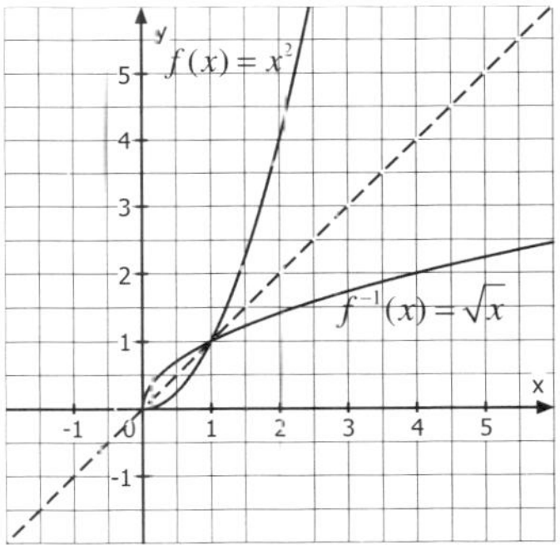


$g(x) = e^x$ und $g^{-1}(x) = \ln(x)$

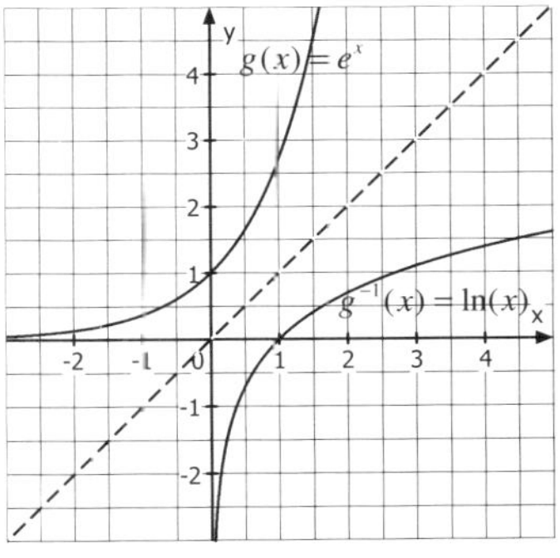

## 1.9 Übersicht: Spiegeln, Strecken und Verschieben $f(x) \quad \rightarrow$

| | **Spiegeln an ...** | | **Strec -** |
|---|---|---|---|
| | **... *x* - Achse** | **... *y* - Achse** | **... *y* - Richtung** |
| $f(x)=x^2$ | $g(x)=-x^2$ 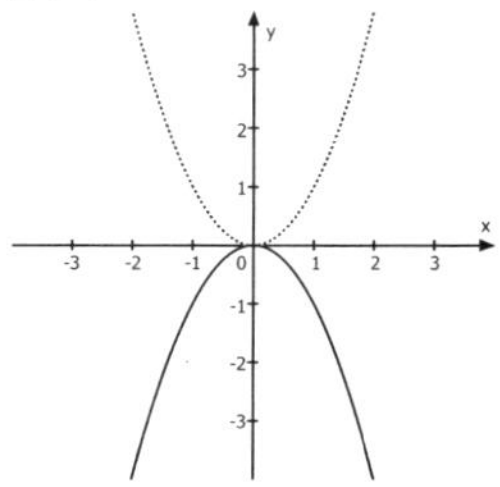 | $g(x)=(-x)^2=x^2$ 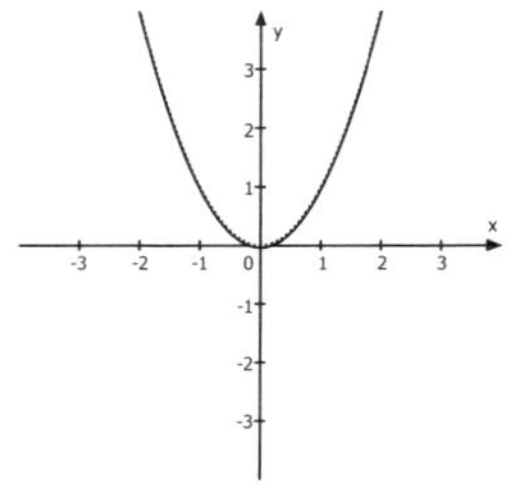 | $g(x)=2\cdot x^2$ 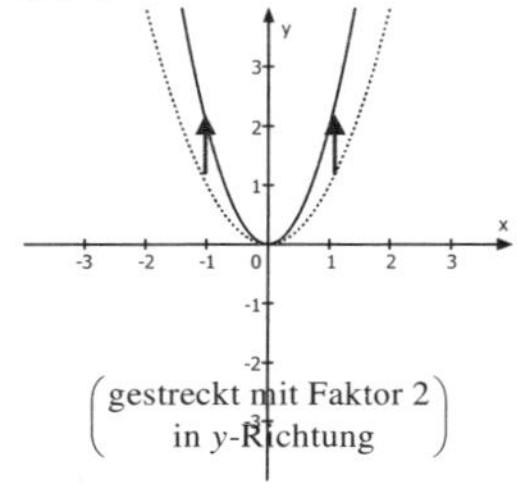  |
| $f(x)=e^x$ | $g(x)=-e^x$ 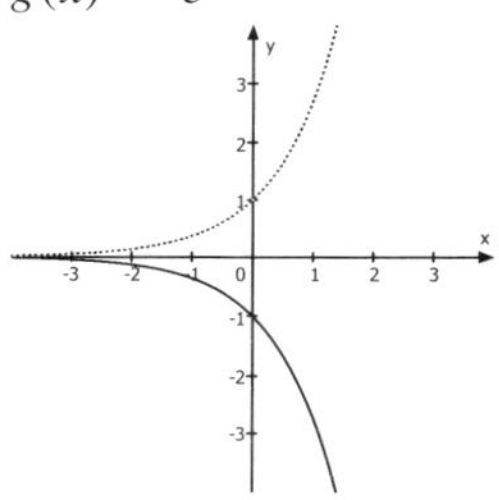 | $g(x)=e^{-x}$ 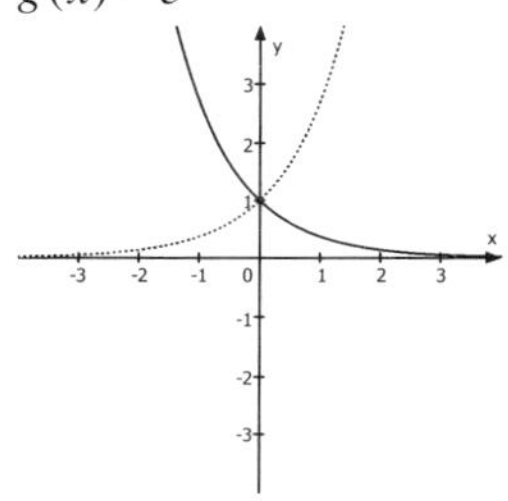 | $g(x)=0,5\cdot e^x$ 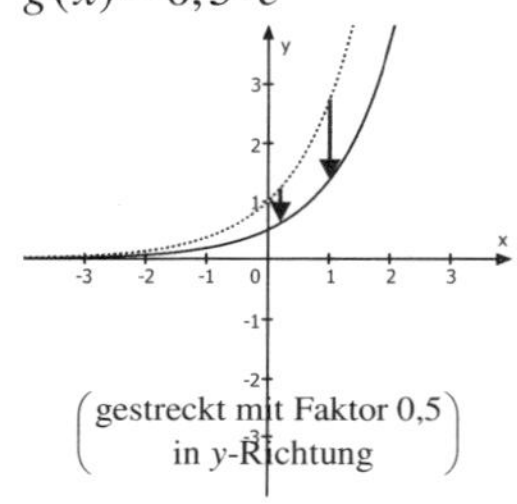  |
| $f(x)=\sin(x)$ | $g(x)=-\sin(x)$ 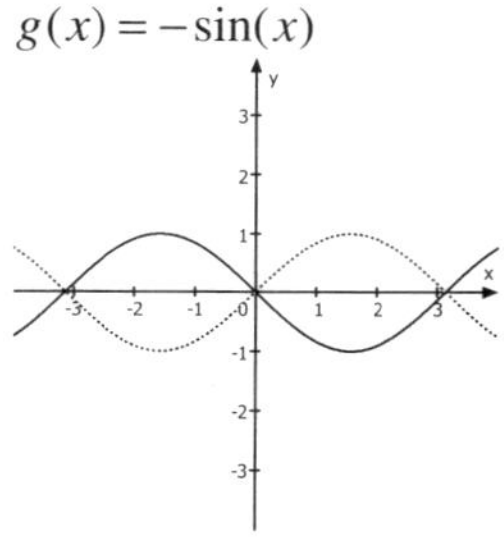 | $g(x)=\sin(-x)$ 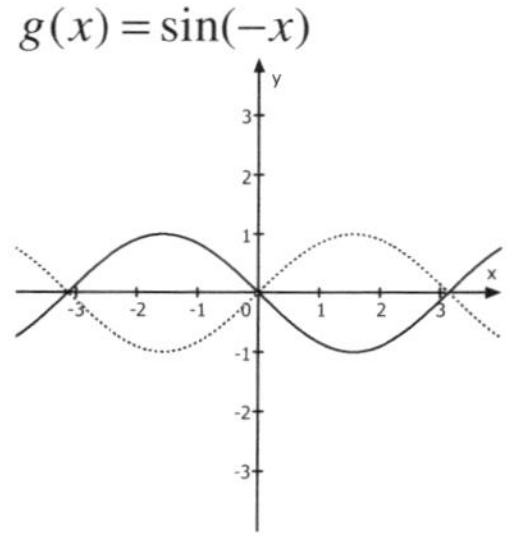 | $g(x)=2\cdot\sin(x)$ 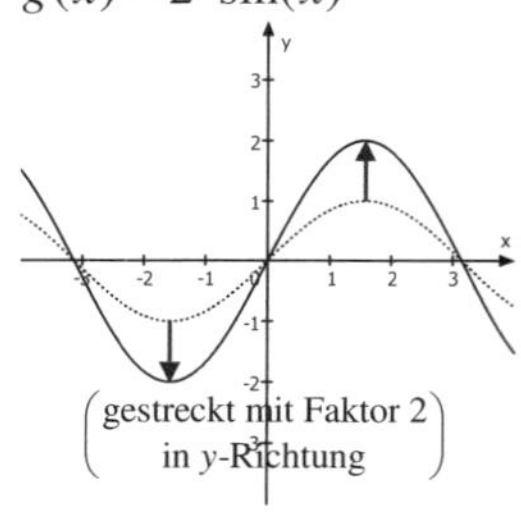  |
| | $g(x)=-f(x)$<br>„–" vor Funktionsterm | $g(x)=f(-x)$<br>„$x$" durch „$-x$" ersetzt | $g(x)=\boldsymbol{a}\cdot f(x)$<br>Streckung mit Faktor $\lvert a\rvert$ in $y$-Richtung |



http://frv.tv/1f

$\rightarrow \quad \boldsymbol{g(x) = a \cdot f(b \cdot (x-c)) + d}$

| **ken in ...** | **Verschieben in ...** | |
|---|---|---|
| **... *x* - Richtung** | $g(x) = e^{-x}$ | **... *x* - Richtung** |
| $g(x) = (2x)^2 = 4x^2$<br>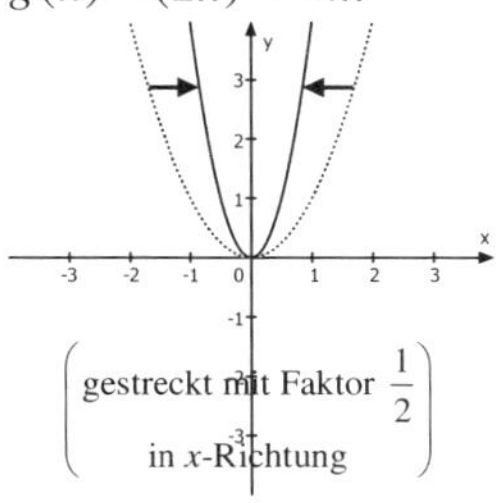<br>(gestreckt mit Faktor $\frac{1}{2}$ in $x$-Richtung) | $g(x) = x^2 - 2$<br>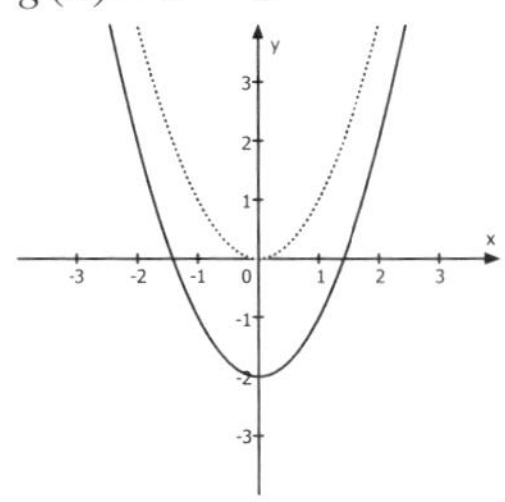 | $g(x) = (x-2)^2$<br>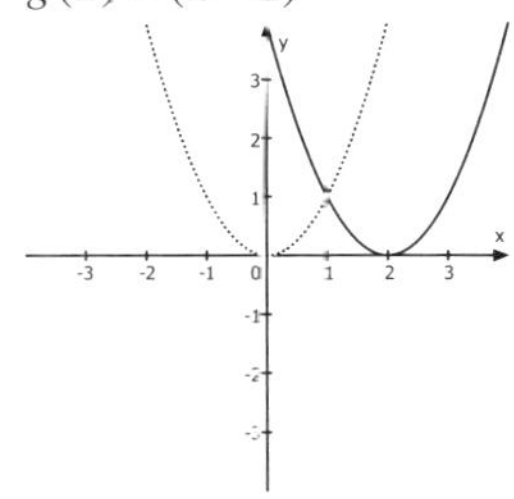 |
| $g(x) = e^{0,5x}$<br>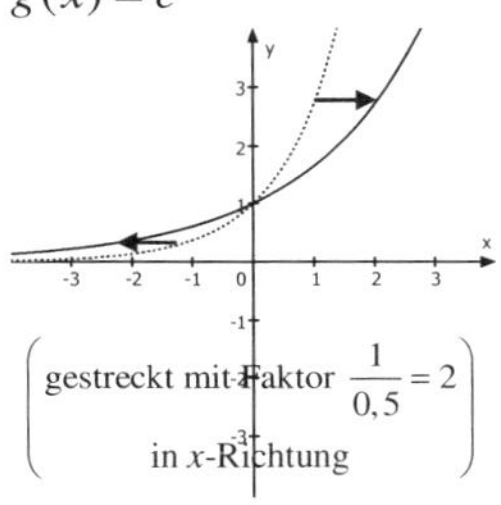<br>(gestreckt mit Faktor $\frac{1}{0,5} = 2$ in $x$-Richtung) | $g(x) = e^x + 2$<br>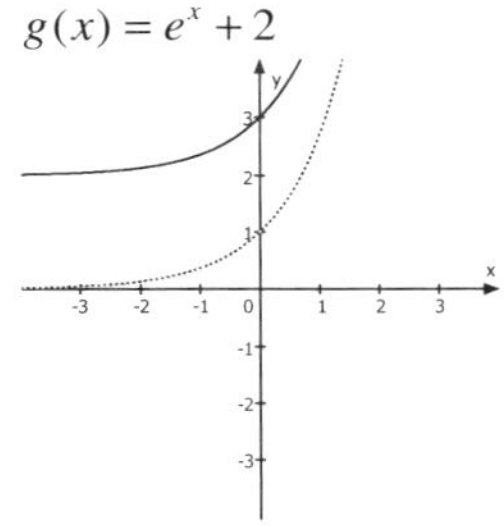 | $g(x) = e^{x-2}$<br>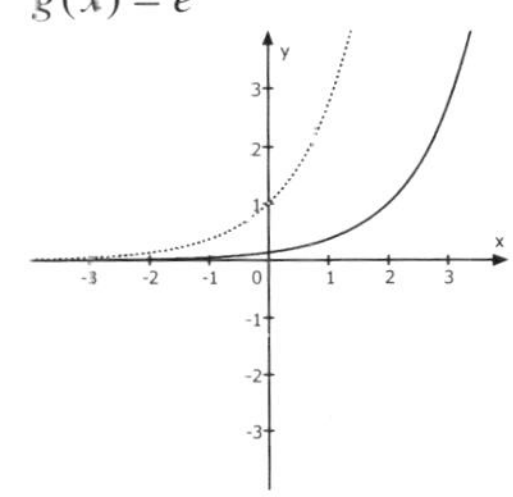 |
| $g(x) = \sin(2x)$<br>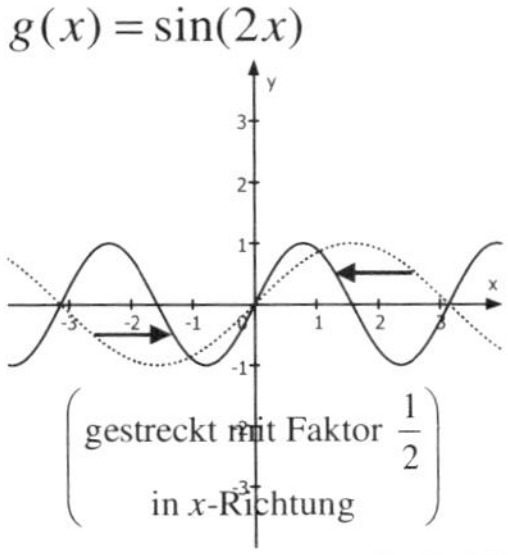<br>(gestreckt mit Faktor $\frac{1}{2}$ in $x$-Richtung) | $g(x) = \sin(x) + 2$<br>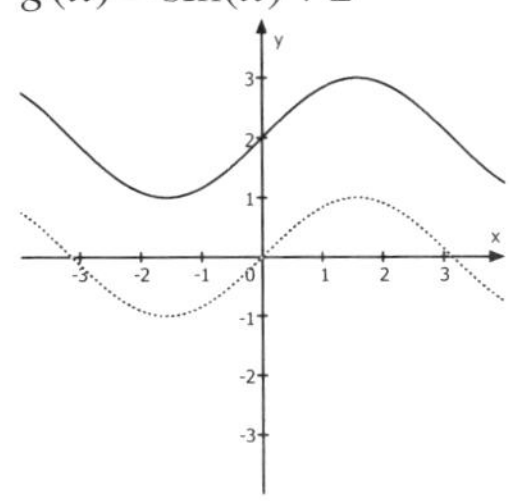 | $g(x) = \sin(x+2)$<br>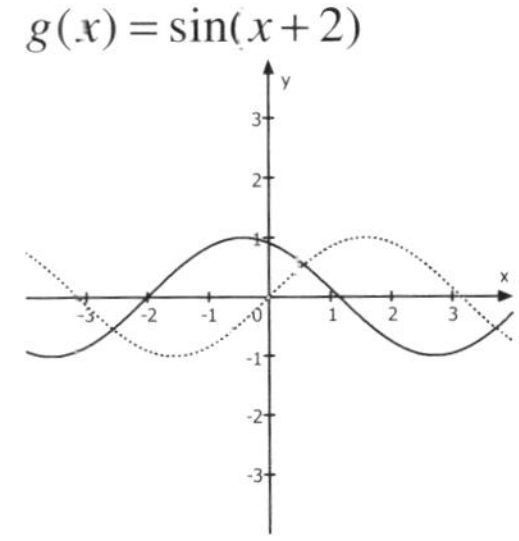 |
| $g(x) = f(\boldsymbol{b} \cdot x)$<br><br>Streckung mit Faktor $\frac{\mathbf{1}}{\boldsymbol{\lvert b \rvert}}$ in $x$-Richtung | $g(x) = f(x) \pm \boldsymbol{d}$<br><br>z.B.<br>$... + 2$: Versch. nach oben<br>$... - 2$: Versch. nach unten | $g(x) = f(x \pm \boldsymbol{c})$<br><br>z.B.<br>$(x-2)$: V. nach rechts<br>$(x+2)$: V. nach links |

# 1.10 Funktionenscharen

## 1. Begriffserklärung

Eine Funktionenschar besteht aus vielen einzelnen Funktionen, welche durch eine gemeinsame Schargleichung $f_t(x)$ beschrieben werden können.
Man erhält eine bestimmte Funktion aus der Schar, indem man „ihren“ $t$-Wert (ihren Parameterwert) in $f_t(x)$ einsetzt.

**Beispiel**

Gleichung der Funktionenschar: $f_t(x) = x^2 + t \quad (t \in \mathbb{R})$

Einzelne Funktionen hieraus (z.B): $t = 1: \quad f_1(x) = x^2 + 1$

$t = 3: \quad f_3(x) = x^2 + 3$

$t = -1: \quad f_{-1}(x) = x^2 - 1$

...

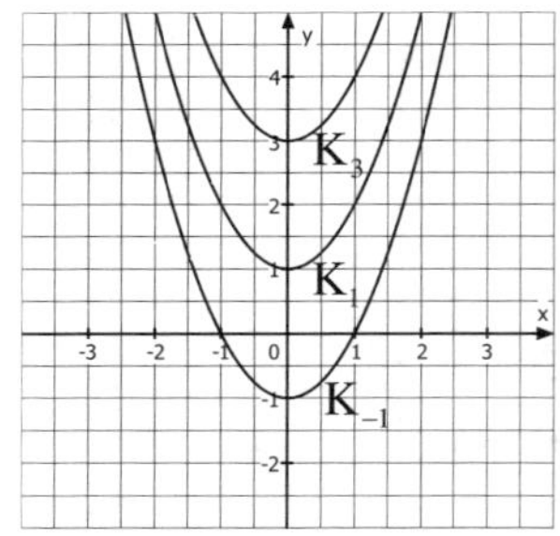


## 2. Wirkung des Parameters auf die Schaubilder

Wenn eine bestimmte Funktion aus der Schar ausgewählt wird, geschieht dies, indem deren $t$-Wert in die Schargleichung eingesetzt wird (s.o.). Durch das Einsetzen dieser Zahl bildet sich der spezielle Funktionsterm der ausgewählten Funktion, der sich von allen anderen Funktionen der Schar unterscheidet.
Ebenso unterscheidet sich das Schaubild der ausgewählten Funktion von allen anderen Schaubildern der Schar. Die Art dieses Unterschiedes wird von der Position bestimmt, an welcher der Parameter in der Schargleichung steht.

**Beispiele**

$f_t(x) = x^2 + t$

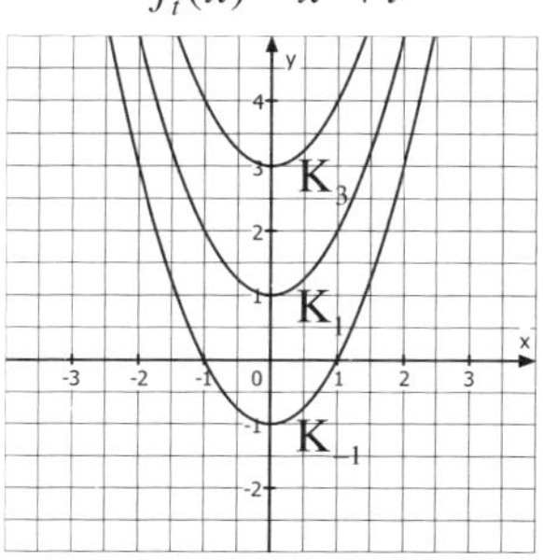


*Parameter verschiebt die Schaubilder nach oben bzw. unten*

$f_t(x) = tx^2$

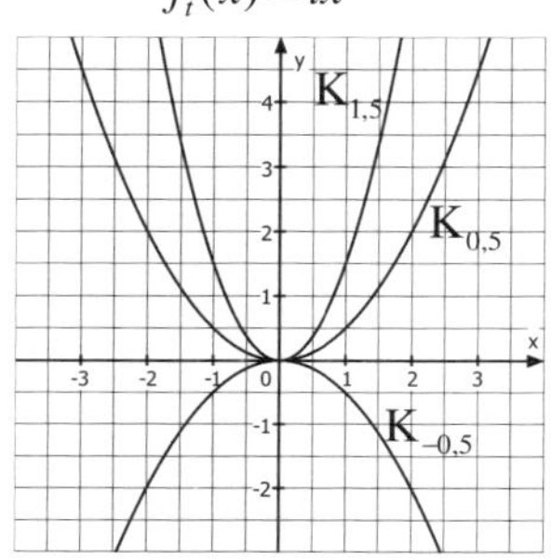


*Parameter verändert den Verlauf und die Streckung des Schaubildes in y - Richtung*

$f_t(x) = -0,2tx^3 + 0,2t^2x - t$

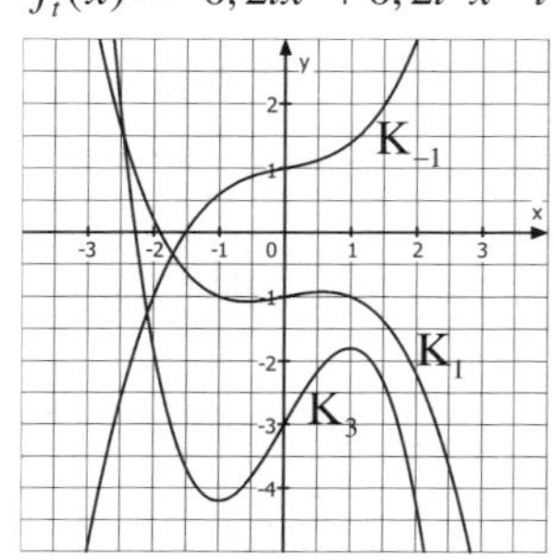


*Parameter besitzt eine komplexe Wirkung (u.a. auf Verlauf, Verschiebung, Streckung, ...)*



http://frv.tv/5v

## 3. Umgang mit Funktionenscharen

Dieser ist deutlich schwieriger als der Umgang mit Funktionen, was vor allem an den nachfolgenden Punkten liegt. Diese sollten beachtet werden.

| | **Funktion $f(x)$** | **Funktionenschar $f_t(x)$** |
|---|---|---|
| **Schaubilder** | ein konkretes Schaubild | unendlich viele Schaubilder |
| **Gleichungen** | enthalten nur die Variable $x$:<br>z.B.: $x^2-2=0$ | enthalten weiteren „Buchstaben“:<br>z.B.: $x^2-2t=0$ |
| **Interpretation der Ergebnisse** | z.B. Schnittpunkt mit $x$-Achse: $N(2\,|\,0)$;<br>Konkreter Punkt im Koordinatensystem | z.B. Schnittpunkt mit $x$-Achse: $N_t(2t-1\,|\,0)$;<br>Parameterabhängige „Vorschrift“, die erst durch das Einsetzen von einem $t$-Wert zu einem konkreten Punkt führt |

## 4. Grundregel für das Rechnen mit Funktionenscharen

Rechnungen mit Funktionenscharen werden meist zunächst allgemein, also ohne das Einsetzen einer Zahl für $t$, durchgeführt. Dies hat den Vorteil, dass so die Rechenergebnisse für alle Funktionen aus der Schar gelten.
Erst in diese Rechenergebnisse wird dann eine Zahl für $t$ eingesetzt, um ein konkretes Ergebnis für eine einzelne Funktion aus der Schar zu erhalten.
Der Parameter $t$ ist somit lediglich ein „Platzhalter“ für eine einzusetzende Zahl. Deshalb lautet die Grundregel für das Rechnen mit Funktionenscharen:

| | |
|---|---|
| **Grundregel** | **Der Parameter ($t$) wird beim „Rechnen“ stets selbst wie eine Zahl behandelt!** |

## 1.11 Symmetrie zur $y$-Achse bzw. zum Ursprung

Bei **ganzrationalen Funktionen** kann anhand der **Hochzahlen** (nur **gerade** bzw. **ungerade** Hochzahlen oder gemischt) entschieden werden, ob ein gegebenes Schaubild symmetrisch zur $y$-Achse bzw. zum Ursprung ist, oder ob keine dieser beiden Symmetriearten vorliegt.

Bei **anderen Funktionstypen** müssen hingegen die **allgemeinen Bedingungen** zur Symmetrieuntersuchung verwendet werden.

### 1. Allgemeine Bedingung für Achsensymmetrie zur $y$-Achse: $f(-x) = f(x)$

**Bedingung in Worten**

An den Stellen $x$ und $-x$ sind die $y$-Werte gleich groß.

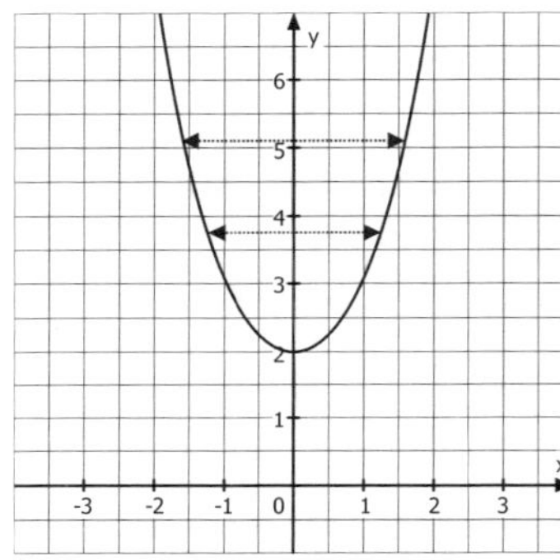


**Beispiel**

Ist das Schaubild der Funktion $f$ mit $f(x) = e^{-x} + e^{x}$ achsensymmetrisch zur $y$-Achse?

$$\left.\begin{aligned} f(-x) &= e^{-(-x)} + e^{-x} = \underline{e^{x} + e^{-x}} \\ f(x) &= \underline{e^{-x} + e^{x}} \end{aligned}\right\} \text{Es gilt: } f(-x) = f(x)$$

$\Rightarrow$ Somit symmetrisch zur $y$-Achse!

### 2. Allgemeine Bedingung für Punktsymmetrie zum Ursprung: $f(-x) = -f(x)$

**Bedingung in Worten**

An den Stellen $x$ und $-x$ haben die $y$-Werte den gleichen „Zahlenwert“, jedoch mit verschiedenen Vorzeichen. Mit dem Minuszeichen vor $f(x)$ sind die Werte gleich.

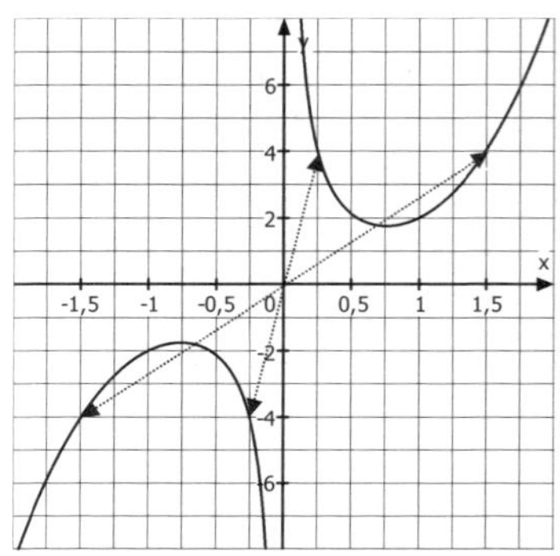


**Beispiel**

Ist das Schaubild der Funktion $f$ mit $f(x) = x^3 + \frac{1}{x}$ punktsymmetrisch zum Ursprung?

$$\left.\begin{aligned} f(-x) &= (-x)^3 + \frac{1}{-x} = \underline{-x^3 - \frac{1}{x}} \\ -f(x) &= -\left(x^3 + \frac{1}{x}\right) = \underline{-x^3 - \frac{1}{x}} \end{aligned}\right\} \text{Es gilt: } f(-x) = -f(x)$$

$\Rightarrow$ Somit punktsymmetrisch zum Ursprung!



http://frv.tv/1h

## 1.12 Umgang mit Funktionen: Rechenansätze

| Aufgabenstellung | Rechenansatz | |
|---|---|---|
| $y$-Wert bei $x = 2$? | $\boldsymbol{f(2)} = \dots$ | *($x$ - Wert einsetzen, ausrechnen)* |
| Schnittpunkt mit $y$-Achse? | $\boldsymbol{f(0)} = \dots$ | *(0 für x einsetzen, ausrechnen)* |
| $x$-Wert bei $y = 5$? | $\boldsymbol{f(x) = 5}$ | *($f(x)$ gleich $y$ - Wert setzen, Gleichung lös.)* |
| Schnittpunkt mit $x$-Achse? | $\boldsymbol{f(x) = 0}$ | *($f(x)$ gleich 0 setzen, Gleichung lösen)* |
| Liegt P(2 \| 3) auf $K_f$? | $\boldsymbol{f(2) = 3}$ | (Punktprobe: *$x$ - und $y$ - Wert einsetzen*) |
| Schnittpunkt von $K_f$ mit $K_g$? | $\boldsymbol{f(x) = g(x)}$ | *(gleichsetzen, Gleichung lösen)* |

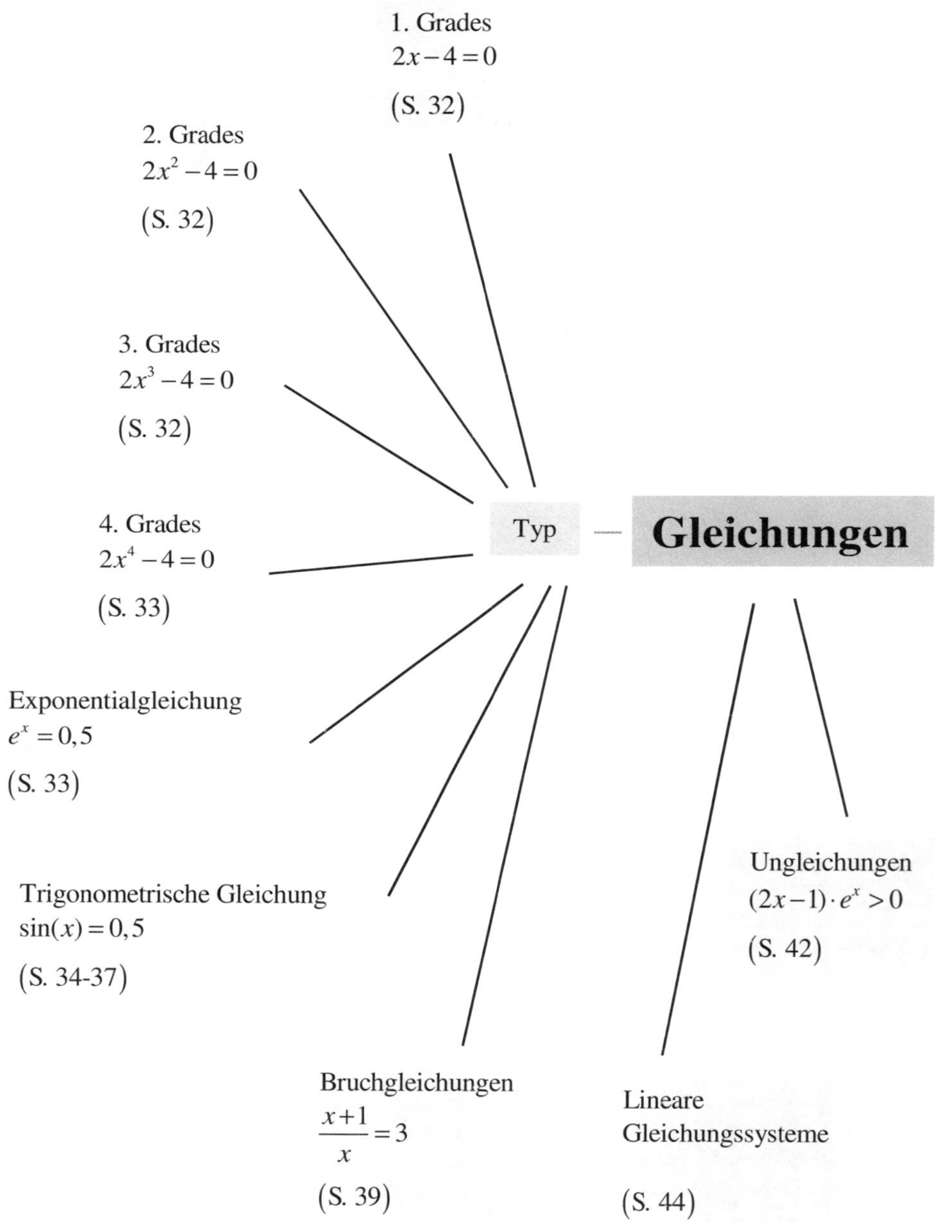

Gleichungen
Typ
1. Grades
$2x-4=0$
(S. 32)
2. Grades
$2x^2-4=0$
(S. 32)
3. Grades
$2x^3-4=0$
(S. 32)
4. Grades
$2x^4-4=0$
(S. 33)
Exponentialgleichung
$e^x=0,5$
(S. 33)
Trigonometrische Gleichung
$\sin(x)=0,5$
(S. 34-37)
Bruchgleichungen
$\frac{x+1}{x}=3$
(S. 39)
Lineare Gleichungssysteme
(S. 44)
Ungleichungen
$(2x-1)\cdot e^x>0$
(S. 42)

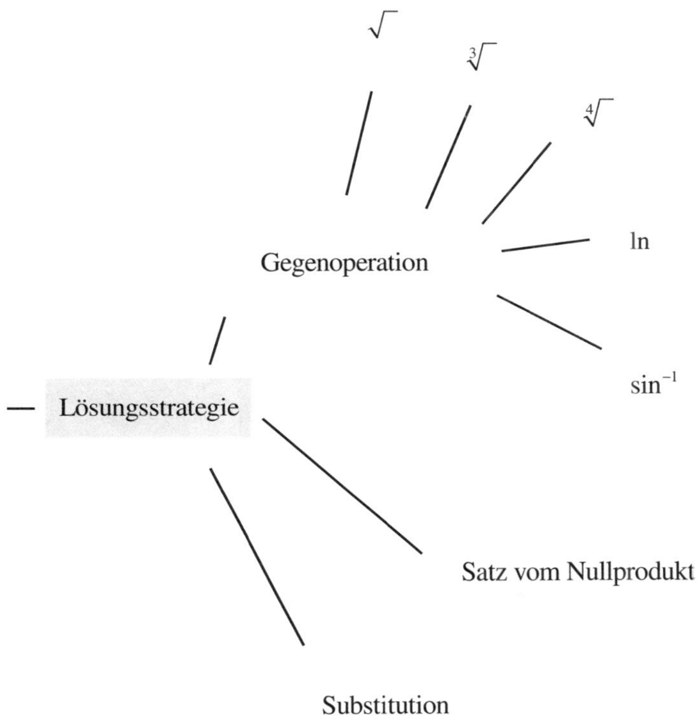

$\sqrt{\ }$
$\sqrt[3]{\ }$
$\sqrt[4]{\ }$
Gegenoperation
ln
$\sin^{-1}$
Lösungsstrategie
Satz vom Nullprodukt
Substitution

# 2. Gleichungen

## 2.1 Gleichungstypen: Übersicht

| | **Typ 1** | **Typ 1S** |
|---|---|---|
| **Gleichung 1. Grades**<br>(linear) (S. 32) | $2x-4=0$ | |
| **Gleichung 2. Grades**<br>(quadratisch) (S. 32) | $2x^2-4=0$ | |
| **Gleichung 3. Grades**<br>(S. 32) | $2x^3-4=0$ | |
| **Gleichung 4. Grades**<br>(S. 33) | $2x^4-4=0$ | |
| **Exponentialgleichung**<br>(S. 33) | $e^x=0,5$ oder $e^{2x-1}=0,5$ | |
| **Sinusgleichung**<br>(S. 36) | $\sin(x)=0,5$ | $\sin(2x)=0,5$ |
| **Kosinusgleichung**<br>(S. 36) | $\cos(x)=0,5$ | $\cos(2x)=0,5$ |
| **Wurzelgleichung**<br>(S. 38) | $\sqrt{x}-1=1$ | |
| **Merkmal** | umformbar auf<br>$\left\{\begin{matrix} x \\ x^2 \\ x^3 \\ x^4 \\ e^x \text{ oder } e^{\text{„nicht nur } x\text{“}} \\ \sin(x) \\ \cos(x) \\ \sqrt{x} \end{matrix}\right\} = \ldots$ | umformbar auf<br>$\left\{\begin{matrix} \sin(\text{„nicht nur } x\text{“}) \\ \cos(\text{„nicht nur } x\text{“}) \end{matrix}\right\} = \ldots$ |
| **Lösungsvorgehen** | **Gegenoperation**<br>$\left\{\begin{matrix} : \\ \sqrt{\ } \\ \sqrt[3]{\ } \\ \sqrt[4]{\ } \\ \ln \\ \sin^{-1} \\ \cos^{-1} \\ (\ldots)^2 \end{matrix}\right\}$ | **Substitution:**<br>$u =$ „*nicht nur x*“<br>**führt zu** $\left\{\begin{matrix} \sin(u) \\ \cos(u) \end{matrix}\right\} = \ldots$;<br>Trig. Gleichung vom Typ 1 lösen;<br>**Rücksubstitution** |

**Abkürzung:** ... steht für eine Zahl.



http://frv.tv/4q

| **Typ 2** | **Typ 3** | **Typ S** |
|---|---|---|
| | | |
| $2x^2 - 4x = 0$ | $x^2 - 8x + 15 = 0$ | |
| $2x^3 - 4x = 0$ | | |
| $2x^4 - 4x = 0$ | | $x^4 - 8x^2 + 15 = 0$ |
| $2e^{2x} - e^x = 0$ | | $e^{2x} - 8e^x + 15 = 0$ |
| $(\sin(x))^2 - 0{,}5\sin(x) = 0$ | | |
| $(\cos(x))^2 - 0{,}5\cos(x) = 0$ | | |
| | | |
| Alle Summanden enthalten mindestens $x$ (bzw. $e^x$/ $\sin(x)$/ $\cos(x)$). Kein Summand besteht nur aus einer „Zahl“. Somit kann „etwas mit $x$“ ausgeklammert werden. | umformbar auf $\ldots x^2 + \ldots x + \ldots = 0$ | umformbar auf $\left\{\begin{matrix} \ldots x^4 + \ldots x^2 + \ldots \\ \ldots e^{2x} + \ldots e^x + \ldots \end{matrix}\right\} = 0$ |
| (evtl.) Ausklammern; **Satz vom Nullprodukt** | **abc -** bzw. **pq - Formel** | **Substitution führt zu $\ldots u^2 + \ldots u + \ldots = 0$;** abc- bzw. pq-Formel; **Rücksubstitution** |

**Bemerkung:** Eine Gleichung, die keinem dieser Gleichungstypen zuordenbar ist, kann in der Regel nicht „von Hand“ gelöst werden.

## 2.2 Gleichungstypen: Konkretes Lösungsvorgehen

### 1. Polynomgleichungen

| **Typ 1**<br>**Gegenoperation** | **Typ 2**<br>**Satz vom Nullprodukt** | **Typ 3**<br>**abc -** bzw. **pq - Formel** |
|---|---|---|
| $2x-4=0 \quad \vert +4$<br>$2x=4 \quad \vert :2$<br>$x=2$ | | |
| $2x^2-4=0 \quad \vert +4$<br>$2x^2=4 \quad \vert :2$<br>$x^2=2 \quad \vert \sqrt{\ }$<br>$x_1=\sqrt{2}\approx 1{,}41$<br>$x_2=-\sqrt{2}\approx -1{,}41$ | $2x^2-4x=0$<br>$x\cdot(2x-4)=0$<br>**S. v. Nullpr.**<br>(S. 36)<br>$x_1=0 \qquad 2x-4=0$<br>$2x=4$<br>$x_2=2$ | $x^2-8x+15=0$<br>mit **abc - Formel**:<br>$(a=1;\ b=-8;\ c=15)$<br>$x_{1/2}=\dfrac{-b\pm\sqrt{b^2-4ac}}{2a}$<br>$=\dfrac{8\pm\sqrt{8^2-4\cdot 15}}{2}$<br>$=\dfrac{8\pm 2}{2}$<br>$x_1=5; \quad x_2=3$<br><br>oder mit **pq - Formel**:<br>$x_{1/2}=-\dfrac{p}{2}\pm\sqrt{\left(\dfrac{p}{2}\right)^2-q}$<br>(*Bei dieser Formel muss vor dem* $x^2$ *stets eine* $+1$ *stehen!*) |
| $2x^3-4=0 \quad \vert +4$<br>$2x^3=4 \quad \vert :2$<br>$x^3=2 \quad \vert \sqrt[3]{\ }$<br>$x=\sqrt[3]{2}$<br>$x\approx 1{,}26$ | $2x^3-4x=0$<br>$x\cdot(2x^2-4)=0$<br>**S. v. Nullpr.**<br>$x_1=0 \qquad 2x^2-4=0$<br>$2x^2=4$<br>$x^2=2 \quad \vert \sqrt{\ }$<br>$x_2=\sqrt{2}\approx 1{,}41$<br>$x_3=-\sqrt{2}\approx -1{,}41$ | |



http://frv.tv/1j

| **Typ 1**<br><br>**Gegenoperation** | **Typ 2**<br><br>**Satz vom Nullprodukt** | **Typ S**<br><br>**Substitution führt zu**<br>$\dots u^2 + \dots u + \dots = 0$ |
|---|---|---|
| $2x^4 - 4 = 0 \quad \vert +4$<br>$2x^4 = 4 \quad \vert :2$<br>$x^4 = 2 \quad \vert \sqrt[4]{\phantom{x}}$<br>$x_1 = \sqrt[4]{2} \approx 1{,}19$<br>$x_2 = -\sqrt[4]{2} \approx -1{,}19$ | $2x^4 - 4x = 0$<br>$x \cdot (2x^3 - 4) = 0$<br>**S. v. Nullpr.**<br>$x_1 = 0 \qquad 2x^3 - 4 = 0$<br>$2x^3 = 4$<br>$x^3 = 2$<br>$x_2 = \sqrt[3]{2}$<br>$x_2 \approx 1{,}26$ | $x^4 - 8x^2 + 15 = 0$<br><br>**Substitution :** $(x^4 = u^2;\ x^2 = u)$<br>$u^2 - 8u + 15 = 0$<br>$u_{1/2} = \frac{8 \pm \sqrt{8^2 - 4 \cdot 15}}{2}$ (abc-Formel)<br>$= \frac{8 \pm 2}{2}$<br>$u_1 = 5; \qquad u_2 = 3$<br><br>**Rücksubstitution :**<br>$x^2 = 5 \qquad x^2 = 3$<br>$x_1 = \sqrt{5} \approx 2{,}34 \qquad x_3 = \sqrt{3} \approx 1{,}73$<br>$x_2 = -\sqrt{5} \approx -2{,}34 \qquad x_4 = -\sqrt{3} \approx -1{,}73$ |

## 2. Exponentialgleichungen

| **Typ 1**<br><br>**Gegenoperation** | **Typ 2**<br><br>**Satz vom Nullprodukt** | **Typ S**<br><br>**Substitution führt zu**<br>$\dots u^2 + \dots u + \dots = 0$ |
|---|---|---|
| $e^x = 0{,}5 \quad \vert \ln$<br>$x = \ln(0{,}5)$<br>$x \approx -0{,}69$<br><br>oder<br><br>$e^{2x-1} = 0{,}5 \quad \vert \ln$<br>$2x - 1 = \ln(0{,}5) \quad \vert +1$<br>$2x = \ln(0{,}5) + 1 \quad \vert :2$<br>$x = \frac{\ln(0{,}5) + 1}{2}$<br>$x \approx 0{,}153$ | $2e^{2x} - e^x = 0$<br>$e^x \cdot (2e^x - 1) = 0$<br>**S. v. Nullpr.**<br>$e^x = 0 \qquad 2e^x - 1 = 0$<br>$x = \ln(0) \qquad e^x = 0{,}5$<br>keine Lösung $\qquad x = \ln(0{,}5)$<br>$x \approx -0{,}69$ | $e^{2x} - 8e^x + 15 = 0$<br><br>**Substitution :**<br>$(e^{2x} = u^2;\ e^x = u)$<br>$u^2 - 8u + 15 = 0$<br>$u_{1/2} = \frac{8 \pm \sqrt{8^2 - 4 \cdot 15}}{2}$ (abc-F.)<br>$= \frac{8 \pm 2}{2}$<br>$u_1 = 5; \qquad u_2 = 3$<br><br>**Rücksubstitution :**<br>$e^x = 5 \qquad e^x = 3$<br>$x_1 = \ln(5) \approx 1{,}6 \qquad x_2 = \ln(3) \approx 1{,}1$ |

## 3. Trigonometrische Gleichungen

### Vorgehen und Erklärung am Beispiel

| **Sinusgleichung** $\sin(x)=0,5$ | **Kosinusgleichung** $\cos(x)=0,5$ |
|---|---|

| **1. Schritt : $x_1$ durch WTR** (Einstellung: *rad*) | |
|---|---|
| $\sin(x)=0,5 \quad \vert \sin^{-1}$<br>$x=\sin^{-1}(0,5)$<br>$x_1=\frac{1}{6}\pi\approx 0,52$ | $\cos(x)=0,5 \quad \vert \cos^{-1}$<br>$x=\cos^{-1}(0,5)$<br>$x_1=\frac{1}{3}\pi\approx 1,05$ |

| **2. Schritt : $x_2$ aus $x_1$ berechnen** | |
|---|---|
| $x_2=\boldsymbol{\pi}-x_1\approx\boldsymbol{\pi}-0,52\approx 2,62$ | $x_2=\boldsymbol{2\pi}-x_1\approx\boldsymbol{2\pi}-1,05\approx 5,23$ |

**Erklärung**

In den unten stehenden Koordinatensystemen werden die Gleichungen $\sin(x)=0,5$ und $\cos(x)=0,5$ veranschaulicht.

Jeder $x$-Wert, welcher eine Lösung der Gleichung $\sin(x)=0,5$ darstellt, muss bei der Kurve zu einem Punkt mit $y$-Wert 0,5 führen. Bei $x_1\approx 0,52$, der ersten Lösung der Gleichung, erreicht die Kurve einen Punkt mit diesem $y$-Wert. Bevor die Kurve bei $x=\pi$ die $x$-Achse durchquert, erreicht es jedoch abermals, beim gesuchten $x$-Wert $x_2$, einen Punkt mit dem $y$-Wert $0,5$.

Aufgrund der Achsensymmetrie des Schaubildes muss der Abstand zwischen $x_2$ und $\pi$ dem Abstand zwischen 0 und $x_1$ entsprechen und damit $x_1$ bzw. 0,52 betragen. Hierdurch kann $x_2$ errechnet werden: $x_2=\boldsymbol{\pi}-x_1\approx\boldsymbol{\pi}-0,52\approx 2,62$.

Im Unterschied hierzu führt die Achsensymmetrie des Schaubildes der Kosinusfunktion dazu, dass $x_2$ errechnet werden kann, indem $x_1$ von $2\pi$ subtrahiert wird: $x_2=\boldsymbol{2\pi}-x_1$.

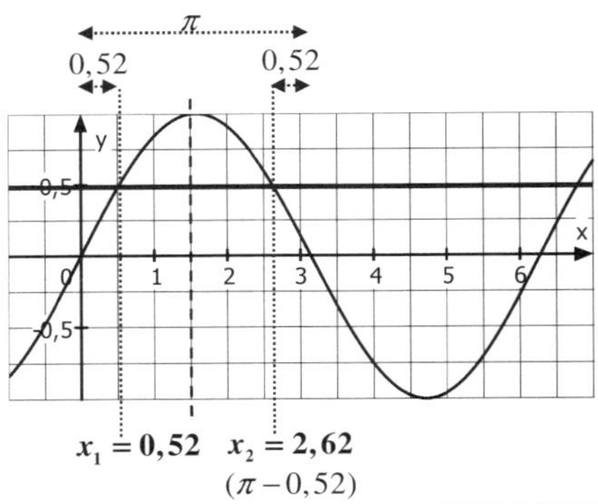


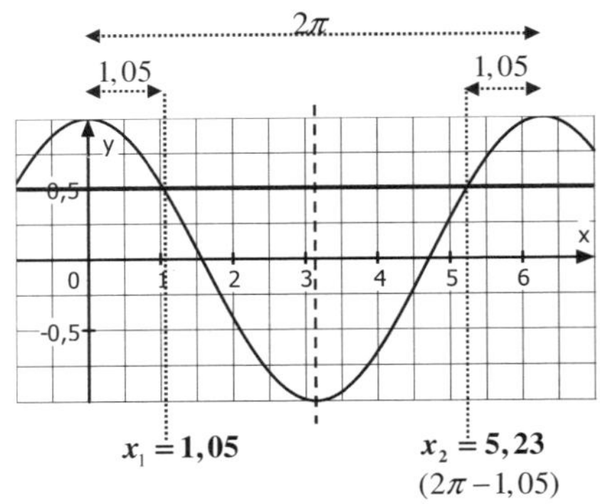




http://frv.tv/5w

| **3. Schritt : Weitere Lösungen der Gleichung berechnen** | |
|---|---|
| $x \approx 0,52 \pm 1 \cdot 2\pi$; $x \approx 0,52 \pm 2 \cdot 2\pi$; ...<br>und<br>$x \approx 2,62 \pm 1 \cdot 2\pi$; $x \approx 2,62 \pm 2 \cdot 2\pi$; ... | $x \approx 1,05 \pm 1 \cdot 2\pi$; $x \approx 1,05 \pm 2 \cdot 2\pi$; ...<br>und<br>$x \approx 5,23 \pm 1 \cdot 2\pi$; $x \approx 5,23 \pm 2 \cdot 2\pi$; ... |

**Erklärung** (Am Beispiel: $\sin(x) = 0,5$)

Das Schaubild einer Sinus- oder Kosinusfunktion besitzt eine Periodenlänge von $2\pi$ ($\approx 6,3$). Nach dem Durchlaufen einer Periode wiederholt sich stets ihr Ablauf.
Die Sinuskurve erreicht beim $x$-Wert von 0,52 einen Punkt mit $y$-Wert 0,5.
Eine Periode „später“, beim $x$-Wert von $0,52 + 1 \cdot 2\pi$ ($\approx 6,8$) erreicht die Kurve jedoch ebenfalls einen Punkt mit diesen $y$-Wert.
Ebenso gelangt man zu einer weiteren Lösung, indem man beispielsweise 4 Periodenlängen subtrahiert und beim $x$-Wert $0,52 - 4 \cdot 2\pi \approx -24,61$ landet.
Insgesamt gesehen erhält man aus den beiden Basislösungen $x_1 \approx 0,52$ und $x_2 \approx 2,62$ alle weiteren Lösungen, indem man zu diesen schlicht eine beliebige Anzahl von Periodenlängen ($2\pi$) addiert oder subtrahiert.

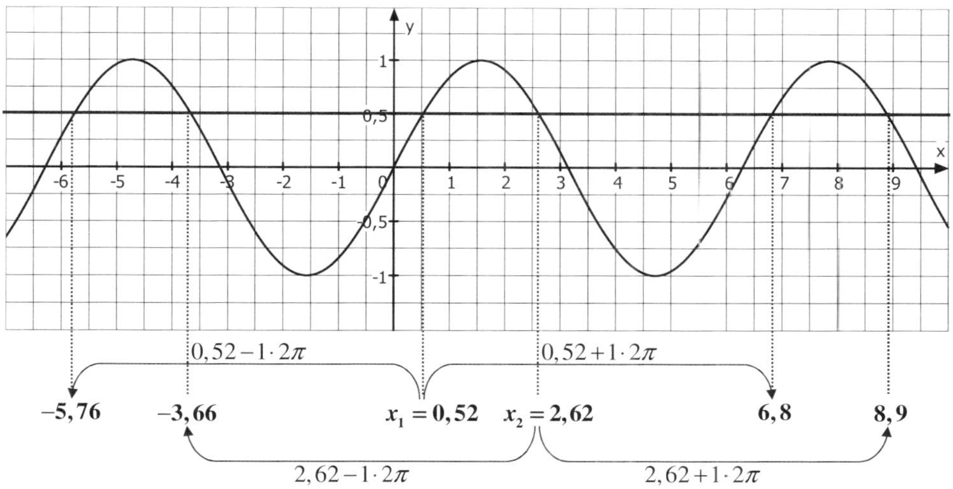

### Konkretes Lösungsvorgehen bei trigonometrischen Gleichungen

Das Vorgehen zur Lösung von Sinus- und Kosinusgleichungen erfolgt weitgehend analog.
Ein grundsätzlicher Unterschied besteht lediglich im 2. Schritt bei der Berechung von $x_2$.
Deshalb werden hier die Gleichungstypen nur anhand von Sinusgleichungen dargestellt.

**Einziger Unterschied**

Sinusgleichung: $\boldsymbol{x_2 = \pi - x_1}$

Kosinusgleichung: $\boldsymbol{x_2 = 2\pi - x_1}$

| **Typ 1**<br><br>**Gegenoperation** | **Typ 1S**<br><br>**Substitution führt zu** $\left\{\begin{matrix} \boldsymbol{sin(u)} \\ \boldsymbol{cos(u)} \end{matrix}\right\} = \ldots$ |
|---|---|
| | $\sin(2x) = 0,5$<br>**Substitution:** $(2x = u)$ |
| $\sin(x) = 0,5 \quad \mid \sin^{-1}$<br>$x = \sin^{-1}(0,5)$<br>$x_1 = \frac{1}{6}\pi$ (TR)<br>$x_2 = \pi - x_1 = \pi - \frac{1}{6}\pi = \frac{5}{6}\pi$<br>weitere Lösungen:<br>$x = \frac{1}{6}\pi \pm 1 \cdot 2\pi; \quad x = \frac{1}{6}\pi \pm 2 \cdot 2\pi; \ \ldots$<br>$x = \frac{5}{6}\pi \pm 1 \cdot 2\pi; \quad x = \frac{5}{6}\pi \pm 2 \cdot 2\pi; \ \ldots$ | $\sin(u) = 0,5 \quad \mid \sin^{-1}$<br>$u = \sin^{-1}(0,5)$<br>$u_1 = \frac{1}{6}\pi$ (TR)<br>$u_2 = \pi - x_1 = \pi - \frac{1}{6}\pi = \frac{5}{6}\pi$<br>weitere Lösungen:<br>$u = \frac{1}{6}\pi \pm 1 \cdot 2\pi; \quad u = \frac{1}{6}\pi \pm 2 \cdot 2\pi; \ \ldots$<br>$u = \frac{5}{6}\pi \pm 1 \cdot 2\pi; \quad u = \frac{5}{6}\pi \pm 2 \cdot 2\pi; \ \ldots$ |
| | **Rücksubstitution:** $(u = 2x)$<br>$2x = \frac{1}{6}\pi \pm 1 \cdot 2\pi \ \mid :2 \ ; \quad 2x = \frac{1}{6}\pi \pm 2 \cdot 2\pi \ \mid :2$<br>$x = \frac{1}{12}\pi \pm 1 \cdot \pi \qquad x = \frac{1}{12}\pi \pm 2 \cdot \pi$<br>...<br>$2x = \frac{5}{6}\pi \pm 1 \cdot 2\pi \ \mid :2 \ ; \quad 2x = \frac{5}{6}\pi \pm 2 \cdot 2\pi \ \mid :2$<br>$x = \frac{5}{12}\pi \pm 1 \cdot \pi \qquad x = \frac{5}{12}\pi \pm 2 \cdot \pi$<br>... |

**Typ 2 (Satz vom Nullprodukt)**

$$\left(\sin(x)\right)^2 - 0{,}5\sin(x) = 0$$
$$\sin(x) \cdot \left(\sin(x) - 0{,}5\right) = 0$$

**S. v. Nullpr.**

$\sin(x) = 0$ $\qquad$ $\sin(x) - 0{,}5 = 0 \quad | +0{,}5$

$x = \sin^{-1}(0)$ $\qquad$ $\sin(x) = 0{,}5 \quad | \sin^{-1}$

$x_1 = 0$ (TR) $\qquad$ $x = \sin^{-1}(0{,}5)$

$x_2 = \pi - 0 = \pi$ $\qquad$ $x_3 = \frac{1}{6}\pi$ (TR)

$x_4 = \pi - \frac{1}{6}\pi = \frac{5}{6}\pi$

weitere Lösungen:

$x = 0 \pm 1 \cdot 2\pi$ $\qquad$ $x = \frac{1}{6}\pi \pm 1 \cdot 2\pi$

und

$x = \pi \pm 1 \cdot 2\pi$ $\qquad$ $x = \frac{5}{6}\pi \pm 1 \cdot 2\pi$

...

## 4. Wurzelgleichungen

**Typ 1 (Gegenoperation)**

| **Beispiel 1** | **Beispiel 2** |
|---|---|
| $\sqrt{x}-1=1 \quad \vert +1$ | $\sqrt{x+4}+2=x \quad \vert -2$ |
| $\sqrt{x}=2 \quad \vert (...)^2$ | $\sqrt{x+4}=x-2 \quad \vert (...)^2$ |
| $x=4$ | $x+4=(x-2)^2$ (1. Binom. Formel) |
| | $x+4=x^2-4x+4 \quad \vert -x-4$ |
| Probe: $\sqrt{4}-1=1$ | $0=x^2-5x$ |
| $2-1=1$ | $0=x\cdot(x-5)$ |
| $1=1$ | **S. v. Nullpr.** |
| **Lösung:** $x=4$ | $x_1=0 \qquad x-5=0$ |
| | $x_2=5$ |
| | Probe: |
| | $\sqrt{0+4}+2=0 \qquad \sqrt{5+4}+2=5$ |
| | $2+2=0 \qquad \sqrt{9}+2=5$ |
| | $4\neq 0 \qquad 3+2=5$ |
| | („Scheinlösung") $\qquad 5=5$ |
| | **Lösung:** $x=5$ |

**Hinweis:** Immer eine **Probe** machen, um **„Scheinlösungen"** auszuschließen.

## 5. Bruchgleichungen

**Beispiel 1**

$$\frac{3x^2-6x}{x-2}=0$$

1. Definitionsmenge bestimmen („Nenner = 0")

$$x-2=0 \quad |+2$$
$$x=2$$

$D=\mathbb{R}\setminus\{2\}$ (alle reellen Zahlen außer 2)

2. Lösen der Gleichung

$$\frac{3x^2-6x}{x-2}=0 \quad |\cdot(x-2)$$
$$3x^2-6x=0$$
$$x\cdot(3x-6)=0$$

S. v. Nullpr.

$$x_1=0 \qquad 3x-6=0 \quad |+6$$
$$3x=6 \quad |:2$$
$$x_2=2$$

3. Lösungsmenge notieren

$L=\{0\}$

($x_2=2$ nicht, da nicht in D)

**Beispiel 2**

$$\frac{x+1}{x}=\frac{-x}{x-1}$$

1. Definitionsmenge bestimmen

$$x=0 \quad \text{bzw.} \quad x-1=0 \quad |+1$$
$$x=1$$

$D=\mathbb{R}\setminus\{0;1\}$

2. Lösen der Gleichung

$$\frac{x+1}{x}=\frac{-x}{x-1} \quad |\cdot x\cdot(x-1)$$
$$(x+1)\cdot(x-1)=-x\cdot x$$
$$x^2-1=-x^2 \quad |+1+x^2$$
$$2x^2=1$$
$$x^2=\frac{1}{2} \,|\sqrt{\;}$$
$$x_{1/2}=\pm\sqrt{\frac{1}{2}}\approx\pm0{,}707$$

3. Lösungsmenge notieren

$$L=\left\{-\sqrt{\frac{1}{2}};\sqrt{\frac{1}{2}}\right\}$$

**Hinweise**

- „Durchmultiplizieren" mit dem Hauptnenner führt stets auf einen der bekannten Gleichungstypen4. Deshalb stellen Bruchgleichungen selbst auch keinen „eigenen Gleichungstyp" dar.
- $x$-Werte, welche im Nennerterm der Ausgangsgleichung zu einem Wert von 0 führen, gehören nicht zur Definitionsmenge der Gleichung und dürfen damit nicht in diese eingesetzt werden (da man sonst durch 0 teilen würde). Ein solcher $x$-Wert kann demnach auch nicht Lösung der Gleichung sein (siehe Beispiel 1).

**Bruchgleichungen**

Eine Nullstelle des Nenners kann nicht Lösung sein.

## 2.3 Goldene Regeln zum Lösen von Gleichungen

### 1. Regel: Der Satz vom Nullprodukt als wichtiges Werkzeug

- **Wozu?**

Eine schwierige Gleichung kann hiermit in zwei (oder mehr) einfache Gleichungen zerlegt werden.

- **Beispiel** $e^{2x}x^2 - 2x^2 = 0$ *(schwierige Gleichung)*

$$\underline{x^2 \cdot (e^{2x} - 2) = 0}$$

**S. v. Nullpr.**

*(1. einfache Gleichung)*

$x^2 = 0 \quad |\sqrt{\ }$

$x_{1/2} = 0$

*(2. einfache Gleichung)*

$e^{2x} - 2 = 0 \quad |+2$

$e^{2x} = 2 \quad |\ln$

$2x = \ln(2) \quad |:2$

$$x_3 = \frac{\ln(2)}{2}$$

- **Wann anwendbar?**

Wenn eine Gleichung in der Form: $\underline{\text{Faktor 1} \cdot \text{Faktor 2} \cdot \ldots = 0}$ gegeben ist, oder durch Ausklammern auf diese Form gebracht werden kann.
Die Gleichung sollte also insbesondere kein Absolutglied („keine Zahl ohne $x$“) enthalten.
„Mischgleichungen“ wie $e^x x^2 - 2x^2 = 0$, die beispielsweise sowohl Polynombausteine ($x^2$) als auch Exponentialbausteine ($e^x$) enthalten, können in der Regel nur über den Satz vom Nullprodukt von Hand gelöst werden.

- **Weshalb gilt der Satz vom Nullprodukt?**

Wenn zwei Zahlen multipliziert werden, sodass das Ergebnis die Zahl 0 ist, kann dies nur gelingen, wenn die eine oder die andere der beiden Zahlen selbst 0 ist. (*Oder haben Sie ein Gegenbeispiel?*)
Übertragen auf die obige Gleichung $x^2 \cdot (e^{2x} - 2) = 0$ kann das Produkt aus $x^2$ und $(e^{2x} - 2)$ nur dann zu 0 werden, wenn entweder $x^2$ oder $(e^{2x} - 2)$ den Wert 0 annimmt. Deshalb werden alle $x$-Werte berechnet, die mindestens einen dieser beiden Faktoren zu 0 machen.

## 2. Regel: Das Teilen durch $x$ ist VERBOTEN

- **Falsch**

$$\begin{aligned} 4x^2 &= x && |:x \\ 4x &= 1 && |:4 \\ x &= \frac{1}{4} \end{aligned}$$

- **Grund**

$x_2 = 0$ ist eine weitere Lösung dieser Gleichung (Probe!), diese ging jedoch im Lösungsvorgang „verloren“, da durch $x$ geteilt wurde.

- **Stattdessen: Satz vom Nullprodukt**

$$\begin{aligned} 4x^2 &= x && |-x \\ 4x^2 - x &= 0 \\ x \cdot (4x-1) &= 0 \end{aligned}$$

**S. v. Nullpr.**

$$x_1 = 0 \qquad \begin{aligned} 4x-1 &= 0 && |+1 \\ 4x &= 1 && |:4 \\ x_2 &= \frac{1}{4} \end{aligned}$$

- **Bemerkung**

Hingegen ist das Teilen durch $e^x$ erlaubt (da $e^x \neq 0$).

## 3. Regel: Gleichungen mit einem Parameter

- Eine Gleichung löst man immer nach der Variablen ($x$) auf, niemals nach dem Parameter ($t$).
- Der Parameter wird hingegen wie eine Zahl behandelt.
- Zu welchem Typ eine Gleichung gehört, hängt nur von der Variablen, nicht vom Parameter ab. Beispiel: $t^3 - t^2 \cdot \sin(x) + 1 = 0 \rightarrow$ Trigonometrische Gleichung!

## 2.4 Ungleichungen

### Vorgehen zur Lösung

**1.** Zunächst wird die zugehörige Gleichung gelöst.

**2.** Dann betrachtet man die (eventuell umgestellte) Gleichung als Funktionsterm und skizziert das Schaubild in das Koordinatensystem. Die Lösungen der Gleichung aus 1. sind die Nullstellen der Funktion.

**3.** Durch Betrachtung, an welchen $x$-Werten das Schaubild ober- bzw. unterhalb der $x$-Achse verläuft, erhält man die Lösungsmenge.

**a)** $4x-2>0$

**1. Zugehörige Gleichung lösen**

$$4x-2=0$$
$$4x=2$$
$$x=0{,}5$$

**2. Betrachtung im Koordinatensystem**

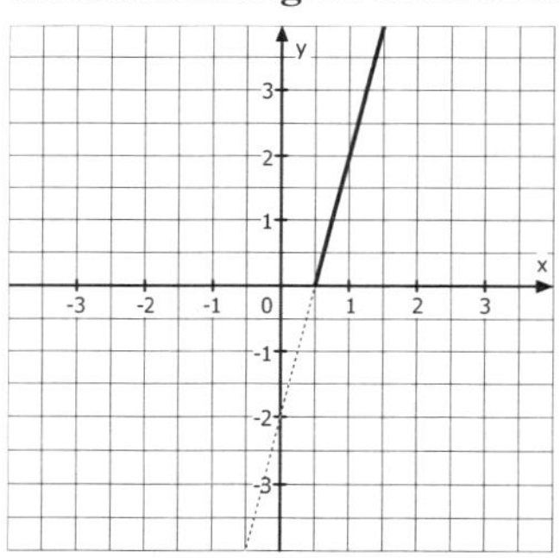

$>0$

Schaubild zu $y=4x-2$

**3. Lösungen notieren**

$x>0{,}5$

**b)** $(x+3)\cdot(x-1)\ \leq 0$

**1. Zugehörige Gleichung lösen**

$$(x+3)\cdot(x-1)\ =0$$
S. v. Nullpr.
$$x_1=-3; \qquad x_2=1$$

**2. Betrachtung im Koordinatensystem**

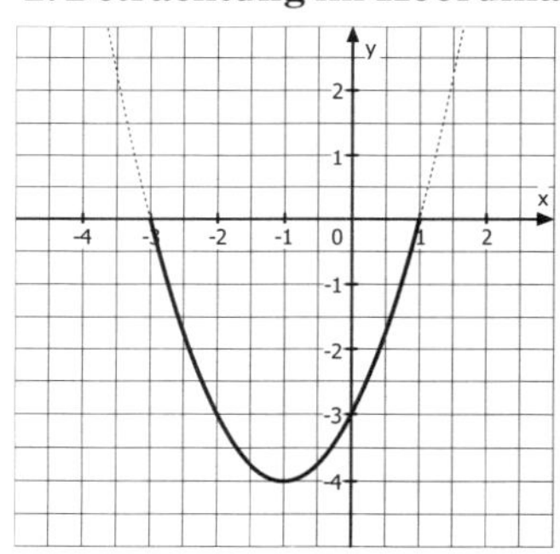

$=0$

$<0$

Schaubild zu $y=(x+3)\cdot(x-1)$
(Parabel, nach oben geöffnet)

**3. Lösungen notieren**

$-3\leq x\leq 1$

**Alternative zum 2. bzw. 3. Schritt (am Beispiel b))**

Schritt 1 ergibt die beiden Nullstellen $x_1=-3$ und $x_2=1$.
Z.B. $x=0$ liegt zwischen den beiden Nullstellen und wird eingesetzt:
$(0+3)\cdot(0-1)=3\cdot(-1)=-3$
Zwischen den Nullstellen liegen also (die gesuchten) negativen Werte.
(Für $x<-3$ und $x>1$ liegen somit positive Werte vor.)
Der Lösungsbereich befindet sich also zwischen den Nullstellen: $-3\leq x\leq 1$



http://frv.tv/5z

**c)** $-x^2+2x+1<x-1$

**1. Zugehörige Gleichung lösen**

$$-x^2+2x+1=x-1 \quad |-x+1$$

$$-x^2+x+2=0$$

$$x_{1/2}=\frac{-1\pm\sqrt{1^2-4\cdot(-1)\cdot 2}}{2\cdot(-1)}=\frac{-1\pm 3}{-2}$$

$x_1=-1;\ \ x_2=2$

**2. Betrachtung im Koordinatensystem**

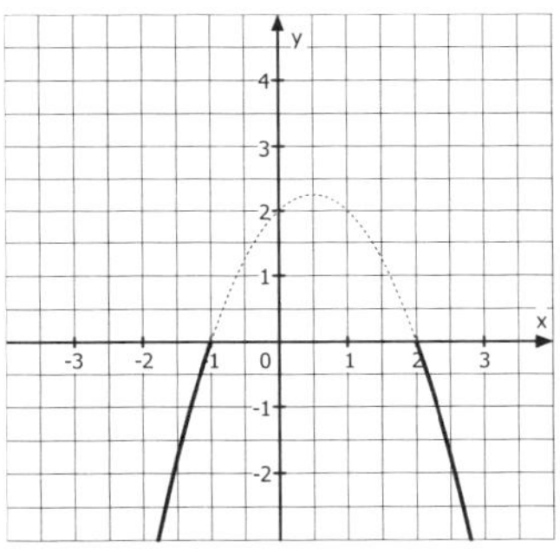


$<0$

Schaubild zu $y=-x^2+x+2$
(Parabel, nach unten geöffnet)

**3. Lösungen notieren**

$x<-1$ und x > 2

**d)** $(2x-1)\cdot e^x>0$

**1. Zugehörige Gleichung lösen**

$$(2x-1)\cdot e^x=0$$

S. v. Nullpr.

$2x-1=0 \qquad e^x=0$

$x=\frac{1}{2}$; keine Lösung da $e^x>0$

**2. Betrachtung im Koordinatensystem**

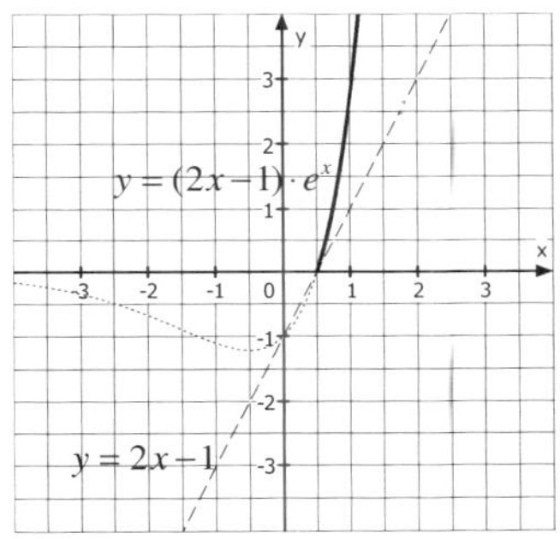


$>0$

Das Einzeichnen des Schaubildes zu $y=(2x-1)\cdot e^x$ ist schwierig.

Alternatives Vorgehen:

- $y=2x-1$ kann leicht skizziert werden. Hat negative Werte für $x<0,5$ und positive Werte für $x>0,5$.
- $e^x$ nimmt nur positive Werte an.
- Das Produkt $(2x-1)\cdot e^x$ hat also die gleichen Vorzeichen wie $y=2x-1$ und somit positive Werte für $x>0,5$.

**3. Lösungen notieren**

$x>0,5$

## 2.5 Lineare Gleichungssysteme

### 1. Lösungsvorgehen (an Beispielen)

**Beispiel 1**

$$\begin{aligned} 2a+b+c &= 5 \\ -2a+3c &= -1 \\ 2a+2b-2c &= 2 \end{aligned}$$

$$\left(\begin{array}{ccc|c} 2 & 1 & 1 & 5 \\ -2 & 0 & 3 & -1 \\ 2 & 2 & -2 & 2 \end{array}\right) \begin{array}{l} \\ \text{I}+\text{II} \\ \text{II}+\text{III} \end{array}$$

$$\left(\begin{array}{ccc|c} 2 & 1 & 1 & 5 \\ 0 & 1 & 4 & 4 \\ 0 & 2 & 1 & 1 \end{array}\right) \begin{array}{l} \\ \\ 2\cdot\text{II}-\text{III} \end{array}$$

$$\left(\begin{array}{ccc|c} 2 & 1 & 1 & 5 \\ 0 & 1 & 4 & 4 \\ \mathbf{0} & \mathbf{0} & \mathbf{7} & \mathbf{7} \end{array}\right)$$

LGS hat
**eindeutige Lösung**

$\text{III}: \; 7c = 7$
$c = 1$

$\text{in II}: \; b + 4\cdot 1 = 4$
$b = 0$

$\text{in I}: \; 2a + 0 + 1 = 5$
$a = 2$

**Beispiel 2**

$$\begin{aligned} 2a-2b+c &= -2 \\ a-c &= 1 \\ -a-2b+4c &= 0 \end{aligned}$$

$$\left(\begin{array}{ccc|c} 2 & -2 & 1 & -2 \\ 1 & 0 & -1 & 1 \\ -1 & -2 & 4 & 0 \end{array}\right) \begin{array}{l} \\ \text{I}-2\cdot\text{II} \\ \text{II}+\text{III} \end{array}$$

$$\left(\begin{array}{ccc|c} 2 & -2 & 1 & -2 \\ 0 & -2 & 3 & -4 \\ 0 & -2 & 3 & 1 \end{array}\right) \begin{array}{l} \\ \\ \text{II}-\text{III} \end{array}$$

$$\left(\begin{array}{ccc|c} 2 & -2 & 1 & -2 \\ 0 & -2 & 3 & -4 \\ \mathbf{0} & \mathbf{0} & \mathbf{0} & \mathbf{-5} \end{array}\right)$$

LGS hat
**keine Lösung**

da $\text{III}: 0c = -5$
(Widerspruch)

**Beispiel 3**

$$\begin{aligned} 2a-3b+4c &= 1 \\ -2a+2b-2c &= 2 \\ a-b+c &= -1 \end{aligned}$$

$$\left(\begin{array}{ccc|c} 2 & -3 & 4 & 1 \\ -2 & 2 & -2 & 2 \\ 1 & -1 & 1 & -1 \end{array}\right) \begin{array}{l} \\ \text{I}+\text{II} \\ \text{I}-2\cdot\text{III} \end{array}$$

$$\left(\begin{array}{ccc|c} 2 & -3 & 4 & 1 \\ 0 & -1 & 2 & 3 \\ 0 & -1 & 2 & 3 \end{array}\right) \begin{array}{l} \\ \\ \text{II}-\text{III} \end{array}$$

$$\left(\begin{array}{ccc|c} 2 & -3 & 4 & 1 \\ 0 & -1 & 2 & 3 \\ \mathbf{0} & \mathbf{0} & \mathbf{0} & \mathbf{0} \end{array}\right)$$

LGS hat
**unendlich viele Lösungen**

Setzen von $c = t \quad (t \in \mathbb{R})$

in II:

$$\begin{aligned} -b+2t &= 3 \\ -b &= -2t+3 \\ b &= 2t-3 \end{aligned}$$

in I:

$$\begin{aligned} 2a-3\cdot(2t-3)+4t &= 1 \\ 2a-6t+9+4t &= 1 \\ 2a &= 2t-8 \\ a &= t-4 \end{aligned}$$

**Hinweis:** Sobald bei zwei Gleichungen in der ersten Spalte eine Null steht, sollte nur noch mit diesen beiden Gleichungen gerechnet werden. Grund: Wenn die andere Gleichung mit einbezogen wird, verschwindet eine Null aus der ersten Spalte wieder.



http://frv.tv/5y

## 2. Übersicht (vereinfacht)

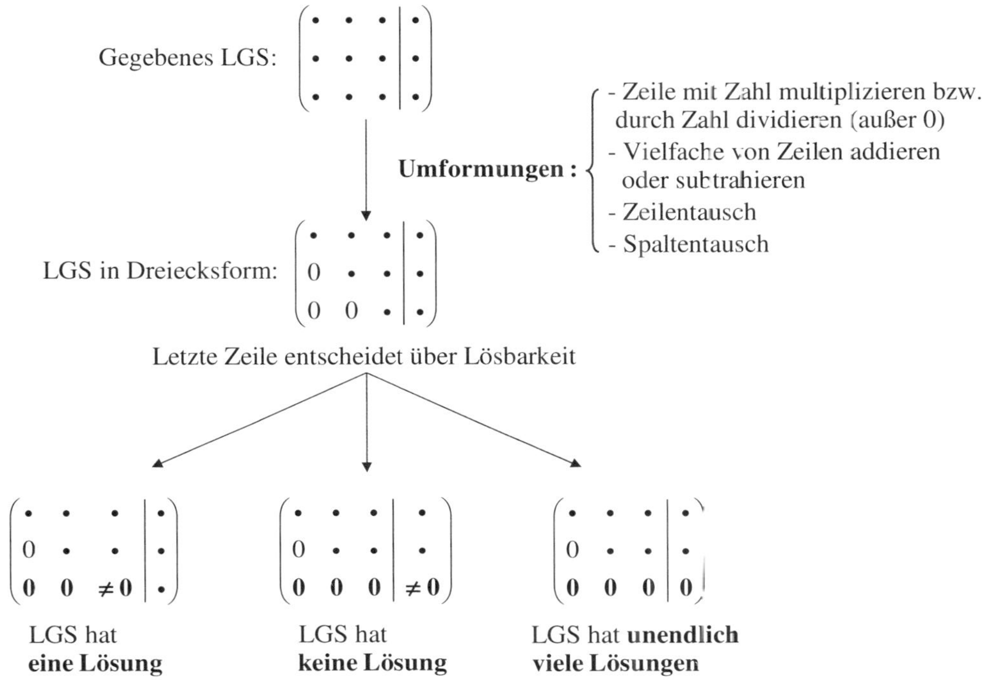


**Homogenes LGS**

• Falls auf der **„rechten Seite"** eines LGS alle Zahlen den Wert **0** haben, wird das LGS als **homogen** bezeichnet.

• Ein homogenes LGS hat entweder eine eindeutige Lösung oder unendlich viele Lösungen, aber niemals keine Lösung. Falls ein homogenes LGS eine eindeutige Lösung hat, lautet diese stets $\boldsymbol{a = 0}$; $\boldsymbol{b = 0}$; $\boldsymbol{c = 0}$.

Tangente
und
Normale

(S. 51)

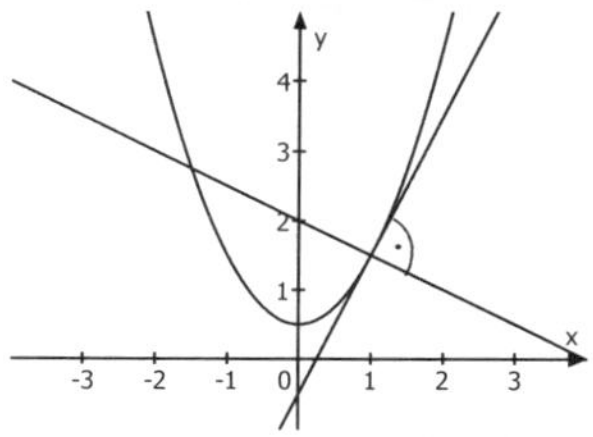


Ableitungsregeln
$f(x) =$
$f'(x) =$

(S. 48)

Monotonie

(S. 56)

**Differenzialrechnung**

Krümmung

(S. 57)

Hochpunkte
und
Tiefpunkte

(S. 58)

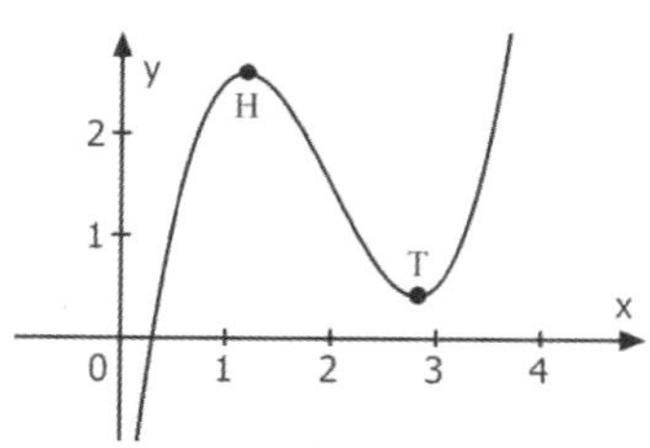

Wachstum und Zerfall

(S. 74)

Extremwertaufgaben

(S. 72)

„Steckbriefaufgaben"

Eine Funktion 4. Grades hat den Hochpunkt H(3|4), den Tiefpunkt...
Wie lautet ihr Funktionsterm?

(S. 68)

Graphisches Ableiten

N E W
N E W
N E W

(S. 66)

Sattelpunkte

(S. 60)

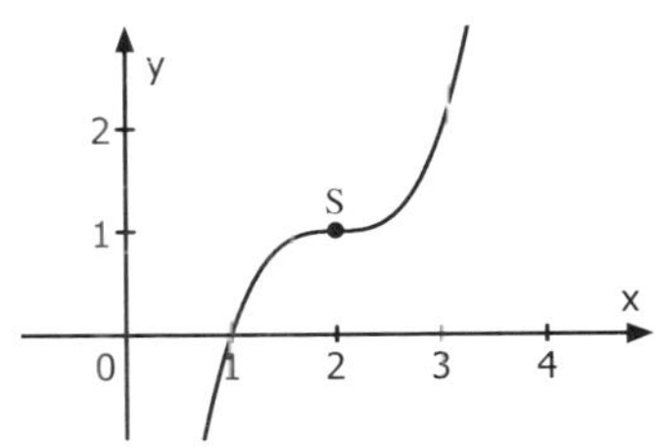


Wendepunkte

(S. 59)

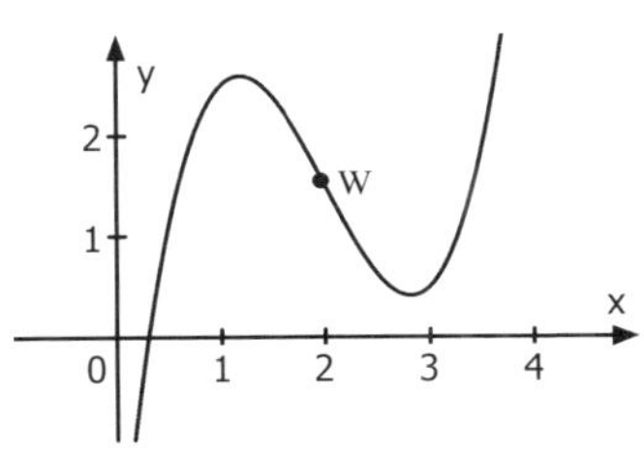

# 3. Differenzialrechnung

## 3.1 Ableitungsregeln

<table>
<tr><th>Nr.</th><th>Beispiel</th><th>Vorgehen</th></tr>
<tr><td colspan="3">Elementarregeln</td></tr>
<tr><td>1</td><td>$f(x) = x^5$<br>$f'(x) = 5 \cdot x^{5-1} = 5x^4$<br><br>$f(x) = x^2$<br>$f'(x) = 2 \cdot x^1 = 2x$<br><br>$f(x) = x$<br>$f'(x) = 1 \cdot x^0 = 1 \cdot 1 = 1$<br><br>$f(x) = \frac{1}{x^2} = x^{-2}$<br>$f'(x) = -2 \cdot x^{-3} = -\frac{2}{x^3}$<br><br>$f(x) = \sqrt{x} = x^{\frac{1}{2}}$<br>$f'(x) = \frac{1}{2} \cdot x^{-\frac{1}{2}} = \frac{1}{2 \cdot x^{\frac{1}{2}}} = \frac{1}{2 \cdot \sqrt{x}}$</td><td>$f(x) = x^{Exponent}$<br>$f'(x) = Exponent \cdot x^{Exponent-1}$<br>(Potenzregel)<br><br>Vor dem Ableiten<br>$\frac{1}{x^n} = x^{-n}$<br>$\sqrt{x} = x^{\frac{1}{2}}$</td></tr>
<tr><td>2</td><td>$f(x) = e^x$<br>$f'(x) = e^x$</td><td>Abschreiben</td></tr>
<tr><td>3</td><td>$f(x) = \ln(x)$<br>$f'(x) = \frac{1}{x}$</td><td>„In den Nenner“</td></tr>
<tr><td>4</td><td>$f(x) = \sin(x)$<br>$f'(x) = \cos(x)$</td><td rowspan="2">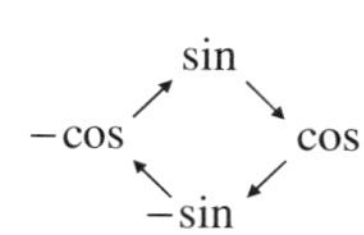<br>(Im Uhrzeigersinn!)</td></tr>
<tr><td>5</td><td>$f(x) = \cos(x)$<br>$f'(x) = -\sin(x)$</td></tr>
</table>



http://frv.tv/1o

| Nr. | Beispiel | Vorgehen |
|---|---|---|
| | **Vorgehensregeln** | |
| **6** | $f(x) = \mathbf{3} \cdot x^2$<br>$f'(x) = \mathbf{3} \cdot 2x = 6x$ | *„Zahlen" mit · oder : „bleiben"*<br>(Faktorregel) |
| **7** | $f(x) = x^2 + \mathbf{2}$<br>$f'(x) = 2x$ | *„Zahlen" mit + oder − „verschwinden"* |
| **8** | $f(x) = x^2 - 4x$<br>$f'(x) = 2x - 4$ | *+ und − Zeichen unterteilen die Funktion in Teilfunktionen, welche einzeln abgeleitet werden*<br>(Summenregel) |

**Hinweis: Ableiten bei Funktionenscharen**

Der Parameter $t$ wird beim Ableiten wie eine Zahl und nicht wie die Variable $x$ behandelt.

Beispiel: $f_t(x) = t^2x^3 + t$

$f_t'(x) = 3t^2x^2$

| | | |
|---|---|---|
| | **Produktregel** | |
| **9** | $f(x) = x^2 \cdot \sin(x)$<br>$f'(x) = 2x \cdot \sin(x) + x^2 \cdot \cos(x)$ | $f(x) = u(x) \cdot v(x)$<br>$f'(x) = u'(x) \cdot v(x) + u(x) \cdot v'(x)$<br>*Ableiten · Abschreiben + Abschreiben · Ableiten* |

**Aber**: Die Produktregel nur dann anwenden, wenn zwei Faktoren, die **beide** $\boldsymbol{x}$ enthalten, miteinander **multipliziert** werden.

$f(x) = 3x + \sin(x)$
$f'(x) = 3 + \cos(x)$
*(Keine Produktregel, da keine Multiplikation)*

$f(x) = 3 \cdot \sin(x)$
$f'(x) = 3 \cdot \cos(x)$
*(Produktregel unnötig, Faktor 3 enthält kein x)*

$f(x) = 3x \cdot \sin(x)$
$f'(x) = 3 \cdot \sin(x) + 3x \cdot \cos(x)$
*(Produktregel)*

| Nr. | Beispiel | Vorgehen |
|---|---|---|
| | **Anwendungen der Kettenregel** | |
| **10** | $f(x) = (2x+3)^5$<br>$f'(x) = 5\cdot(2x+3)^4\cdot 2$<br>$= 10\cdot(2x+3)^4$<br><br>$f(x) = \frac{1}{(x^2+3)^5}$<br>$= (x^2+3)^{-5}$<br>$f'(x) = -5\cdot(x^2+3)^{-6}\cdot 2x$<br>$= -\frac{10x}{(x^2+3)^6}$ | $f(x) = (\mathit{Klammerinhalt})^{\mathit{Exponent}}$<br>$f'(x) = \mathit{Exponent}\cdot(\mathit{Klammerinhalt})^{\mathit{Exponent}-1}\cdot$ *Klammerinhalt abgeleitet* |
| **11** | $f(x) = e^{2x+3}$<br>$f'(x) = e^{2x+3}\cdot 2$ | $f(x) = e^{\mathit{Exponent}}$<br>$f'(x) = e^{\mathit{Exponent}}\cdot$ *Exponent abgeleitet* |
| **12** | $f(x) = \ln(2x+3)$<br>$f'(x) = \frac{1}{2x+3}\cdot 2$ | $f(x) = \ln(\mathit{Klammerinhalt})$<br>$f'(x) = \frac{1}{\mathit{Klammerinhalt}}\cdot$ *Klammerinhalt abgeleitet* |
| **13** | $f(x) = \sin(2x+3)$<br>$f'(x) = \cos(2x+3)\cdot 2$ | $f(x) = \sin(\mathit{Klammerinhalt})$<br>$f'(x) = \cos(\mathit{Klammerinhalt})\cdot$ *Klammerinhalt abgeleitet* |
| **14** | $f(x) = \cos(2x+3)$<br>$f'(x) = -\sin(2x+3)\cdot 2$ | $f(x) = \cos(\mathit{Klammerinhalt})$<br>$f'(x) = -\sin(\mathit{Klammerinhalt})\cdot$ *Klammerinhalt abgeleitet* |

Die allgemeine Kettenregel, aus welcher sich die Regeln 10-14 ergeben, lautet:

$$f(x) = u(v(x)) \rightarrow f'(x) = \underbrace{u'(v(x))}_{\text{Äußere Abl.}} \cdot \underbrace{v'(x)}_{\text{Innere Abl.}}$$

## 3.2 Tangente und Normale

### 1. Aufgabentyp

Gegeben ist die Funktion $f$ mit $f(x) = x^2 + 0{,}5$.

In $x = 1$ wird eine Tangente an das Schaubild angelegt. Berechnen Sie deren Gleichung.

In $x = 1$ wird eine Normale an das Schaubild angelegt. Berechnen Sie deren Gleichung.

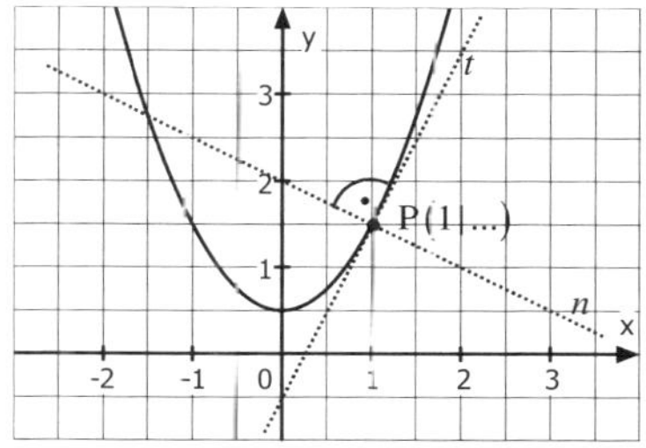


| **Tangente im Kurvenpunkt**<br>(geg. $f(x)$ und $x$-Wert des Kurvenpunktes) | **Normale im Kurvenpunkt**<br>(geg. $f(x)$ und $x$-Wert des Kurvenpunktes) |
|---|---|
| **Vorgehen**<br><br>**1. $y$ - Wert des Kurvenpunktes berechnen**<br>$f(1) = 1^2 + 0{,}5 = 1{,}5 \quad \to \mathrm{P}(1 \mid 1{,}5)$<br><br>**2. Tangentensteigung berechnen**<br>$f'(x) = 2x$<br>$f'(1) = 2 \cdot 1 = 2 \quad (= m_t)$<br><br>**3. Tangentengleichung berechnen**<br>$y = m_t \cdot x + b$<br>$1{,}5 = 2 \cdot 1 + b$<br>$1{,}5 = 2 + b \quad \mid -2$<br>$-0{,}5 = b$<br><br>$\Rightarrow$ Tangente: $y = 2x - 0{,}5$<br><br>(Alternativ mit:<br>$y = f'(u) \cdot (x - u) + f(u)$) | **Vorgehen**<br><br>**1. $y$ - Wert des Kurvenpunktes berechnen**<br>$f(1) = 1^2 + 0{,}5 = 1 \quad \to \mathrm{P}(1 \mid 1{,}5)$<br><br>**2. Tangentensteigung berechnen**<br>$f'(x) = 2x$<br>$f'(1) = 2 \cdot 1 = 2 \quad (= m_t)$<br><br>**3. Normalensteigung berechnen**<br>**(senkrecht zu $m_t$ $\to$ neg. Kehrwert)**<br>$m_n = -\frac{1}{m_t} = -\frac{1}{2} = -0{,}5$<br><br>**4. Normalengleichung berechnen**<br>$y = m_n \cdot x + b$<br>$1{,}5 = -0{,}5 \cdot 1 + b$<br>$1{,}5 = -0{,}5 + b \quad \mid +0{,}5$<br>$2 = b$<br><br>$\Rightarrow$ Normale: $y = -0{,}5x + 2$<br><br>(Alternativ mit:<br>$y = -\frac{1}{f'(u)} \cdot (x - u) + f(u)$) |

http://frv.tv/1p

## 2. Aufgabentyp

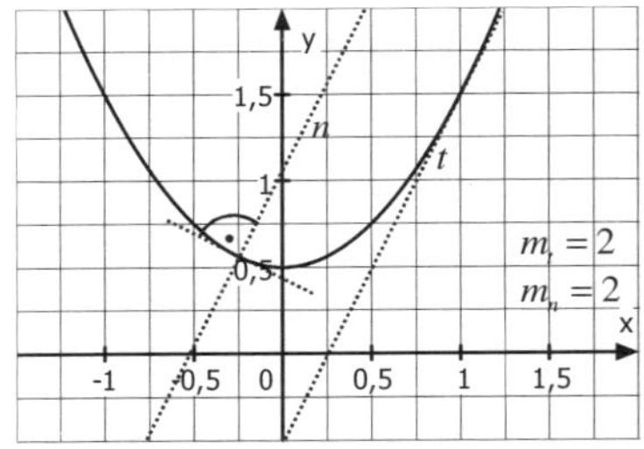


Gegeben ist die Funktion $f$ mit $f(x) = x^2 + 0,5$.

Es gibt eine Tangente an das Schaubild, welche die Steigung 2 besitzt. Berechnen Sie deren Gleichung.

Es gibt eine Normale an das Schaubild, welche die Steigung 2 besitzt. Berechnen Sie deren Gleichung.

| **Tangente mit gegebener Steigung** (geg. $f(x)$ und Steigung der Tangente) | **Normale mit gegebener Steigung** (geg. $f(x)$ und Steigung der Normale) |
|---|---|
| **Vorgehen** | **Vorgehen**<br><br>**1. Zu $m_n$ senkrechte Steigung berechnen**<br>$m = -\frac{1}{m_n} = -\frac{1}{2} = -0,5$ |
| **1. $f'(x) = m_t$ liefert $x$ - Wert des Kurvenpunktes**<br>$f'(x) = 2x$<br>$f'(x) = m_t$<br>$2x = 2$<br>$x = 1$<br>*(An dieser Stelle hat die Parabel die gegebene Steigung.)* | **2. $f'(x) = m$ liefert $x$ - Wert des Kurvenpunktes**<br>$f'(x) = 2x$<br>$f'(x) = m$<br>$2x = -0,5$<br>$x = -0,25$<br>*(An dieser Stelle hat die Parabel die Steigung $-0,5$ und ist damit senkrecht zur gesuchten Normalen.)* |
| **2. $y$ - Wert des Kurvenpunktes berechnen**<br>$f(1) = 1^2 + 0,5 = 1,5 \quad \rightarrow B(1 \mid 1,5)$ | **3. $y$ - Wert des Kurvenpunktes berechnen**<br>$f(-0,25) = (-0,25)^2 + 0,5 = 0,5625$<br>$\rightarrow P(-0,25 \mid 0,5625)$ |
| **3. Tangentengleichung berechnen**<br>$y = m_t \cdot x + b$<br>$1,5 = 2 \cdot 1 + b$<br>$1,5 = 2 + b \quad \mid -2$<br>$-0,5 = b$<br>$\Rightarrow$ Tangente: $y = 2x - 0,5$ | **4. Normalengleichung berechnen**<br>$y = m_n \cdot x + b$<br>$0,5625 = 2 \cdot (-0,25) + b$<br>$0,5625 = -0,5 + b \quad \mid +0,5$<br>$1,0625 = b$<br>$\Rightarrow$ Normale: $y = 2x + 1,0625$ |

## 3. Aufgabentyp

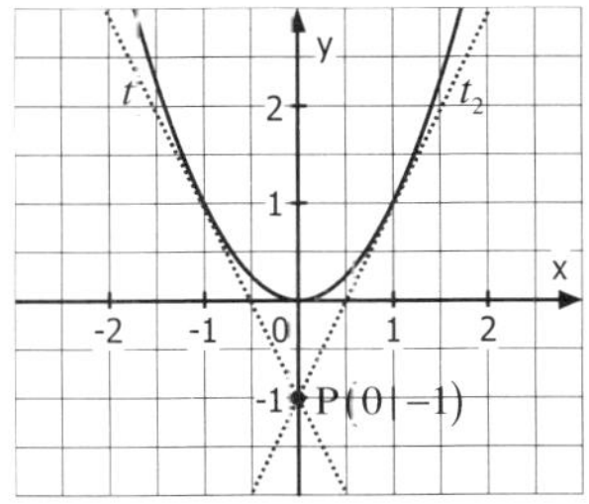


Gegeben ist die Funktion $f$ mit $f(x) = x^2$.
Zwei Tangenten an die Parabel verlaufen durch den Punkt P(0 | −1), welcher nicht auf der Parabel liegt.
Berechnen Sie deren Gleichungen.

| **Tangente von Punkt aus**<br>(geg. $f(x)$ und Punkt, nicht auf Kurve) | **Normale von Punkt aus**<br>(geg. $f(x)$ und Punkt, nicht auf Kurve) |
|---|---|
| **Vorgehen**<br><br>**1. Allg. Tangentengleichung notieren**<br>$y = f'(u)\cdot(x-u)+f(u)$<br><br>**2. $f(u)$ und $f'(u)$ einsetzen**<br>$f(x) = x^2;\quad f'(x) = 2x$<br>$f(u) = u^2;\quad f'(u) = 2u$<br>$y = 2u\cdot(x-u)+u^2$<br><br>**3. P(0 \| −1) einsetzen und Gleichung nach $u$ auflösen**<br>$-1 = 2u\cdot(0-u)+u^2$<br>$-1 = -2u^2+u^2$<br>$-1 = -u^2 \quad \vert\cdot(-1)$<br>$1 = u^2 \quad \vert\sqrt{\phantom{x}}$<br>$u_1 = -1;\quad u_2 = 1$<br>($x$-*Werte der Berührpunkte*)<br><br>**4. $u$-Werte in Tangentengleichung aus 2. einsetzen**<br>$u_1 = -1$ eingesetzt:<br>$y = 2\cdot(-1)\cdot(x-(-1))+(-1)^2$<br>$y = -2x-1$ (1. Tangente)<br><br>$u_2 = 1$ eingesetzt:<br>$y = 2x-1$ (2. Tangente) | Dieser Aufgabentyp ist sehr unüblich und wird deshalb nicht behandelt. |



http://frv.tv/1q

## 3.3 Schnittpunkte (Berührpunkt, senkrechter Schnitt, Schnittwinkel)

| **Zwischen Schaubild und $x$ - Achse** $\left(\textbf{Ansatz}: f(x)=0\right)$ | | |
|---|---|---|
| **Berührpunkt** | **Senkrechter Schnitt** | **Schnittwinkel** |
| 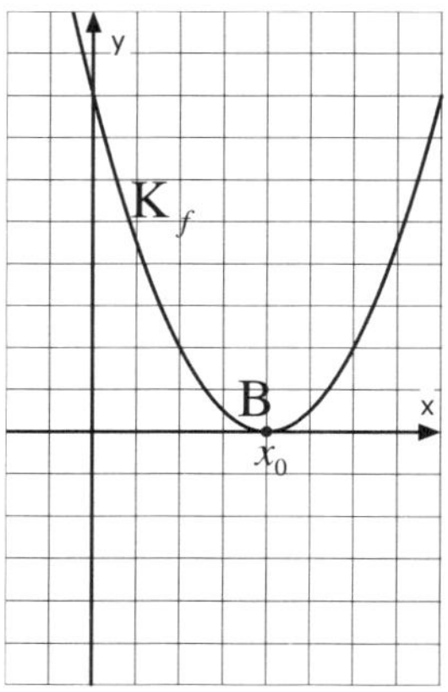  | 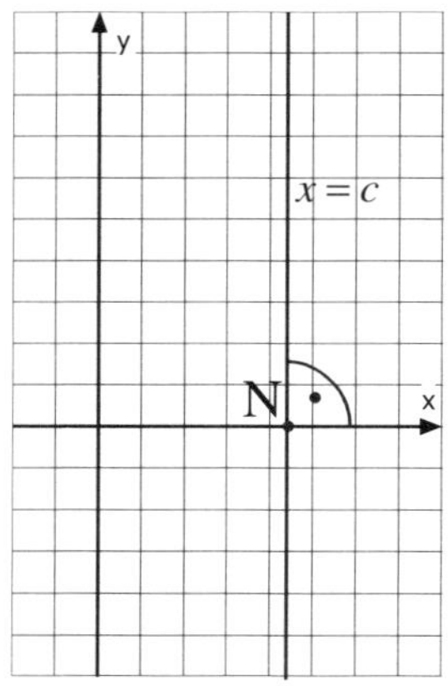  | 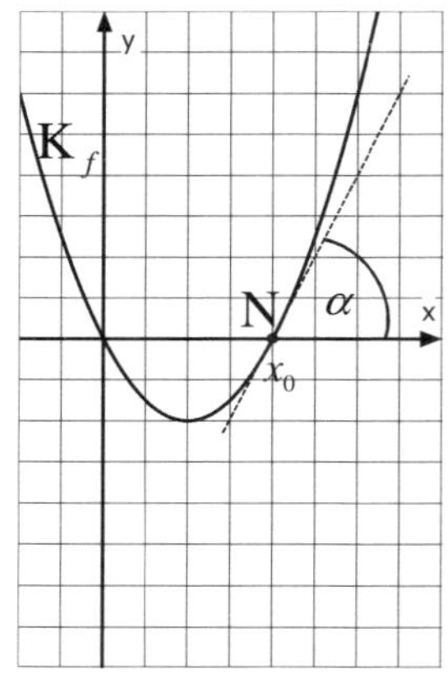  |
| **Beschreibung mit $f'(x)$**<br>Hier gelten:<br>**1.** $f(x_0)=0$ ***(Nullstelle)***<br>**2.** $f'(x_0)=0$ ***(Steigung* 0)**<br><br>bzw.<br><br>**Beschreibung ohne $f'(x)$**<br>(für ganzrat. Funktionen)<br>$x_0$ ist **doppelte** (bzw. dreifache oder vierfache)<br>**Lösung von $f(x)=0$**<br>(*Diskriminante = 0 bei quadratischer Gleichung für doppelte Lösung!*) | **Bemerkung**<br>Bei Geraden, die parallel zur $y$-Achse verlaufen, möglich.<br>(z.B. $x=2,2$) | **Vorgehen zur Berechnung**<br><br>**1. $m$ berechnen**<br>$f'(x_0)=m$ (Steigung $K_f$)<br><br>**2. $\alpha$ berechnen**<br>$m=\tan(\alpha) \quad \mid \tan^{-1}$<br>$\alpha=\left\|\tan^{-1}(m)\right\|$<br>($\| \; \|$ *steht für den Betrag. Dieser wird verwendet, da das Vorzeichen des Winkels nicht relevant ist.*)<br><br>**Achtung**<br>WTR hierfür von Bogenmaß (*rad*) auf Winkelmaß (*deg*) stellen! |



http://frv.tv/1r

| Zwischen zwei Schaubildern $\left(\text{Ansatz}: f(x) = g(x)\right)$ | | |
|---|---|---|
| **Berührpunkt** | **Senkrechter Schnitt** | **Schnittwinkel** |
| 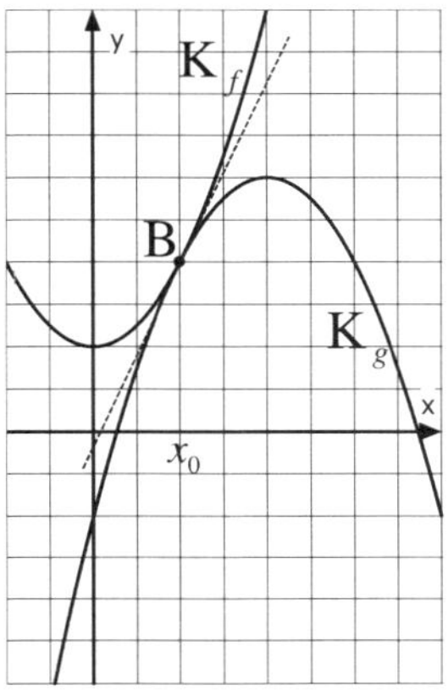 | 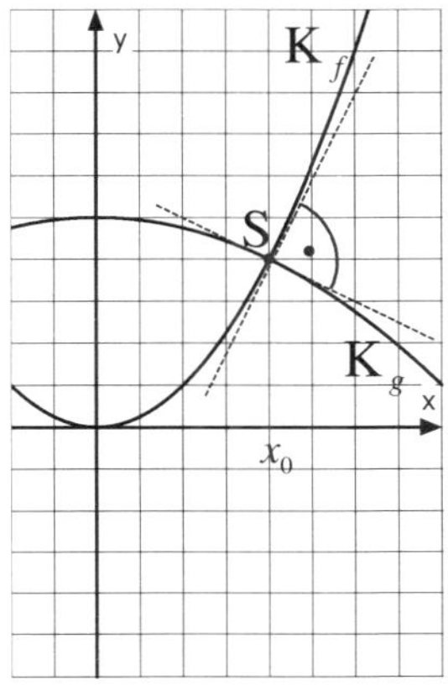 | 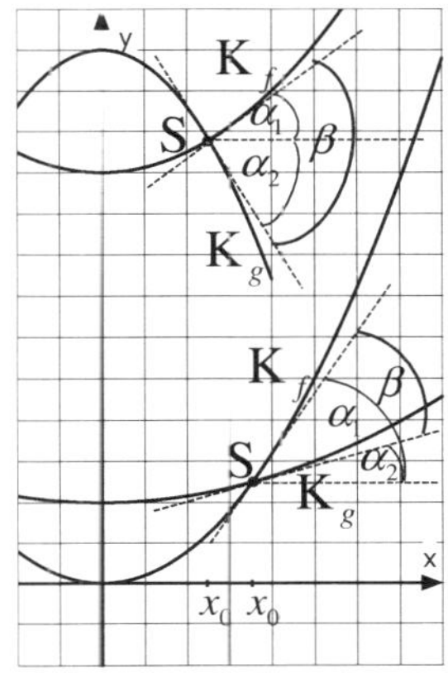 |
| **Beschreibung mit $f'(x)$**<br>Hier gelten:<br>**1. $f(x_0) = g(x_0)$**<br>***(gemeinsamer Punkt)***<br>**2. $f'(x_0) = g'(x_0)$**<br>***(gleiche Steigung)***<br><br>bzw.<br><br>**Beschreibung ohne $f'(x)$**<br>(für ganzrat. Funktionen)<br>$x_0$ ist **doppelte** (bzw. dreifache oder vierfache)<br>**Lösung von $f(x) = g(x)$**<br>*(Diskriminante = 0 bei quadratischer Gleichung für doppelte Lösung!)* | **Beschreibung (mit $f'(x)$)**<br>Hier gelten:<br>**1. $f(x_0) = g(x_0)$**<br>***(gemeinsamer Punkt)***<br>**2. $f'(x_0) = \frac{-1}{g'(x_0)}$**<br>(*allg.* $m_2 = -1/m_1$ *bzw.*<br>***Steigungen sind negative Kehrwerte voneinander***) | **Vorgehen zur Berechnung**<br>**1. $m_1$ und $m_2$ berechnen**<br>$f'(x_0) = m_1$ *(Steigung* $K_f$*)*<br>$g'(x_0) = m_2$ *(Steigung* $K_g$*)*<br>**2. $\alpha_1$ und $\alpha_2$ berechnen**<br>$m_1 = \tan(\alpha_1) \quad \mid \tan^{-1}$<br>$\alpha_1 = \lvert \tan^{-1}(m_1) \rvert$<br>*(Steigungswinkel* $K_f$*)*<br>$m_2 = \tan(\alpha_2) \quad \mid \tan^{-1}$<br>$\alpha_2 = \lvert \tan^{-1}(m_2) \rvert$<br>*(Steigungswinkel* $K_g$*)*<br>**3. $\beta$ berechnen**<br>$\beta = \alpha_1 + \alpha_2$ *(oberes Bsp.)*<br>bzw.<br>$\beta = \alpha_1 - \alpha_2$ *(unteres Bsp.)*<br><br>Alternativ kann auch mit nachfolgender Formel gearbeitet werden:<br>$\beta = \tan^{-1}\left\lvert \frac{f'(x_0) - g'(x_0)}{1 + f'(x_0) \cdot g'(x_0)} \right\rvert$ |

## 3.4 Monotonie

**Monotonie und Ableitung**

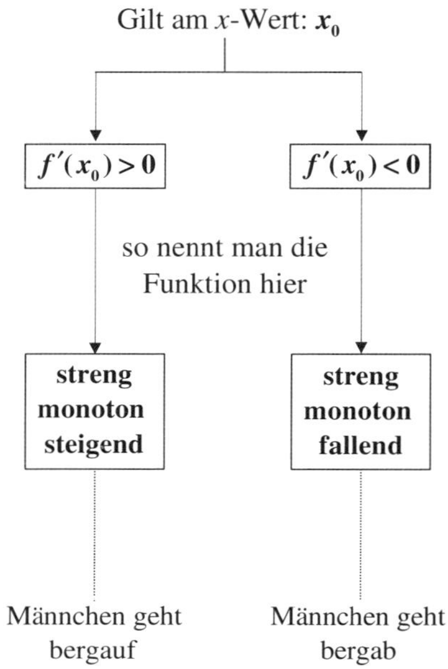


**Beispiel**

**Einzunehmende Perspektive**:
Sie sehen **von der Seite** auf das Männchen, welches ein hügeliges Gelände durchläuft. Das Gelände sehen Sie im Profil.

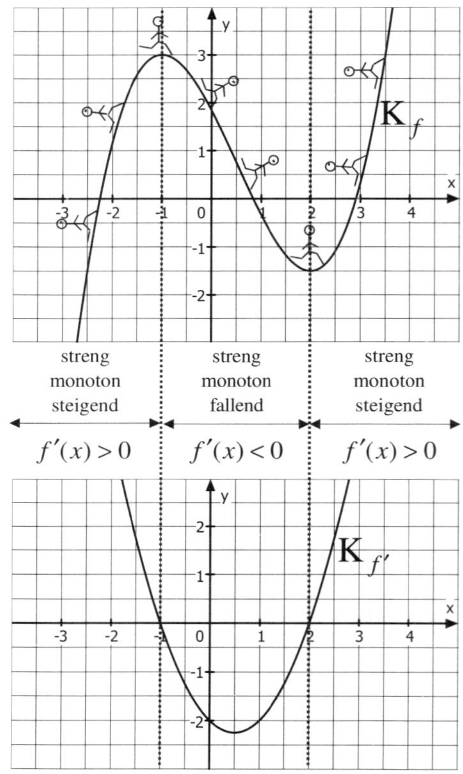


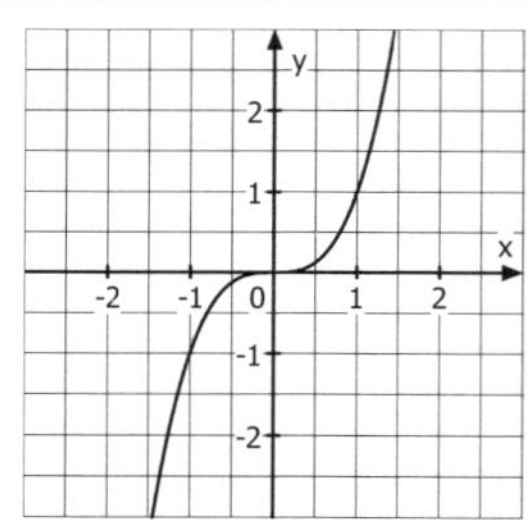


**Definition :** Gilt für eine Funktion $f$ für alle $x_1, x_2$:
$x_1 < x_2 \Rightarrow f(x_1) < f(x_2)$ so heißt $f$ streng monoton steigend.

**Achtung :** Es gilt zwar $f'(x) > 0 \Rightarrow f$ streng monoton steigend, aber **nicht** die Umkehrung ($f'(x) > 0 \not\Leftarrow f$ str. mon. steigend)!

**Gegenbeispiel :** Gemäß Definition ist $f$ mit $f(x) = x^3$ streng monoton steigend. Jedoch gilt $f'(0) = 0$ und damit nicht $f'(x) > 0$.



http://frv.tv/1s

## 3.5 Krümmung

| (Vereinfachte) Definition | Beispiel |
|---|---|
| 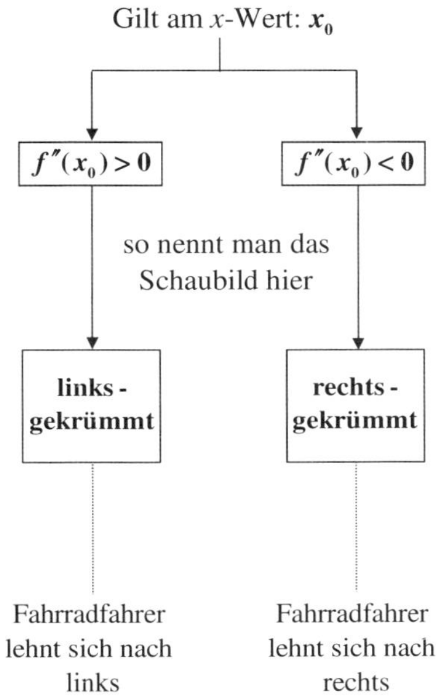  | **Einzunehmende Perspektive:**<br>Sie sehen **von oben (Vogelperspektive)** auf den Fahrradfahrer, welcher eine kurvige Straße durchfährt und sich hierbei zunächst nach rechts, dann nach links lehnt.<br>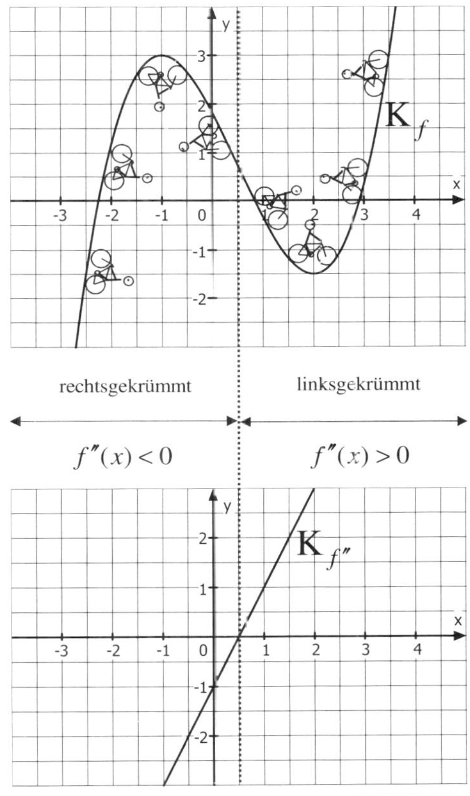  |

$f''(x)$ n**e**gativ $\Rightarrow$ r**e**chtsgekrümmt
($f''(x)$ pos**i**tiv $\Rightarrow$ l**i**nksgekrümmt)

## 3.6 Extrempunkte (Hochpunkte und Tiefpunkte)

| Vorgehen zur Ermittlung von Hoch- und Tiefpunkten (am Beispiel) | |
|---|---|
| | $f(x)=\frac{1}{3}x^3-\frac{1}{2}x^2-2x+\frac{11}{6}$ (Beispiel)<br>$f'(x)=x^2-x-2$<br>$f''(x)=2x-1$ |
| **1. Schritt: $f'(x)=0$**<br>Stellen mit waagrechter Tangente (Steigung von 0) ermitteln. | $\mathbf{f'(x)=0}$<br>$x^2-x-2=0$<br>$x_{1/2}=\frac{-(-1)\pm\sqrt{(-1)^2-4\cdot1\cdot(-2)}}{2\cdot1}$<br>$=\frac{1\pm\sqrt{1+8}}{2}=\frac{1\pm3}{2}$<br>$\Rightarrow \mathbf{x_1=-1;\ x_2=2}$ |
| **2. Schritt: Einsetzen in $f''(x)$**<br>Falls $\begin{cases} f''(x)<0 \\ f''(x)>0 \end{cases}$ liegt $\begin{cases}\textbf{Hochpunkt}\\ \textbf{Tiefpunkt}\end{cases}$ vor. | $\mathbf{f''(-1)}=2\cdot(-1)-1=-3$ **< 0** → **H**<br>$\mathbf{f''(2)}=2\cdot2-1=3$ **> 0** → **T** |
| **3. Schritt: Einsetzen in $f(x)$**<br>$y$-Koordinaten der Hoch- bzw. Tiefpunkte bestimmen. | $\mathbf{f(-1)}=\frac{1}{3}\cdot(-1)^3-\frac{1}{2}\cdot(-1)^2-2\cdot(-1)+\frac{11}{6}$<br>$=\mathbf{3}$ → $\mathbf{H(-1\,\vert\,3)}$<br>$\mathbf{f(2)}=\frac{1}{3}\cdot2^3-\frac{1}{2}\cdot2^2-2\cdot2+\frac{11}{6}$<br>$=\mathbf{-1{,}5}$ → $\mathbf{T(2\,\vert\,-1{,}5)}$ |

**Alternative zum 2. Schritt: Untersuchung auf Vorzeichenwechsel**

Hat $f'$ eine Nullstelle mit Vorzeichenwechsel, dann hat das Schaubild von $f$ hier einen Extrempunkt.

Bei einem Vorzeichenwechsel von $\begin{cases} + \text{ nach } - \\ - \text{ nach } + \end{cases}$ liegt ein $\begin{cases}\text{Hochpunkt}\\ \text{Tiefpunkt}\end{cases}$ vor.

z.B. bei $x_2=2$:

$f'(1)=1^2-1-2=-2\ <0$

$f'(3)=3^2-3-2=4\ >0$

VZW von − nach +

⇒ somit Tiefpunkt

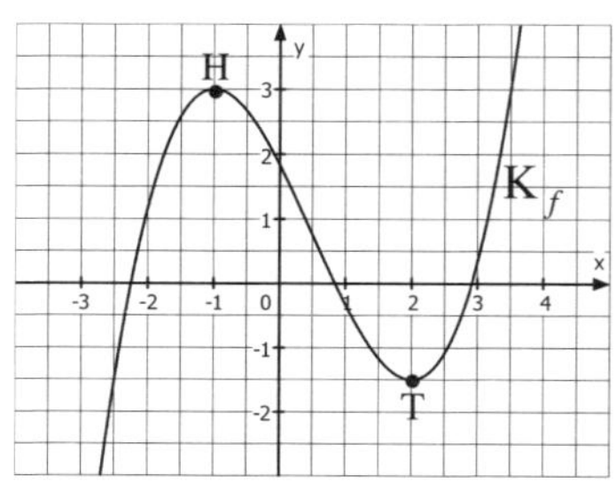




http://frv.tv/1t

## 3.7 Wendepunkte

| Vorgehen zur Ermittlung von Wendepunkten (am Beispiel) | |
|---|---|
| **1. Schritt:** $\boldsymbol{f''(x)=0}$<br>Stellen „ohne Krümmung" ermitteln. | $f(x)=\frac{1}{3}x^3-\frac{1}{2}x^2-2x+\frac{11}{6}$ (Beispiel)<br>$f'(x)=x^2-x-2$<br>$f''(x)=2x-1$<br>$f'''(x)=2$<br>$\boldsymbol{f''(x)=0}$<br>$2x-1=0 \quad \vert +1$<br>$2x=1 \quad \vert :2$<br>$\boldsymbol{x=0{,}5}$ |
| **2. Schritt: Einsetzen in** $\boldsymbol{f'''(x)}$<br>Wendepunkt, falls $\boldsymbol{f'''(x)\neq 0}$. | $\boldsymbol{f'''(0{,}5)}=2 \quad \boldsymbol{\neq 0} \quad \rightarrow \mathbf{W}$ |
| **3. Schritt: Einsetzen in** $\boldsymbol{f(x)}$<br>$y$-Koordinaten der Wendepunkte bestimmen. | $\boldsymbol{f(0{,}5)}=\frac{1}{3}\cdot 0{,}5^3-\frac{1}{2}\cdot 0{,}5^2-2\cdot 0{,}5+\frac{11}{6}$<br>$=\mathbf{0{,}75} \rightarrow \mathbf{W(0{,}5 \vert 0{,}75)}$ |

**Alternative zum 2. Schritt: Untersuchung auf Vorzeichenwechsel**

Hat $f''$ eine Nullstelle mit Vorzeichenwechsel, dann hat das Schaubild von $f$ hier einen Wendepunkt.

am Beispiel: $x=0{,}5$:

$f''(0)=2\cdot 0-1=-1 \;<0$

$f''(1)=2\cdot 1-1=1 \quad >0$

VZW

$\Rightarrow$ somit Wendepunkt

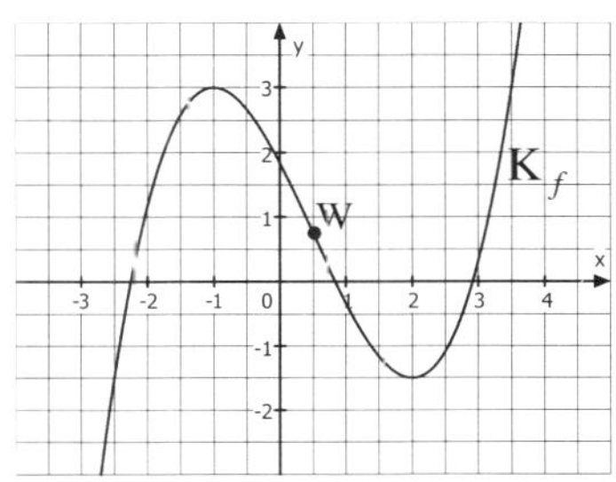


**Bemerkungen**

- Als **Wendetangente** wird eine Tangente bezeichnet, welche das Schaubild im Wendepunkt berührt. Die **Wendenormale** steht senkrecht zur Wendetangente und verläuft ebenfalls durch den Wendepunkt.
- An einer **Wendestelle** hat das Schaubild entweder die **größte** oder die **kleinste Steigung**. Das Schaubild von $f'$ hat hier deshalb entweder einen Hochpunkt oder einen Tiefpunkt.



http://frv.tv/1u

## 3.8 Sattelpunkte

Ein Sattelpunkt ist ein **Wendepunkt mit waagrechter Tangente**, also mit einer Steigung von 0.
Somit hat ein Sattelpunkt neben den Eigenschaften eines Wendepunktes $\left(f''(x)=0 \text{ und } f'''(x)\neq 0\right)$ noch die **zusätzliche Eigenschaft $f'(x) = 0$.**

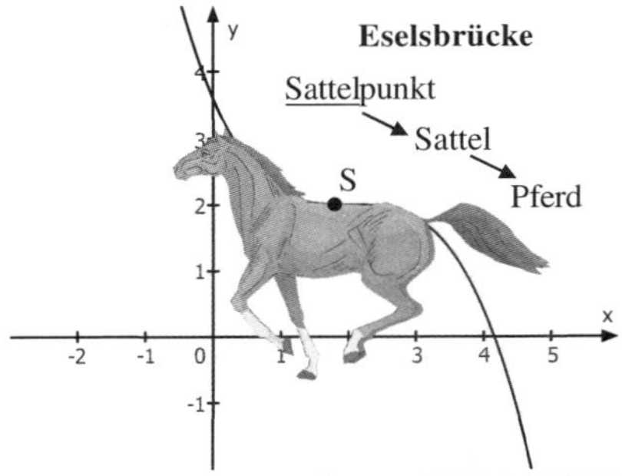


**Vorgehen zur Ermittlung von Sattelpunkten (am Beispiel)**

(1. bis 3. Schritt: Ebenso wie bei der Ermittlung von Wendepunkten)

| | |
|---|---|
| **1. Schritt: $f''(x)=0$**<br>Stellen „ohne Krümmung" ermitteln. | $f(x)=\frac{1}{4}x^4-\frac{2}{3}x^3+2$ (Beispiel)<br>$f'(x)=x^3-2x^2$<br>$f''(x)=3x^2-4x$<br>$f'''(x)=6x-4$<br>$\boldsymbol{f''(x)=0}$<br>$3x^2-4x=0$<br>$x\cdot(3x-4)=0$<br>**S. v. Nullpr.**<br>$\boldsymbol{x_1=0}$ $3x-4=0$<br>$3x=4$<br>$\boldsymbol{x_2=\frac{4}{3}}$ |
| **2. Schritt: Einsetzen in $f'''(x)$**<br>Wendepunkt, falls $\boldsymbol{f'''(x)\neq 0}$. | $\boldsymbol{f'''(0)}=6\cdot 0-4=-4 \quad \boldsymbol{\neq 0} \rightarrow \textbf{W}$<br>$f'''\left(\frac{4}{3}\right)=6\cdot\frac{4}{3}-4=4 \quad \boldsymbol{\neq 0} \rightarrow \textbf{W}$ |
| **3. Schritt: Einsetzen in $f(x)$**<br>$y$-Koordinaten der Wendepunkte bestimmen. | $\boldsymbol{f(0)}=\frac{1}{4}\cdot 0^4-\frac{2}{3}\cdot 0^3+2=\boldsymbol{2} \rightarrow \textbf{W}(\mathbf{0}\,\vert\,\mathbf{2})$<br>$f\left(\frac{4}{3}\right)=\frac{1}{4}\cdot\left(\frac{4}{3}\right)^4-\frac{2}{3}\cdot\left(\frac{4}{3}\right)^3+2=\boldsymbol{\frac{98}{81}} \rightarrow \textbf{W}\left(\frac{4}{3}\,\vert\,\frac{98}{81}\right)$ |

(4. Schritt: **Zusätzlich**)

| | |
|---|---|
| **4. Schritt: Gilt $f'(x)=0$?**<br>In diesem Fall liegt ein Sattelpunkt vor. Ansonsten handelt es sich um einen „gewöhnlichen" Wendepunkt. | $\boldsymbol{f'(0)}=0^3-2\cdot 0^2 \quad \boldsymbol{=0} \rightarrow \textbf{S}(\mathbf{0}\,\vert\,\mathbf{2})$<br>$f'\left(\frac{4}{3}\right)=\left(\frac{4}{3}\right)^3-2\cdot\left(\frac{4}{3}\right)^2=-\frac{32}{27} \quad \boldsymbol{\neq 0} \rightarrow \text{W}$ |



http://frv.tv/1v

Im Koordinatensystem finden Sie das Schaubild der Funktion $f$ mit $f(x) = \frac{1}{4}x^4 - \frac{2}{3}x^3 + 2$ und den berechneten Sattelpunkt.

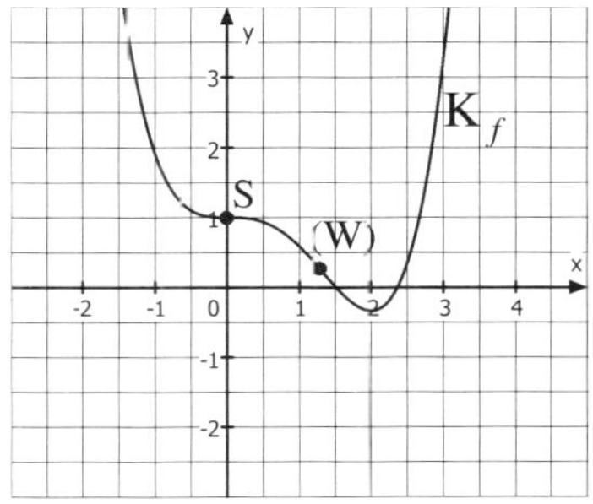


**Jeder Sattelpunkt ist auch ein Wendepunkt, aber nicht jeder Wendepunkt ist auch ein Sattelpunkt!**

**Beispiel :** Gegeben ist die Funktion $f$ mit $f(x)=0,25x^4-2x^3+4x^2-1$.

**a)** Berechnen Sie den Schnittpunkt des Schaubildes mit der $y$-Achse.
**b)** Berechnen Sie die Koordinaten der Extrempunkte.
**c)** Berechnen Sie die Koordinaten der Wendepunkte.
**d)** Berechnen Sie die Gleichung einer Wendetangente.

**Lösung**

**a)** Ansatz: $f(0)=0,25\cdot 0^4-2\cdot 0^3+4\cdot 0^2-1$
$=-1 \quad \rightarrow \text{S}_y(0|-1)$

**b)** $f(x)=0,25x^4-2x^3+4x^2-1$
$f'(x)=x^3-6x^2+8x$
$f''(x)=3x^2-12x+8$

1. Schritt:

$$f'(x)=0$$
$$x^3-6x^2+8x=0$$
$$x\cdot\left(x^2-6x+8\right)=0$$

S. v. Nullpr.

$x_1=0 \qquad x^2-6x+8=0$

$$x_{2/3}=\frac{-(-6)\pm\sqrt{(-6)^2-4\cdot 1\cdot 8}}{2\cdot 1}=\frac{6\pm\sqrt{36-32}}{2}=\frac{6\pm 2}{2}$$
$$x_2=\frac{6-2}{2}=2;$$
$$x_3=\frac{6+2}{2}=4$$

2. Schritt:

$f''(0)=3\cdot 0^2-12\cdot 0+8=8 \quad >0 \quad \rightarrow \text{T}$
$f''(2)=3\cdot 2^2-12\cdot 2+8=-4 \quad <0 \quad \rightarrow \text{H}$
$f''(4)=3\cdot 4^2-12\cdot 4+8=8 \quad >0 \quad \rightarrow \text{T}$

3. Schritt:

$f(0)=0,25\cdot 0^4-2\cdot 0^3+4\cdot 0^2-1=-1 \rightarrow \text{T}(0|-1)$
$f(2)=0,25\cdot 2^4-2\cdot 2^3+4\cdot 2^2-1=3 \rightarrow \text{H}(2|3)$
$f(4)=0,25\cdot 4^4-2\cdot 4^3+4\cdot 4^2-1=-1 \rightarrow \text{T}(4|-1)$

**c)** 1. Schritt:

$$f''(x) = 0$$
$$3x^2 - 12x + 8 = 0$$

$$x_{1/2} = \frac{-(-12) \pm \sqrt{(-12)^2 - 4 \cdot 3 \cdot 8}}{2 \cdot 3} = \frac{12 \pm \sqrt{48}}{6}$$

$$x_1 = \frac{12 - \sqrt{48}}{6} \approx 0,85;$$

$$x_2 = \frac{12 + \sqrt{48}}{6} \approx 3,15$$

2. Schritt:

$f'''(x) = 6x - 12$

$f'''(0,85) = 6 \cdot 0,85 - 12 = -6,9 \quad \neq 0 \rightarrow \text{W}$

$f'''(3,15) = 6 \cdot 3,15 - 12 = 6,9 \quad \neq 0 \rightarrow \text{W}$

3. Schritt:

$f(0,85) = 0,25 \cdot 0,85^4 - 2 \cdot 0,85^3 + 4 \cdot 0,85^2 - 1 \approx 0,79 \rightarrow \text{W}_1(0,85 \,|\, 0,79)$

$f(3,15) = 0,25 \cdot 3,15^4 - 2 \cdot 3,15^3 + 4 \cdot 3,15^2 - 1 \approx 0,79 \rightarrow \text{W}_2(3,15 \,|\, 0,79)$

**d)** Berechnung der Wendetangente in $\text{W}_1(0,85 \,|\, 0,79)$:

1. Schritt: $\text{W}_1(0,85 \,|\, 0,79)$ (Berührpunkt)

2. Schritt: Tangentensteigung berechnen

$f'(0,85) = 0,85^3 - 6 \cdot 0,85^2 + 8 \cdot 0,85 \approx 3,08 \; (= m_t)$

3. Schritt: Tangentengleichung berechnen

$$y = m_t \cdot x + b$$
$$0,79 = 3,08 \cdot 0,85 + b$$
$$0,79 = 2,62 + b \qquad |-2,62$$
$$-1,83 = b$$

$\Rightarrow$ Tangente: $y = 3,08x - 1,83$

## 3.9 Ortskurve (Zusatz)

### Begriffserklärung

Bei einer Funktionenschar $f_t(x)$ sind die Koordinaten besonderer Punkte, wie Hochpunkte, Tiefpunkte und Wendepunkte, meist vom Wert des Parameters $t$ abhängig.

Für jeden Wert des Parameters, also für jede Funktion aus der Schar, haben diese Punkte deshalb verschiedene Koordinaten.
Eine **„Verbindungslinie"**, die beispielsweise durch alle Tiefpunkte der Schar verläuft, wird als die Ortskurve der Tiefpunkte bezeichnet.

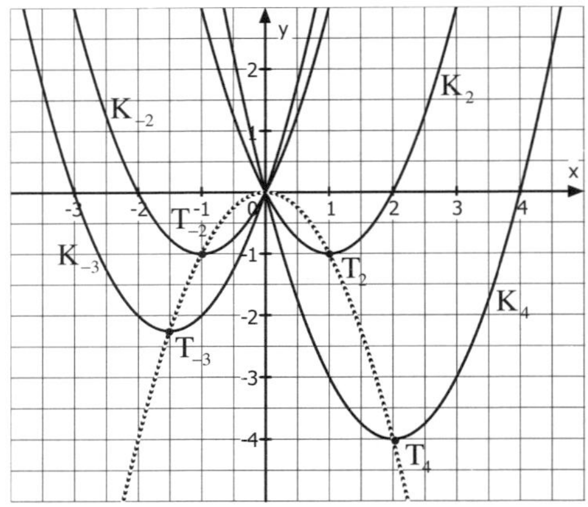


### Beispiel

Die Parabelschar $f_t(x) = x^2 - tx$ mit $t \in \mathbb{R}$

hat den allgemeinen Tiefpunkt $\mathrm{T}_t\left(\frac{t}{2} \middle| -\frac{t^2}{4}\right)$

$\left(\text{z.B. } \mathrm{T}_2(1|-1);\ \mathrm{T}_4(2|-4);\ \ldots\right)$.

Die **Ortskurve der Tiefpunkte** hat die Funktionsgleichung: $\boldsymbol{y = -x^2}$

### Ermittlung der Koordinaten des allgemeinen Tiefpunktes

$f_t(x) = x^2 - tx$

$f_t'(x) = 2x - t$

$f_t''(x) = 2$

1. Schritt:

$$\begin{aligned} f_t'(x) &= 0 \\ 2x - t &= 0 \quad && |+t \\ 2x &= t && |:2 \\ x &= \frac{t}{2} \end{aligned}$$

2. Schritt: $f_t''\left(\frac{t}{2}\right) = 2 > 0 \rightarrow \mathrm{T}$

3. Schritt: $f_t\left(\frac{t}{2}\right) = \left(\frac{t}{2}\right)^2 - t \cdot \frac{t}{2} = \frac{t^2}{4} - \frac{t^2}{2} = -\frac{t^2}{4} \quad \rightarrow \mathrm{T}_t\left(\frac{t}{2} \middle| -\frac{t^2}{4}\right)$



http://frv.tv/6a

| Vorgehen zur Ermittlung der Funktionsgleichung der Ortskurve | |
|---|---|
| **1. Schritt**<br>Koordinaten des allg. Tiefpunktes bestimmen | $T_t\left(\frac{t}{2}\middle\vert -\frac{t^2}{4}\right)$ (siehe Vorseite) |
| **2. Schritt**<br>$x$- und $y$-Koordinaten explizit notieren, man erhält ein Gleichungssystem | $x = \frac{t}{2}$<br>$y = -\frac{t^2}{4}$ |
| **3. Schritt**<br>$x$- Gleichung nach $t$ auflösen | $x = \frac{t}{2} \quad \vert \cdot 2$<br>$2x = t$ |
| **4. Schritt**<br>$t$-Wert in $y$-Gleichung einsetzen | $y = -\frac{t^2}{4}$<br>$y = -\frac{(2x)^2}{4}$<br>$y = -\frac{4x^2}{4}$<br>$\mathbf{y = -x^2}$<br>(Gleichung der Ortskurve) |

**Hinweis : Einschränkung im Parameter**

Falls der Parameter $t$ laut Aufgabenstellung beispielsweise nicht den Wert 0 annehmen kann ($t \neq 0$) gibt es auch keinen Tiefpunkt $T_t\left(\frac{t}{2}\middle\vert ...\right)$ mit dem $x$-Wert 0.

Somit ist in diesem Fall der Punkt (0|0) auf dem Schaubild von $y = -x^2$ nicht Teil der Ortskurve.

## 3.10 Zusammenhang zwischen den Schaubildern von Funktion und Ableitung

### 1. Grundsätzlicher Zusammenhang

Der $y$-Wert des Schaubildes von $f'$ entspricht an jedem $x$-Wert der Steigung des Schaubildes von $f$.

### 2. Zusammenhang zwischen den besonderen Punkten

**Kurzversion** (Merkregel: In jeder Zeile steht das englische Wort für „neu“; 3-stufig)

| | | | | | |
|---|---|---|---|---|---|
| $f(x)$ | **N** | **E** | **W** | | |
| $f'(x)$ | | **N** | **E** | **W** | |
| $f''(x)$ | | | **N** | **E** | **W** |

**Ausführliche Version** (nur 2-stufig dargestellt)

| | | | | | | |
|---|---|---|---|---|---|---|
| $f(x)$ bzw. $f'(x)$ | **N** | **H** | **T** | **W** (von **Lk** zu **Rk**) | **W** (von **Rk** zu **Lk**) | **S** |
| $f'(x)$ bzw. $f''(x)$ | | **N** „von + nach –“ | **N** „von – nach +“ | **H** | **T** | **N** ohne **VZW** (z.B. doppelte N) bzw. **H** oder **T** auf der $x$-Achse |

**Abkürzungen**

**N**ullstelle
**E**xtrempunkt (**H**och- oder **T**iefpunkt)
**L**inks**k**rümmung / **R**echts**k**rümmung
**W**endepunkt
**S**attelpunkt
**V**or**Z**eichen**W**echsel

**Bemerkungen**

- Die obigen Zusammenhänge gelten natürlich auch zwischen der Stammfunktion F und der zugehörigen Funktion $f$.
- Die Symmetrieart eines Schaubildes „pendelt“ beim Ableiten.

Beispiel: $K_f$ ist symmetrisch zur $y$-Achse $\Rightarrow K_{f'}$ ist symmetrisch zum Ursprung $\Rightarrow K_{f''}$ ist symmetrisch zur $y$-Achse $\Rightarrow$ ...



http://frv.tv/1x

**Beispiel**

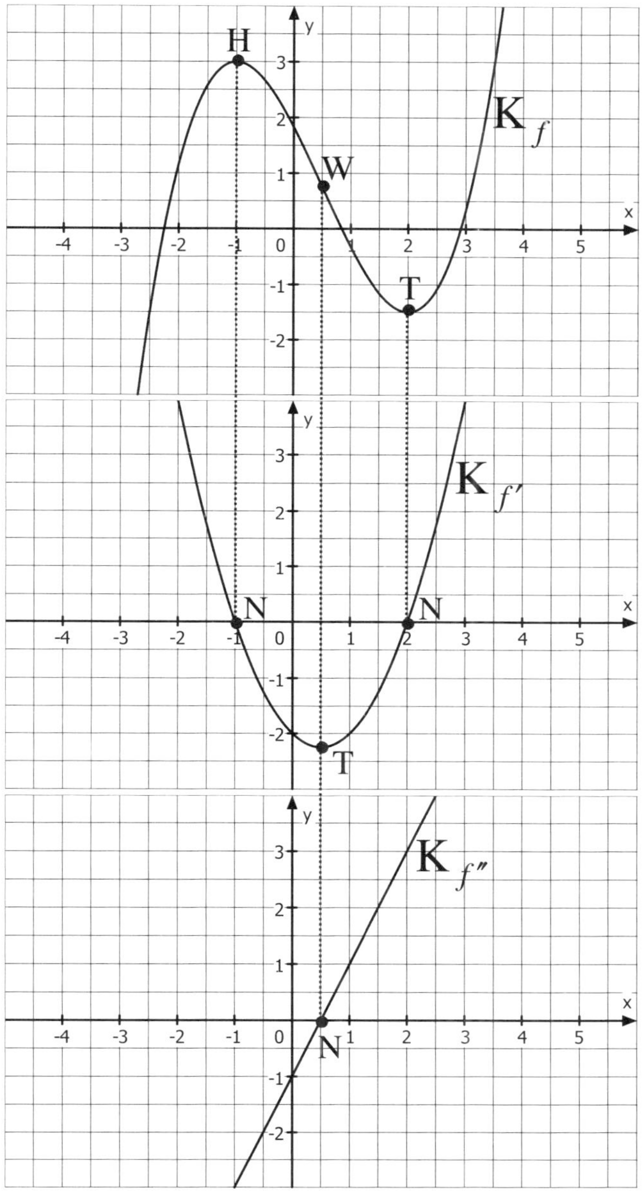

## 3.11 Ermittlung von Funktionsgleichungen

### 1. Möglichkeit: „Steckbriefaufgaben“

**Beispiel**

Gesucht ist die Gleichung einer Funktion 4. Grades, deren Schaubild symmetrisch zur $y$-Achse ist. Das Schaubild hat den Tiefpunkt T(2 | 1) und besitzt an der Stelle 1 die Steigung $-2{,}4$.

**Lösung**

Allgemeiner Ansatz: $f(x) = ax^4 + bx^3 + cx^2 + dx + e$

Da symm. zur $y$-Achse: $f(x) = ax^4 + cx^2 + e$ (*nur gerade Hochzahlen*)

$f'(x) = 4ax^3 + 2cx$

**Bedingungen**

T(2 | 1) (*Punktprobe*): $f(2) = a \cdot 2^4 + c \cdot 2^2 + e = 1 \Rightarrow 16a + 4c + e = 1$

T(2 | 1) (*Bed.* $f'(x) = 0$): $f'(2) = 4a \cdot 2^3 + 2c \cdot 2 = 0 \Rightarrow 32a + 4c = 0$

In $x = 1$ Steigung $-2{,}4$: $f'(1) = 4a \cdot 1^3 + 2c \cdot 1 = -2{,}4 \Rightarrow 4a + 2c = -2{,}4$

**Lösen des LGS**

$$\left(\begin{array}{ccc|c} 16 & 4 & 1 & 1 \\ 32 & 4 & 0 & 0 \\ 4 & 2 & 0 & -2{,}4 \end{array}\right) \sim \left(\begin{array}{ccc|c} 16 & 4 & 1 & 1 \\ 0 & 2 & 1 & 1 \\ 0 & -4 & 1 & 10{,}6 \end{array}\right) \sim \left(\begin{array}{ccc|c} 16 & 4 & 1 & 1 \\ 0 & 2 & 1 & 1 \\ 0 & 0 & 3 & 12{,}6 \end{array}\right)$$

(Hinweis: Schnelleres Lösen des LGS durch Tausch der 1. mit der 3. Spalte möglich.)

III: $3e = 12{,}6$

$e = 4{,}2$

in II: $2c + 1 \cdot 4{,}2 = 1$

$c = -1{,}6$

in I: $16a + 4 \cdot (-1{,}6) + 1 \cdot 4{,}2 = 1$

$a = 0{,}2$

Man erhält: $f(x) = 0{,}2x^4 - 1{,}6x^2 + 4{,}2$

**Notwendig**

Mindestens so viele Bedingungen bzw. Gleichungen wie unbekannte Koeffizienten im Ansatz vorhanden (im Beispiel: 3 Bedingungen bzw. Koeffizienten).



http://frv.tv/6b

**Typische Beschreibungen von Schaubildern und zugehörige math. Bedingungen**

| Beschreibungen des Schaubildes | Mathematische Bedingungen |
|---|---|
| Schaubild ist punktsymmetrisch zum Ursprung | $f(x)$ *enthält nur ungerade Hochzahlen* <br> *z.B.* $f(x)=ax^3+cx$ *bei Grad 3* |
| Schaubild ist achsensymmetrisch zur $y$-Achse | $f(x)$ *enthält nur gerade Hochzahlen* <br> *z.B.* $f(x)=ax^4+cx^2+e$ *bei Grad 4* |
| Schaubild verläuft durch P(3 \| 8) | $f(3)=8$ |
| Schaubild besitzt an der Stelle 2 die Steigung 5 (oder: besitzt am $x$-Wert 2 eine Tangente mit Steigung 5) | $f'(2)=5$ |
| Schaubild berührt an der Stelle 3 die $x$-Achse | $\begin{cases} f(3)=0 & (\textit{verläuft durch } \mathrm{P}(3\mid 0)) \\ f'(3)=0 & (\textit{hier Steigung } 0) \end{cases}$ |
| Schaubild besitzt den Hochpunkt H(−2 \| 3) | $\begin{cases} f(-2)=3 & (\textit{verläuft durch } \mathrm{P}(-2\mid 3)) \\ f'(-2)=0 & (\textit{hier Steigung } 0) \end{cases}$ |
| Schaubild besitzt den Tiefpunkt T(−2 \| 3) | *gleiche Bedingungen wie bei* H(−2 \| 3) |
| Schaubild besitzt den Wendepunkt W(5 \| 7) | $\begin{cases} f(5)=7 & (\textit{verläuft durch } \mathrm{P}(5\mid 7)) \\ f''(5)=0 & (\textit{hier „keine Krümmung“}) \end{cases}$ |
| Schaubild besitzt den Sattelpunkt S(1 \| 4) | $\begin{cases} f(1)=4 & (\textit{verläuft durch } \mathrm{P}(1\mid 4)) \\ f'(1)=0 & (\textit{hier Steigung } 0) \\ f''(1)=0 & (\textit{hier „keine Krümmung“}) \end{cases}$ |
| Schaubild schneidet das Schaubild der bekannten Funktion $g(x)$ an der Stelle 2 | $f(2)=g(2)$ $(\textit{hier gleicher } y\textit{-Wert})$ |
| Schaubild berührt das Schaubild der bekannten Funktion $g(x)$ an der Stelle 4 | $\begin{cases} f(4)=g(4) & (\textit{hier gleicher } y\textit{-Wert}) \\ f'(4)=g'(4) & (\textit{hier gleiche Steigung}) \end{cases}$ |

## 2. Möglichkeit: Regression

**Beispiel:**
Gesucht ist die Gleichung einer Parabel (2. Grades), deren Schaubild **näherungsweise** durch die dargestellten Punkte verläuft.

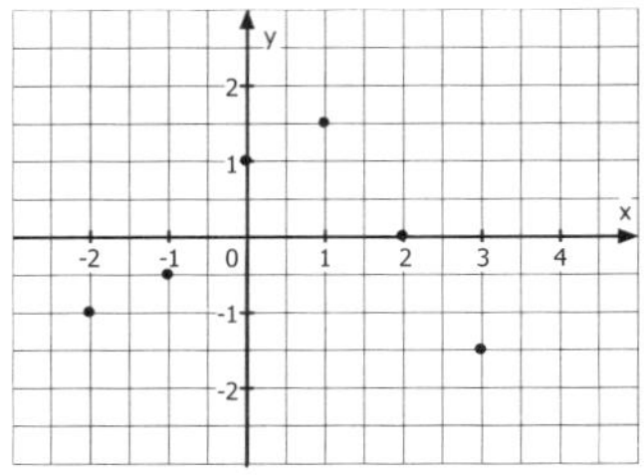
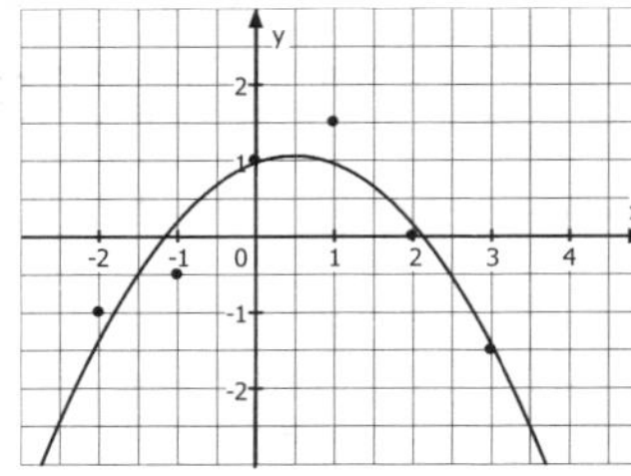

| CASIO fx-87DE X | | TI-30X Plus MultiView | |
|---|---|---|---|
| [MENU]<br>[3] | 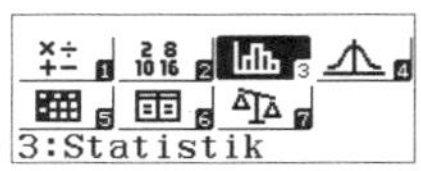 | [data] | 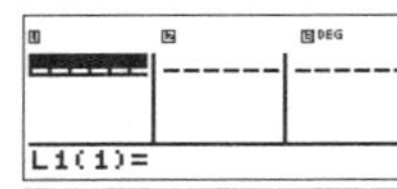 |
| [3] | 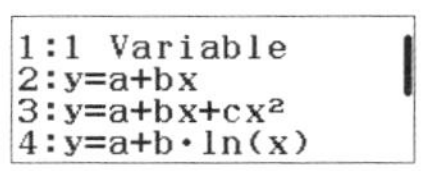 | Koordinaten aller Punkte eintragen; | 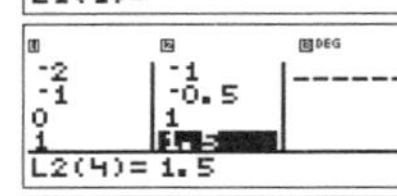 |
| Koordinaten aller Punkte eintragen; | 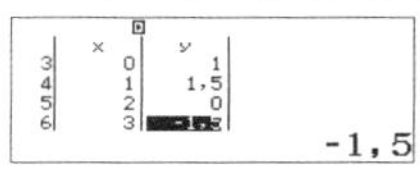 | [2nd]; [mode] | 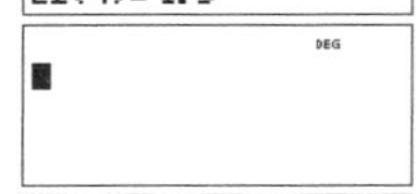 |
| [AC] | 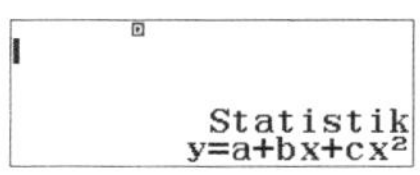 | [2nd]; [data] |  |
| [OPTN];<br>[3] | 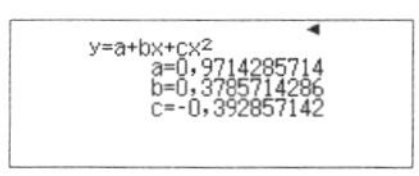 | [↓]; [↓]; [↓]; [↓] |  |
| Achtung: Der CASIO-WTR geht von $y = a + bx + cx^2$ aus! | | [enter] | 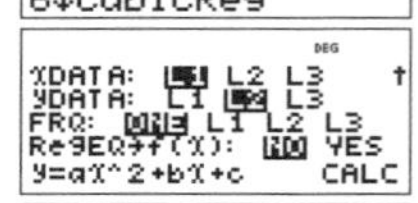 |
| | | [↓]; [↓]; [↓]; [→];<br>[↓]; [enter] |  |

Gleichung der Regressionsfunktion: $f(x) = -0{,}393x^2 + 0{,}379x + 0{,}971$

**Notwendig:** Mindestens so viele Punkte wie unbekannte Koeffizienten im Ansatz.

### Das Bestimmtheitsmaß $r^2$

• Gibt die **Güte einer Regression** an, beurteilt also, wie „genau“ die Kurve durch die Punkte verläuft.

• $r^2$ kann hierbei Werte zwischen 0 (Kurve „passt nicht“ zur Punktwolke) und 1 (Kurve verläuft durch alle Punkte) annehmen.
Im Beispiel gilt $r^2 \approx 0{,}86$, was auf eine „recht hohe“ Anpassung der Kurve an die Punkte hindeutet.

http://frv.tv/6o

## 3. Möglichkeit: Nullstellenansatz bei ganzrationalen Funktionen

**Beispiel**
Gesucht ist die Funktionsgleichung zum nebenstehenden Schaubild.

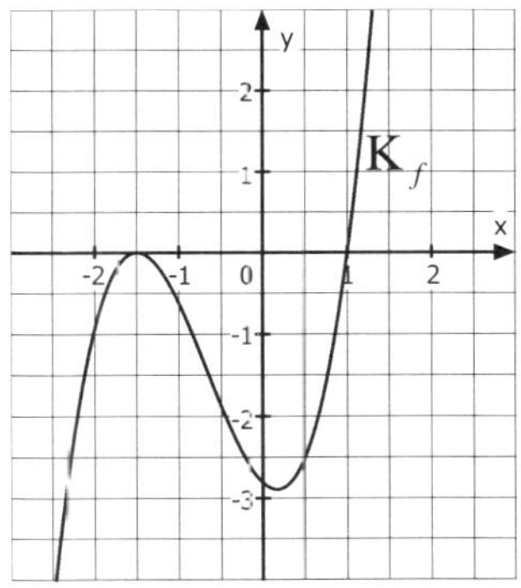


**Lösung**
Da die Nullstellen $\left(x_{1/2} = -1{,}5;\ \ x_3 = 1\right)$ des Schaubildes ablesbar sind, kann der Nullstellenansatz der Funktion (S. 12) weitgehend aufgestellt werden:

$f(x) = a \cdot (x+1{,}5)^2 \cdot (x-1)$

Dann werden die Koordinaten eines weiteren Punktes, der kein Schnittpunkt mit der $x$-Achse ist, eingesetzt:

P$(0{,}5 \,|\, -2{,}5)$:

$$\begin{aligned} f(x) &= a \cdot (x+1{,}5)^2 \cdot (x-1) \\ -2{,}5 &= a \cdot (0{,}5+1{,}5)^2 \cdot (0{,}5-1) \\ -2{,}5 &= -2a \\ \frac{5}{4} &= a \end{aligned}$$

$$\Rightarrow f(x) = \frac{5}{4} \cdot (x+1{,}5)^2 \cdot (x-1)$$

**Notwendig**

$$\left\{\begin{matrix} 2 \\ 3 \\ 4 \end{matrix}\right. \text{ Nullstellen bei einer ganzrationalen Funktion } \left\{\begin{matrix} 2. \\ 3. \\ 4. \end{matrix}\right. \text{ Grades und mind. ein weiterer Punkt.}$$

## 3.12 Extremwertaufgaben

**Beispiel**

Aus einer parabelförmigen Holzplatte soll ein möglichst großes Dreieck (s. Skizze, mit rechtem Winkel rechts unten) herausgesägt werden.
Der Rand der Holzplatte wird durch das Schaubild der Funktion $f$ mit $f(x) = -\frac{7}{72}x^2 + \frac{7}{2}$ beschrieben.
Welchen Flächeninhalt kann ein solches Dreieck höchstens haben?

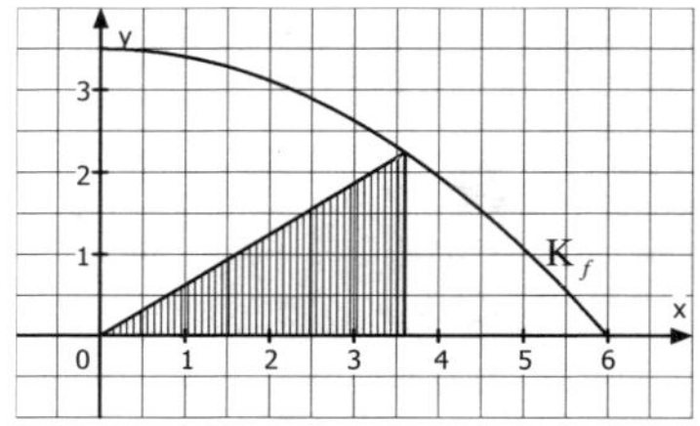


| **Das Rezept** | |
|---|---|
| **Zutaten**  | |
| **1. Skizze machen:** Alles einzeichnen was in der Aufgabenstellung beschrieben wird. | (hier gegeben) |
| **2. Koordinaten möglichst vieler relevanter Punkte (eventuell in Abhängigkeit von *u*) angeben**. Hierbei beachten: Ein Punkt, der „irgendwo auf dem Schaubild" liegt, besitzt die Koordinaten $(u \mid f(u))$. | 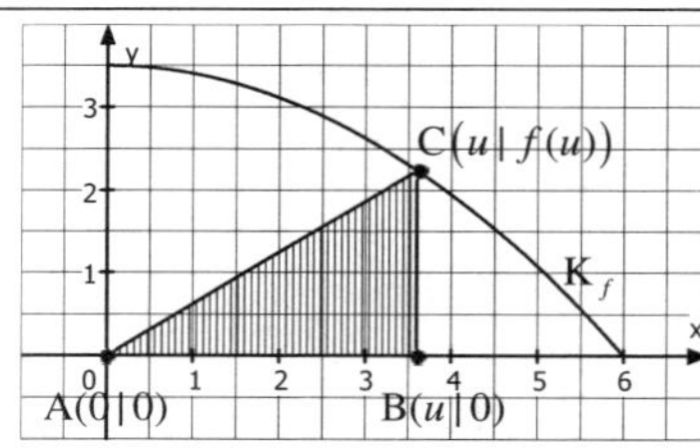  |
| **Kochen**  | |
| **3. Allgemeine Zielfunktion bestimmen**. Formel für die Größe suchen, die maximal (bzw. minimal) werden soll. (z.B. $A = \frac{1}{2} \cdot a \cdot b$; $A = \frac{1}{2} \cdot c \cdot h_c$; $A = a \cdot b$; $U = 2 \cdot a + 2 \cdot b$; ...) | Flächeninhalt rechtwinkliges Dreieck: $A = \frac{1}{2} \cdot a \cdot b$ (Allgemeine Zielfunktion) |
| **4. Benötigte Strecken** ($a$, $b$, $c$, $h_c$, ...) für Allgemeine Zielfunktion in **Skizze einzeichnen**. | 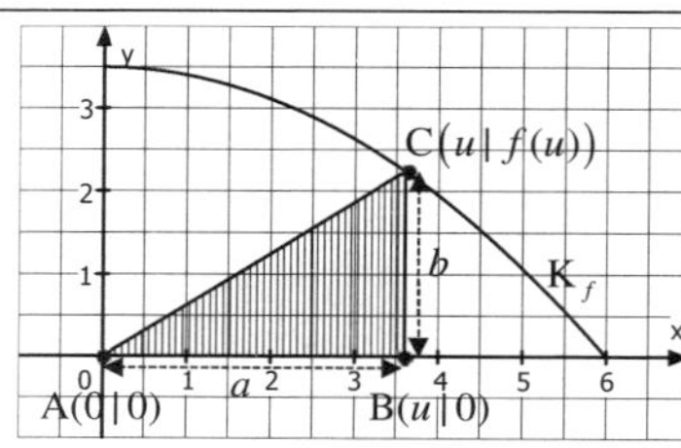  |



http://frv.tv/3r

| | |
|---|---|
| **5. Konkrete Zielfunktion bestimmen.**<br>**Streckenlängen** durch die Koordinaten der Punkte aus 2. **ausdrücken**.<br>Hierbei beachten:<br>- waagr. Streckenlänge: $x_{\text{rechts}} - x_{\text{links}}$<br>- senkr. Streckenlänge: $y_{\text{oben}} - y_{\text{unten}}$<br>**Funktionsterm** aus Aufgabenstellung **einsetzen**. | $A(u) = \frac{1}{2} \cdot a \cdot b$<br>$A(u) = \frac{1}{2} \cdot (u-0) \cdot (f(u)-0)$<br>$A(u) = \frac{1}{2} \cdot u \cdot \left(-\frac{7}{72}u^2 + \frac{7}{2} - 0\right)$<br>(Konkrete Zielfunktion) |
| **6.** Schaubild der **Konkreten Zielfunktion** auf **Hochpunkt** (bzw. Tiefpunkt) **untersuchen**. | $A(u) = \frac{1}{2} \cdot u \cdot \left(-\frac{7}{72}u^2 + \frac{7}{2}\right) = -\frac{7}{144}u^3 + \frac{7}{4}u;$<br>$A'(u) = -\frac{7}{48}u^2 + \frac{7}{4};\ A''(u) = -\frac{7}{24}u$<br>1. $A'(u) = 0:\ -\frac{7}{48}u^2 + \frac{7}{4} = 0$<br>Lösung: $u_1 \approx 3,46$ ($u_2 \approx -3,46$ nicht in D)<br>2. $A''(3,46) \approx -\frac{7}{24} \cdot 3,46 < 0 \rightarrow$ H<br>3. $A(3,46) \approx -\frac{7}{144} \cdot 3,46^3 + \frac{7}{4} \cdot 3,46 \approx 4,04$<br>$\rightarrow H(3,46 \mid 4,04)$ |
| **7. Randwertuntersuchung**<br>**Grenzen des Definitionsbereiches** für *u* in Konkrete Zielfunktion **einsetzen**.<br>Erhaltene *y*-Werte mit dem *y*-Wert des Hochpunktes (bzw. Tiefpunktes) **vergleichen**. | Definitionsbereich: $D = [0;\ 6]$ (s. Skizze)<br>$A(0) = 0 < 4,04$<br>$A(6) = 0 < 4,04$ |
| **Servieren**  | |
| **8. Antwortsatz**<br>Für $u = \ldots$ (*x*-Wert Extrempunkt)<br>wird ... (gesuchte Größe)<br>maximal (bzw. minimal).<br>Diese beträgt dann<br>... (*y*-Wert Extrempunkt). | **Antwortsatz**<br>Für $u \approx 3,46$<br>wird der Flächeninhalt des Dreiecks maximal.<br>Dieser beträgt dann<br>ungefähr 4,04 Flächeneinheiten. |

## 3.13 Wachstum und Zerfall

In der **Abiturprüfung** werden die nachfolgenden Inhalte zu natürlichem und beschränktem Wachstum bzw. Zerfall **nicht als bekannt** vorausgesetzt. Trotzdem sind sie hier aufgeführt, da sie als „Vorwissen" bei entsprechenden Aufgabenstellungen hilfreich sein können.

### 1. (Natürliches) exponentielles Wachstum bzw. Zerfall

| Exponentielles Wachstum | Exponentieller Zerfall |
|---|---|
| **Beispiel** | |
| Ein Geldbetrag von 500 EUR wird bei einer Bank zu einem Zinssatz von 5 % angelegt. | Von dem radioaktiven Jod 131 sind zu Beginn 7 mg vorhanden. Täglich zerfallen 8 % der vorhandenen Menge. |
| **Funktionsterm $f(t) = a \cdot q^t$** (ohne Basis $e$) <br> $(a$: Anfangsbestand $= f(0)$; $q$: Wachstums- bzw. Zerfallsfaktor$)$ | |
| $f(t) = 500 \cdot (1+\frac{5}{100})^t = 500 \cdot 1{,}05^t \quad (q>1)$ | $f(t) = 7 \cdot (1-\frac{8}{100})^t = 7 \cdot 0{,}92^t \quad (q<1)$ |
| **Funktionsterm $f(t) = a \cdot e^{k \cdot t}$** (mit Basis $e$) <br> $(a$: Anfangsbestand $= f(0))$ | |
| $f(t) = 500 \cdot e^{\ln(1+\frac{5}{100}) \cdot t} = 500 \cdot e^{0{,}0488 \cdot t}$ <br> $(k>0)$ | $f(t) = 7 \cdot e^{\ln(1-\frac{8}{100}) \cdot t} = 7 \cdot e^{-0{,}0834 \cdot t}$ <br> $(k<0)$ |
| **Schaubild** | |
| 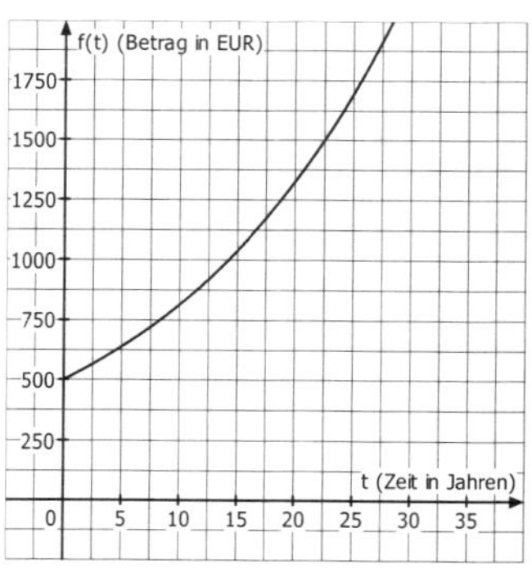 | 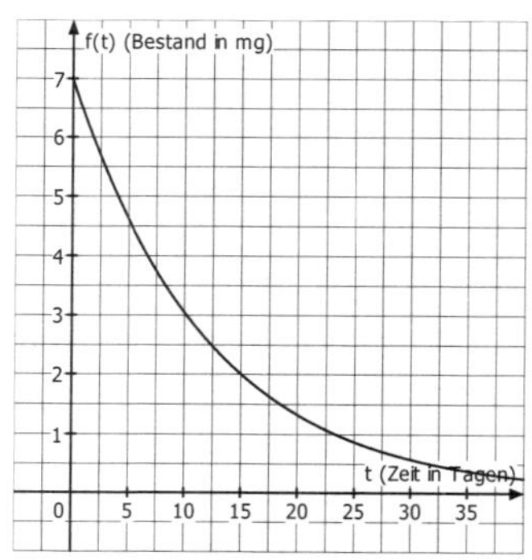 |
| **Merkmal** <br> Bestand ändert sich von Zeitschritt zu Zeitschritt stets um den gleichen Faktor bzw. Prozentsatz. | |







http://frv.tv/6c

## 2. Beschränktes Wachstum bzw. Zerfall

| **Beschränktes Wachstum** | **Beschränkter Zerfall** |
|---|---|
| **Beispiel** | |
| Ein Glas mit Milch wird aus dem Kühlschrank (5 °C) genommen und ins Wohnzimmer (20 °C) gestellt. | Eine Pizza wird aus dem Backofen (160 °C) genommen und ins Wohnzimmer (20 °C) gelegt. |

**Funktionsterm :** $f(t) = S - a \cdot e^{-k \cdot t}$ (mit Basis $e$)

$\left(S\text{: Schranke; } a = S - f(0) = \text{Schranke} - \text{Anfangsbestand}\right)$

$(k = 0,2$ hier gegeben$)$

| Beschränktes Wachstum | Beschränkter Zerfall |
|---|---|
| $f(t) = 20 - (20-5) \cdot e^{-0,2 \cdot t} = 20 - 15 \cdot e^{-0,2 \cdot t}$ | $f(t) = 20 - (20-160) \cdot e^{-0,2 \cdot t} = 20 + 140 \cdot e^{-0,2 \cdot t}$ |
| (Wachstum, da $a = S - f(0) > 0$; Schranke größer als Anfangsbestand) | (Zerfall, da $a = S - f(0) < 0$; Schranke geringer als Anfangsbestand) |

**Schaubild**

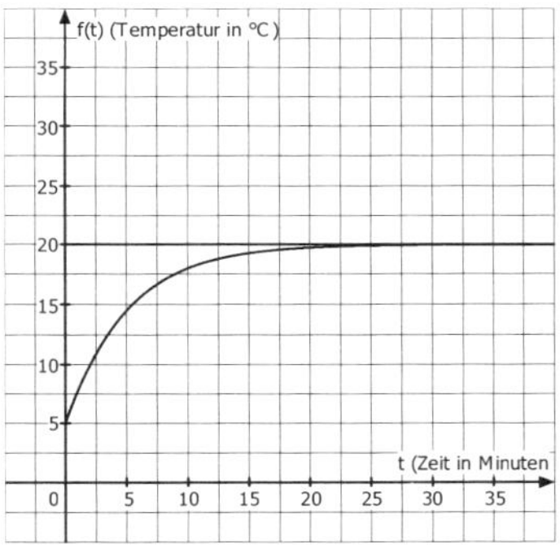


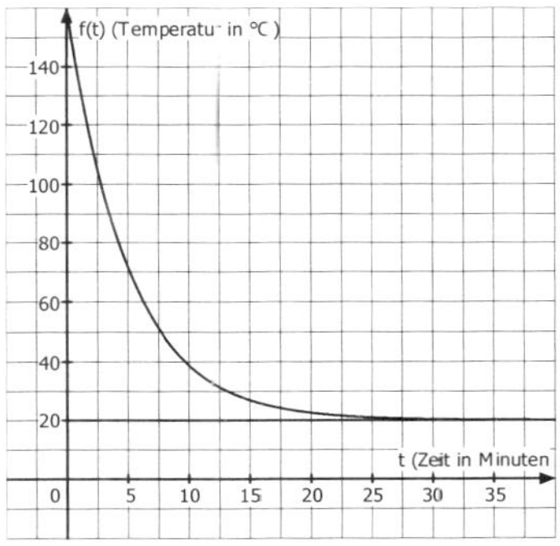


**Merkmal**

Der Bestand einer zu- oder abnehmenden Größe ist durch eine obere oder untere **Schranke** (**Asymptote** $y = S$) beschränkt.

„Aufleitungsregeln“
$f(x) =$
$F(x) =$

(S. 78)

Fläche zwischen
Schaubild und
$x$-Achse

(S. 82)

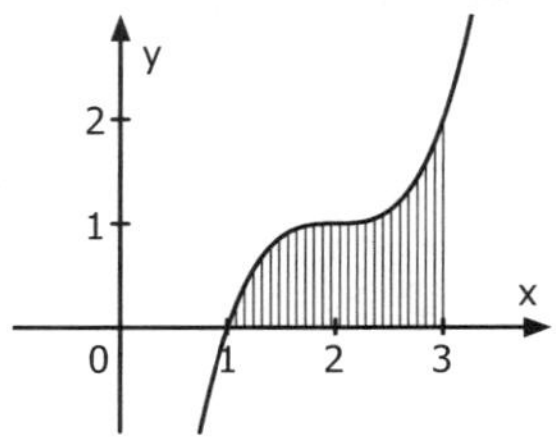


# Integralrechnung

Fläche zwischen
2 Kurven

(S. 84)

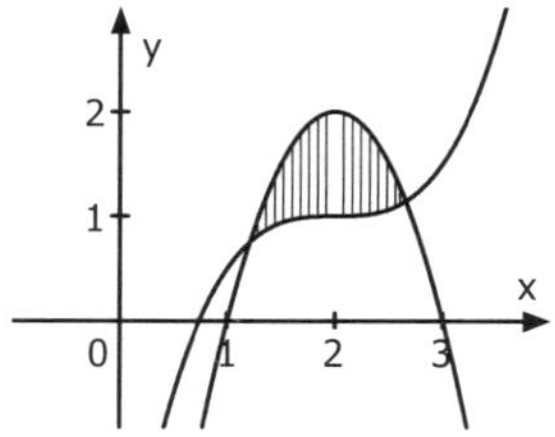

Uneigentliche Integrale

(S. 90)

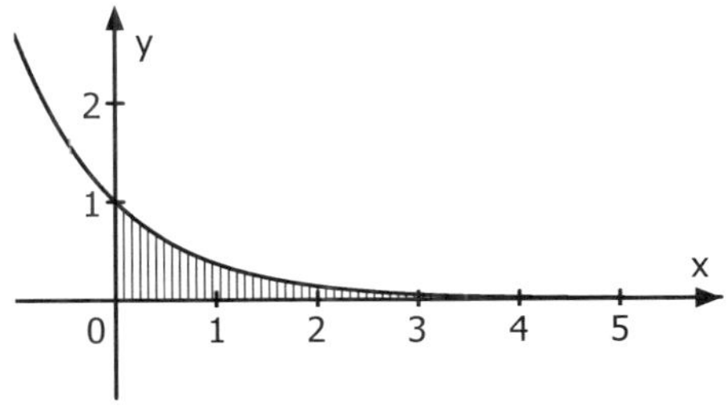


Anwendungen

(S. 94)

Rotation um die $x$-Achse

(S. 92)

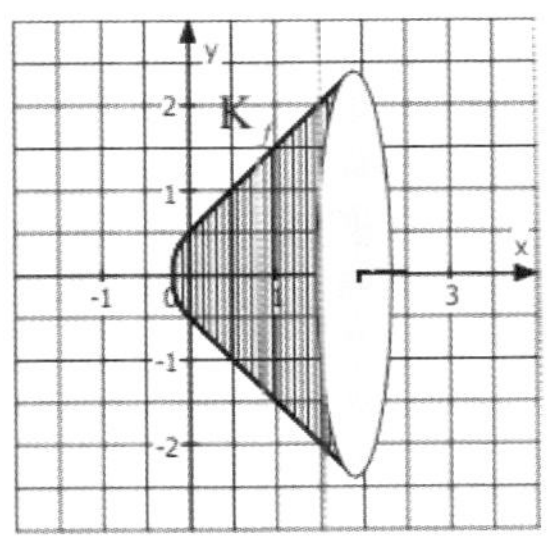


Mittelwert

$$\overline{m} = \frac{1}{b-a} \cdot \int_a^b f(x)\, dx$$

(S. 88)

# 4. Integralrechnung

## 4.1 Integrationsregeln ( „Aufleitungsregeln“)

<table>
<tr><th>Nr.</th><th>Beispiel</th><th>Vorgehen</th></tr>
<tr><td colspan="3">Elementarregeln</td></tr>
<tr><td>1</td><td>$f(x) = x^5$<br>$F(x) = \frac{1}{6}x^6$<br><br>$f(x) = 1$<br>$F(x) = x$<br><br>$f(x) = \frac{1}{x^2} = x^{-2}$<br>$F(x) = \frac{1}{-1} \cdot x^{-1} = -\frac{1}{x}$<br><br>Spezialfall:<br>$f(x) = \frac{1}{x}$<br>$F(x) = \ln \mid x \mid$</td><td>$f(x) = x^{Exponent}$<br>$F(x) = \frac{1}{Exponent+1} \cdot x^{Exponent+1}$<br>(Potenzregel)</td></tr>
<tr><td>2</td><td>$f(x) = e^x$<br>$F(x) = e^x$</td><td>Abschreiben</td></tr>
<tr><td>3</td><td>$f(x) = \sin(x)$<br>$F(x) = -\cos(x)$</td><td rowspan="2">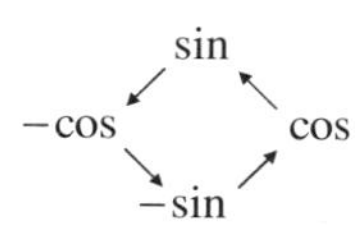<br>(Gegen den Uhrzeigersinn!)</td></tr>
<tr><td>4</td><td>$f(x) = \cos(x)$<br>$F(x) = \sin(x)$</td></tr>
</table>

**Hinweis:** Das „Aufleiten“ von $f(x) = \ln(x)$ wird im Abitur nicht verlangt.



http://frv.tv/2b

| Nr. | Beispiel | Vorgehen |
|---|---|---|
| **Vorgehensregeln** | | |
| **5** | $f(x) = \mathbf{2} \cdot x^2$<br>$\mathrm{F}(x) = \mathbf{2} \cdot \frac{1}{3} x^3 = \frac{2}{3} x^3$ | *„Zahlen" mit · oder : „bleiben"*<br>(Faktorregel) |
| **6** | $f(x) = x^2 + \mathbf{2}$<br>$\mathrm{F}(x) = \frac{1}{3} x^3 + \mathbf{2x}$ | *„Zahlen" mit + oder − „erhalten ein x"* |
| **7** | $f(x) = x^2 - 4x$<br>$\mathrm{F}(x) = \frac{1}{3} x^3 - 2x^2$ | *+ und − Zeichen unterteilen die Funktion in Teilfunktionen, welche einzeln aufgeleitet werden*<br>(Summenregel) |

**Hinweis:** Die Produktregel zum „Aufleiten" (partielle Integration) wird im Abitur nicht verlangt ($f(x) = x^2 \cdot e^x \rightarrow \mathrm{F}(x) = ?$).

| Nr. | Beispiel | Vorgehen |
|---|---|---|
| | **Anwendungen der Kettenregel** | |
| **8** | $f(x) = (2x+3)^5$<br>$F(x) = \frac{1}{6} \cdot (2x+3)^6 \cdot \frac{1}{2}$<br>$= \frac{1}{12} \cdot (2x+3)^6$<br><br>$f(x) = \frac{1}{(2x+3)^5}$<br>$= (2x+3)^{-5}$<br>$F(x) = \frac{1}{-4} \cdot (2x+3)^{-4} \cdot \frac{1}{2}$<br>$= -\frac{1}{8} \frac{1}{(2x+3)^4}$<br><br>Spezialfall:<br>$f(x) = \frac{1}{(2x+3)}$<br>$F(x) = \ln\|2x+3\| \cdot \frac{1}{2}$ | $f(x) = (Klammerinhalt)^{Exponent}$<br>$F(x) = \frac{1}{Exponent+1} \cdot (Klammerinhalt)^{Exponent+1} \cdot \frac{1}{Klammerinhalt\ abgeleitet}$<br><br>Spezialfall:<br>$f(x) = \frac{1}{(Klammerinhalt)}$<br>$F(x) = \ln\|Klammerinhalt\| \cdot \frac{1}{Klammerinhalt\ abgeleitet}$ |
| **9** | $f(x) = e^{2x+3}$<br>$F(x) = e^{2x+3} \cdot \frac{1}{2}$ | $f(x) = e^{Exponent}$<br>$F(x) = e^{Exponent} \cdot \frac{1}{Exponent\ abgeleitet}$ |
| **10** | $f(x) = \sin(2x+3)$<br>$F(x) = -\cos(2x+3) \cdot \frac{1}{2}$ | $f(x) = \sin(Klammerinhalt)$<br>$F(x) = -\cos(Klammerinhalt) \cdot \frac{1}{Klammerinhalt\ abgeleitet}$ |
| **11** | $f(x) = \cos(2x+3)$<br>$F(x) = \sin(2x+3) \cdot \frac{1}{2}$ | $f(x) = \cos(Klammerinhalt)$<br>$F(x) = \sin(Klammerinhalt) \cdot \frac{1}{Klammerinhalt\ abgeleitet}$ |

**Hinweis:** Streng genommen gilt das obige Vorgehen nur, falls der *Klammerinhalt* bzw. *Exponent* **linear** („enthält nur $x$, also kein $x^2, e^x, \ldots$") ist.
Andere Funktionen müssen im Abitur jedoch auch nicht „aufgeleitet" werden.

**1. Bemerkung (Integrationskonstante)**

Eine Funktion hat **nur eine** Ableitungsfunktion, aber **unendlich viele** Stammfunktionen, da der hintere Summand $\boldsymbol{c}$ (genannt: Integrationskonstante) beim Ableiten verschwindet.

Allg.: $F(x)=\frac{1}{3}x^3+\boldsymbol{c}$

$$F(x)=\frac{1}{3}x^3 \qquad F(x)=\frac{1}{3}x^3+2 \qquad F(x)=\frac{1}{3}x^3-3$$

$$\nwarrow \quad \uparrow \quad \nearrow$$

$$f(x)=x^2$$

$$\downarrow$$

$$f'(x)=2x$$

**Grafische Erklärung:** $c$ verschiebt das Schaubild der Stammfunktion nur nach oben bzw. unten und ist also für die Steigung unerheblich. Deshalb haben „alle Stammfunktionen" F dieselbe (abgeleitete) Funktion $f$.

**2. Bemerkung („Aufleiten" bei Funktionenscharen)**

Der Parameter ($t$) wird beim „Aufleiten" wie eine Zahl behandelt.

Beispiel: $f_t(x)=t^2x^3+t$

$$F_t(x)=\frac{1}{4}t^2x^4+tx$$

## 4.2 Flächeninhaltsberechnung zwischen Schaubild und $x$-Achse

### 1. Fläche oberhalb der $x$-Achse

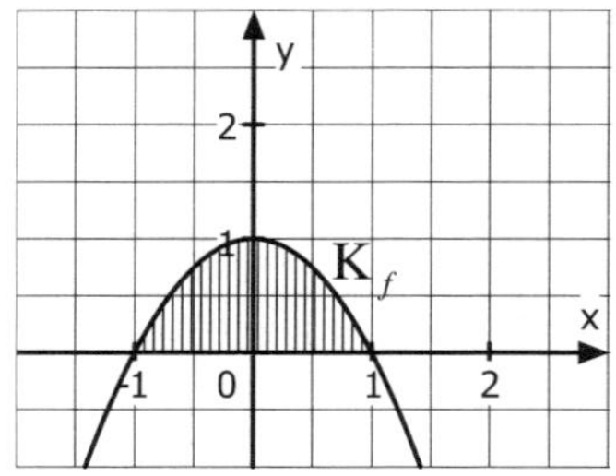


**Beispiel**

Gegeben ist die Funktion $f$ mit $f(x) = -x^2 + 1$.
Welchen Inhalt besitzt die schraffierte Fläche?

**Ansatz**

$$\mathbf{A} = \int_a^b f(x)\,dx = [\mathbf{F}(x)]_a^b = \mathbf{F}(b) - \mathbf{F}(a)$$

**Lösung**

$$\mathrm{A} = \int_{-1}^{1} \left(-x^2 + 1\right) dx = \left[-\frac{1}{3}x^3 + x\right]_{-1}^{1} = -\frac{1}{3}\cdot 1^3 + 1 - \left(-\frac{1}{3}\cdot(-1)^3 + (-1)\right) \approx 1{,}333 \text{ FE}$$

*Rechte Grenze nach oben, linke nach unten* → *aufleiten* → *Rechte und linke Grenze in Stammfunktion einsetzen, voneinander subtrahieren*

**Merkregel**

$$\mathbf{A} = \int_{\text{linke Grenze}}^{\text{rechte Grenze}} \textbf{(Funktionsterm)}\ dx$$

### 2. Fläche unterhalb der $x$-Achse

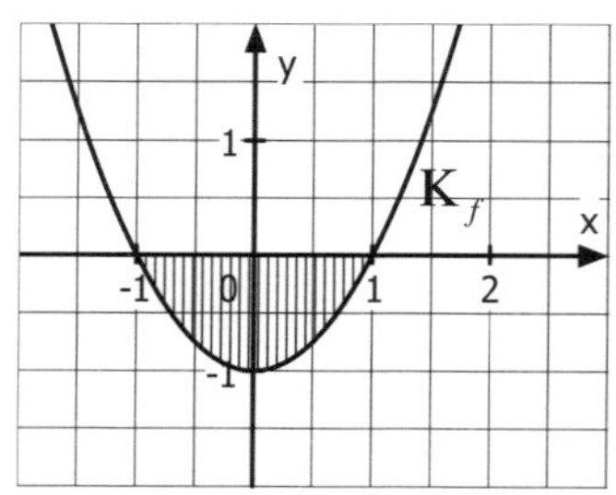


**Unterschied**

$$\mathrm{A} = \int_{-1}^{1} -f(x)\,dx$$

***Minuszeichen beachten!***
*Sonst: negatives Ergebnis*

**Hinweis:** Falls Sie versehentlich ein negatives Ergebnis erhalten, können Sie dies korrigieren, indem Sie **Betragsstriche** setzen.



http://frv.tv/3t

## 3. Zusammengesetzte Fläche

**Beispiel :** Gegeben ist die Funktion $f$ mit $f(x)=\frac{1}{3}x^3-\frac{1}{6}x^2-\frac{5}{3}x$. Welchen Inhalt besitzt die schraffierte Fläche?

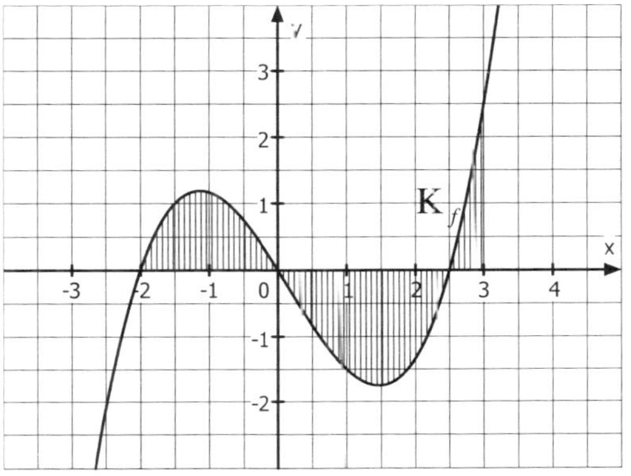


**Vorgehen (am Beispiel)**

**1. Nullstellen bestimmen**

$f(x)=0 \rightarrow x_1=-2;\ x_2=0;\ x_3=2{,}5$

**2. Teilflächeninhalte bestimmen**

$A_1=\int_{-2}^{0} f(x)dx \approx 1{,}56;$

$A_2=\int_{0}^{2{,}5} -f(x)\ dx \approx 2{,}82;$

$A_3=\int_{2{,}5}^{3} f(x)\ dx \approx 0{,}57$

**3. Gesamtflächeninhalt bestimmen**

$A=A_1+A_2+A_3 \approx 1{,}56+2{,}82+0{,}57=4{,}95$ FE

**Von Nullstelle zu Nullstelle integrieren!**
Ansonsten werden positive und negative Integralwerte zu einer **„Flächenbilanz“** verrechnet.

## 4. Interpretation von Flächeninhalten

Der Inhalt der markierten Fläche gibt an …

**Beispiel 1**

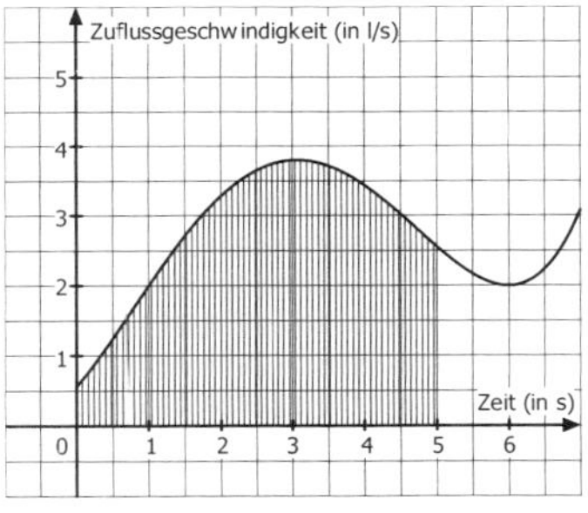


… welche Wassermenge (in l) innerhalb von 5 s zugeflossen ist.

**Beispiel 2**

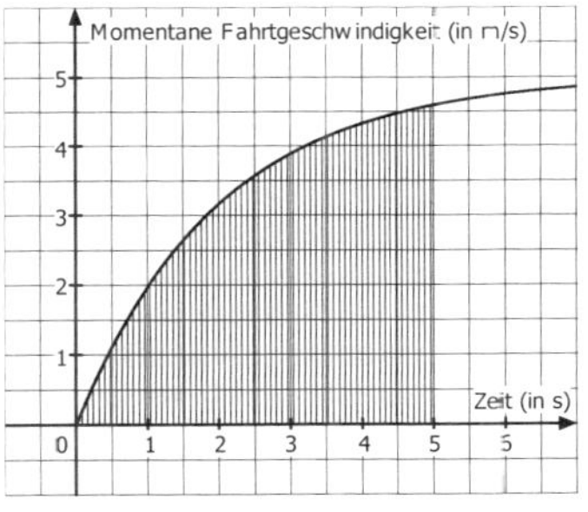


… welche Strecke (in m) innerhalb von 5 s zurückgelegt wurde.

**Tipp :** Einheit Integral („Fläche“) = Einheit Funktion · Einheit Variable (z.B. $m=\frac{m}{s}\cdot s$)

## 4.3 Flächeninhaltsberechnung zwischen zwei Schaubildern

### 1. Einzelfläche

**Beispiel**

Gegeben sind die Funktionen $f$ mit $f(x) = -x^2 + 1$ und $g$ mit $g(x) = x - 1$.
Welchen Inhalt besitzt die schraffierte Fläche?

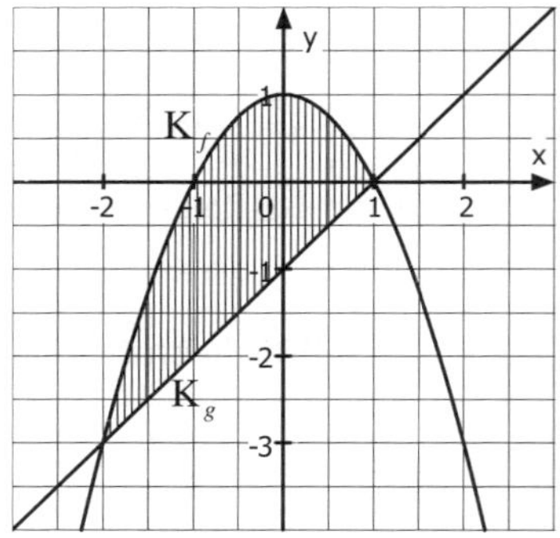


**Ansatz**

$$A = \int_a^b \left( f(x) - g(x) \right) dx$$

**Lösung**

*Rechte Grenze nach oben, linke nach unten* ↘ — *Oberer Funktionsterm minus unterer Funktionsterm* ↙ — *eventuell vereinfachen* ⟶ — *aufleiten* ⟶

$$A = \int_{-2}^{1} \left( (-x^2 + 1) - (x - 1) \right) dx = \int_{-2}^{1} \left( -x^2 - x + 2 \right) dx = \left[ -\frac{1}{3}x^3 - \frac{1}{2}x^2 + 2x \right]_{-2}^{1}$$

$$= -\frac{1}{3} \cdot 1^3 - \frac{1}{2} \cdot 1^2 + 2 \cdot 1 - \left( -\frac{1}{3} \cdot (-2)^3 - \frac{1}{2} \cdot (-2)^2 + 2 \cdot (-2) \right) = 4{,}5 \text{ FE}$$

⟶ *Rechte und linke Grenze in Stammfunktion einsetzen, voneinander subtrahieren*

**Merkregel**

$$A = \int_{\text{linke Grenze}}^{\text{rechte Grenze}} (\textbf{oberer Funktionsterm} - \textbf{unterer Funktionsterm}) \, dx$$

**Bemerkung (Lage zur $x$ - Achse)**

Bei einer Fläche, die zwischen zwei Schaubildern liegt, ist es hingegen völlig unerheblich, ob sich diese oberhalb oder unterhalb der $x$-Achse befindet.



http://frv.tv/3u

## 2. Zusammengesetzte Fläche

**Beispiel :** Gegeben sind die Funktionen $f$ mit $f(x)=\frac{1}{4}x^3+\frac{1}{4}x^2-\frac{3}{4}x-\frac{3}{4}$ und $g$ mit $g(x)=\frac{3}{4}x-\frac{3}{4}$. Welchen Inhalt besitzt die schraffierte Fläche?

**Vorgehen (am Beispiel)**

**1. Schnittstellen bestimmen**

$f(x)=g(x)\ \rightarrow x_1=-3;\ x_2=0;\ x_3=2$

**2. Teilflächeninhalte bestimmen**

$A_1=\int_{-3}^{0}\left(f(x)-g(x)\right)dx\approx 3{,}94;$

$A_2=\int_{0}^{2}\left(g(x)-f(x)\right)\,dx\approx 1{,}33$

**3. Gesamtflächeninhalt bestimmen**

$A=A_1+A_2\approx 3{,}94+1{,}33=5{,}27$ FE

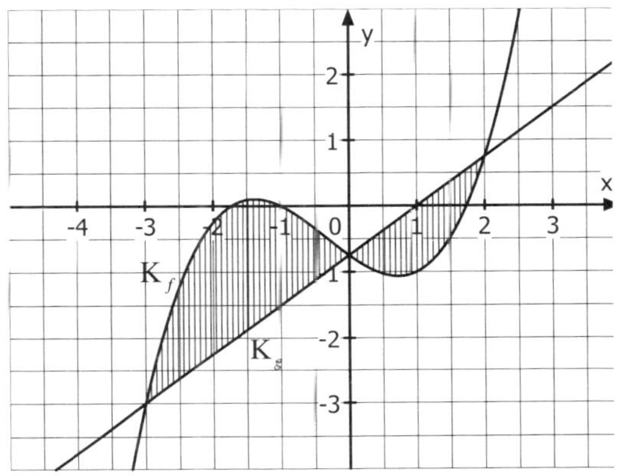


**Von Schnittstelle zu Schnittstelle integrieren!**

Ansonsten werden positive und negative Flächeninhaltswerte zu einer **„Flächenbilanz“** verrechnet.

**Beispiel**

Berechnen Sie jeweils den Inhalt der schraffierten Fläche.

**a)** $f(x) = -2\cos\left(\frac{\pi}{3}x\right)$

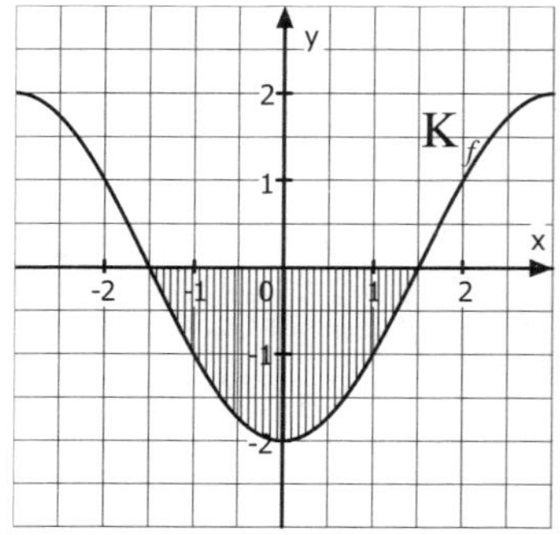


$$A = \int_{-1,5}^{1,5} (-f(x))\,dx = \int_{-1,5}^{1,5} \left(-\left(-2\cos\left(\frac{\pi}{3}x\right)\right)\right) dx$$

$$= \int_{-1,5}^{1,5} \left(2\cos\left(\frac{\pi}{3}x\right)\right) dx = \left[2\sin\left(\frac{\pi}{3}x\right)\cdot\frac{1}{\frac{\pi}{3}}\right]_{-1,5}^{1,5}$$

$$= \left[2\sin\left(\frac{\pi}{3}x\right)\cdot\frac{3}{\pi}\right]_{-1,5}^{1,5} = \left[\frac{6}{\pi}\sin\left(\frac{\pi}{3}x\right)\right]_{-1,5}^{1,5}$$

$$= \frac{6}{\pi}\sin\left(\frac{\pi}{3}\cdot 1,5\right) - \left(\frac{6}{\pi}\sin\left(\frac{\pi}{3}\cdot(-1,5)\right)\right) \approx 1,91 - (-1,91) \approx 3,82 \text{ FE}$$

**b)** $f(x) = -e^{0,5x+1} + 2$

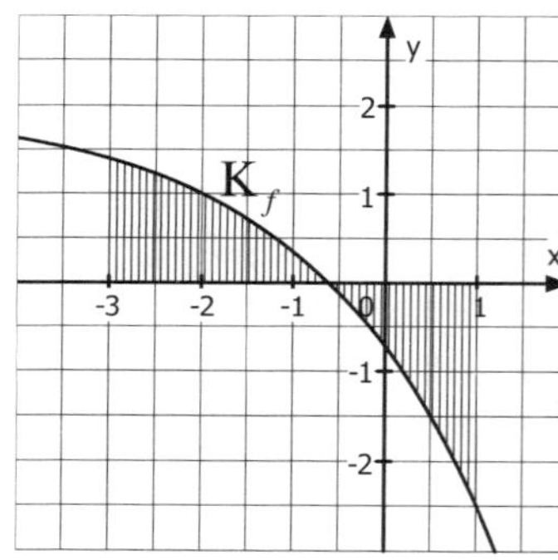


1. Nullstelle bestimmen

$$\begin{aligned} f(x) &= 0 \\ -e^{0,5x+1} + 2 &= 0 && \mid +e^{0,5x+1} \\ 2 &= e^{0,5x+1} && \mid \ln(\,) \\ \ln(2) &= 0,5x + 1 && \mid -1 \\ -0,31 &\approx 0,5x && \mid : 0,5 \\ -0,62 &\approx x \end{aligned}$$

2. Teilflächeninhalte bestimmen und 3. Gesamtflächeninhalt bestimmen

$$A \approx A_1 + A_2 \approx \int_{-3}^{-0,62} f(x)\,dx + \int_{-0,62}^{1} -f(x)\,dx$$

$$\approx \int_{-3}^{-0,62} \left(-e^{0,5x+1} + 2\right) dx + \int_{-0,62}^{1} \left(-\left(-e^{0,5x+1} + 2\right)\right) dx$$

$$\approx \left[-e^{0,5x+1}\cdot\frac{1}{0,5} + 2x\right]_{-3}^{-0,62} + \left[e^{0,5x+1}\cdot\frac{1}{0,5} - 2x\right]_{-0,62}^{1}$$

$$\approx -e^{0,5\cdot(-0,62)+1}\cdot\frac{1}{0,5}+2\cdot(-0,62)-\left(-e^{0,5\cdot(-3)+1}\cdot\frac{1}{0,5}+2\cdot(-3)\right)+$$
$$e^{0,5\cdot 1+1}\cdot\frac{1}{0,5}-2\cdot 1-\left(e^{0,5\cdot(-0,62)+1}\cdot\frac{1}{0,5}-2\cdot(-0,62)\right)$$
$$\approx -5,22-(-7,21)+6,96-5,22\approx 1,99+1,74\approx 3,73 \text{ FE}$$

**c)** $f(x)=\frac{1}{x}$ und $g(x)=-x+4$

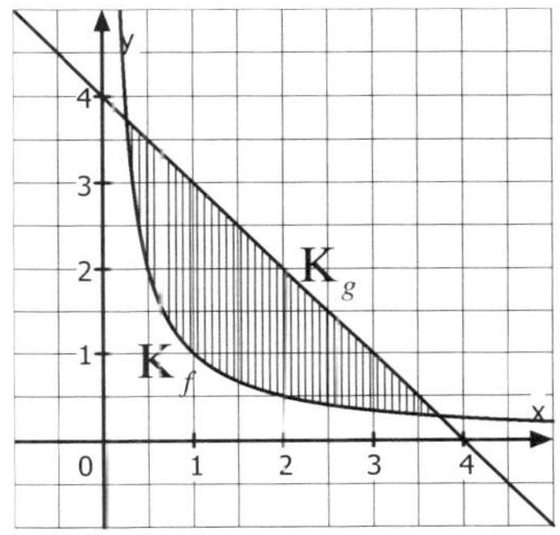


1. Schnittstellen bestimmen

$$\begin{aligned} f(x) &= g(x) \\ \frac{1}{x} &= -x+4 \qquad |\cdot x \\ 1 &= -x^2+4x \qquad |+x^2-4x \\ x^2-4x+1 &= 0 \end{aligned}$$

$$x_{1/2}=\frac{-(-4)\pm\sqrt{(-4)^2-4\cdot 1\cdot 1}}{2\cdot 1} \quad \text{(abc-Formel)}$$
$$=\frac{4\pm\sqrt{12}}{2}\approx\frac{4\pm 3,46}{2}$$
$$x_1\approx\frac{4+3,46}{2}=3,73; \qquad x_2\approx\frac{4-3,46}{2}=0,27$$

2. Teilflächeninhalte bestimmen und 3. Gesamtflächeninhalt bestimmen

$$\text{A}\approx\int_{0,27}^{3,73}\left(g(x)-f(x)\right)dx\approx\int_{0,27}^{3,73}\left(-x+4-\frac{1}{x}\right)dx$$
$$\approx\left[-\frac{1}{2}x^2+4x-\ln(x)\right]_{0,27}^{3,73}\approx-\frac{1}{2}\cdot 3,73^2+4\cdot 3,73-\ln(3,73)-\left(-\frac{1}{2}\cdot 0,27^2+4\cdot 0,27-\ln(0,27)\right)$$
$$\approx 4,29 \text{ FE}$$

## 4.4 Mittelwert (durchschnittlicher $y$-Wert) einer Funktion

**Beispiel**

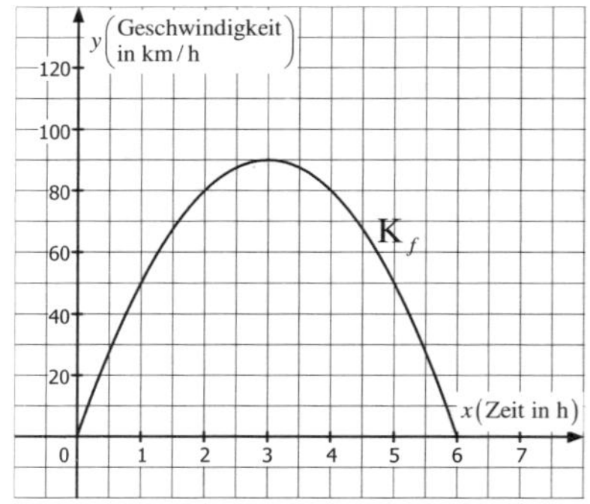


Die Funktion $f$ mit $f(x) = -10x^2 + 60x$ gibt zu jedem Zeitpunkt die momentane Geschwindigkeit eines Zuges während einer 6-stündigen Zugfahrt an. Welche **durchschnittliche Geschwindigkeit** hat der Zug von der 2. bis zur 5. Stunde?

**Ansatz**

$$\overline{m} = \frac{1}{b-a} \cdot \int_a^b f(x)\,dx$$

**Lösung**

$$\overline{m} = \frac{1}{5-2} \cdot \int_2^5 \left(-10x^2 + 60x\right) dx = \frac{1}{3} \cdot \left[ -\frac{10}{3}x^3 + \frac{60}{2}x^2 \right]_2^5$$

$$= \frac{1}{3} \cdot \left( -\frac{10}{3} \cdot 5^3 + \frac{60}{2} \cdot 5^2 \quad - \quad \left( -\frac{10}{3} \cdot 2^3 + \frac{60}{2} \cdot 2^2 \right) \right) = 80\,[\text{km/h}]$$



http://frv.tv/2f

**Bemerkungen**

- Der Ansatz zur Berechnung der **mittleren (durchschnittlichen) Steigung** eines Schaubildes in einem bestimmten Bereich lautet:

$$\frac{1}{b-a}\cdot\int_a^b f'(x)dx \qquad \left(\text{alternativ über Sekantensteigung: } \frac{y_2-y_1}{x_2-x_1}=\frac{f(b)-f(a)}{b-a}\right)$$

- Der Ansatz zur Berechnung der **mittleren (durchschnittlichen) Abweichung** zwischen den $y$-Werten zweier Funktionen (bzw. des mittleren Abstandes der zugehörigen Schaubilder) in einem bestimmten Bereich lautet:

$$\frac{1}{b-a}\cdot\int_a^b \left|f(x)-g(x)\right|dx$$

## 4.5 Flächen, die bis ins Unendliche reichen (Uneigentliche Integrale)

**Beispiel**

Der Inhalt der rechts offenen Fläche, die durch das Schaubild der Funktion $f$ mit $f(x) = e^{-x}$ und die beiden Koordinatenachsen eingeschlossen wird, soll berechnet werden.

**Problem :** Schaubild schneidet die $x$-Achse nicht. Rechte Grenze liegt „unendlich weit rechts".

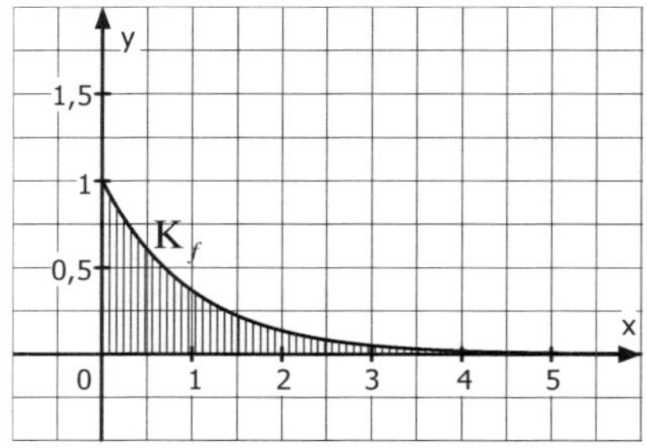


**Vorgehen (am Beispiel)**

**1. Unbekannte Grenze mit $z$ bezeichnen, damit Flächeninhalt $A(z)$ bestimmen**

$$A(z) = \int_0^z \left(e^{-x}\right) dx = \left[-e^{-x}\right]_0^z = -e^{-z} - \left(-e^0\right) = -e^{-z} - (-1) = -e^{-z} + 1$$

**2. $A(z)$ untersuchen, wenn $z$ gegen $+\infty$ strebt $(z \to +\infty)$**

(z.B. $z = 1000 : A(1000) = -e^{-10000} + 1 \approx 0 + 1 \approx 1$; „Nebenrechnung")

$z \to +\infty$ : $A(z) = -e^{-z} + 1 \to 0 + 1 = 1 \Rightarrow$ Flächeninhalt strebt gegen 1 $cm^2$

*Ist es für Sie wirklich einsichtig, dass der Flächeninhalt weniger als 1 $cm^2$ beträgt, obwohl sich die Fläche unendlich weit nach rechts erstreckt? Falls nicht, können Sie das schnell ändern, indem Sie das nachfolgende Gedankenexperiment durchführen!*



http://frv.tv/2g

## Gedankenexperiment

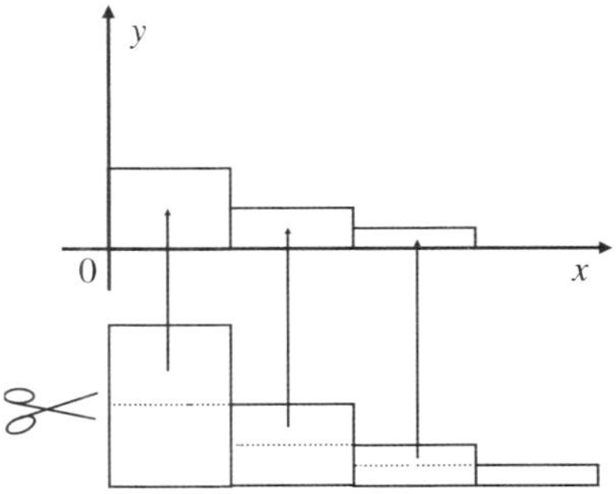


Mit einer Schere wird ein Blatt Papier halbiert.

Die obere Hälfte wird in ein Koordinatensystem gelegt.

Die untere Hälfte wird wiederum halbiert.

Deren obere Hälfte wird ebenfalls in das Koordinatensystem gelegt.

...

Nach und nach erhält man eine Fläche, welche der im oberen Koordinatensystem dargestellten Fläche ähnelt:
Die Höhe wird ebenfalls immer geringer und die Fläche erstreckt sich ebenfalls unendlich weit nach rechts. Man kann das Blatt ja (zumindest theoretisch) unendlich oft halbieren. Ist der Inhalt der Fläche unendlich groß?
Nein! Er kann niemals größer als die Fläche des Papierblattes sein!
Ebenso verhält es sich mit der oberen markierten Fläche.

## 4.6 Berechnung des Rotationsvolumens: Fläche zwischen Schaubild und $x$-Achse rotiert um die $x$-Achse

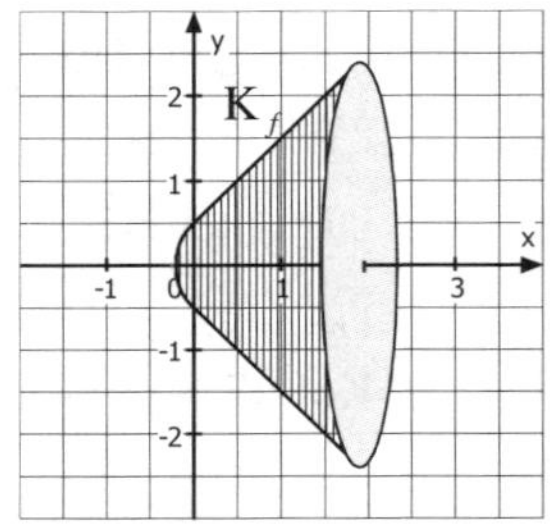


**Beispiel**

Gegeben ist die Funktion $f$ mit $f(x)=x+0,5$.
Deren Schaubild rotiert zwischen den beiden Grenzen $a=0$ und $b=2$ um die $x$-Achse.
Welches Volumen besitzt der entstehende Rotationskörper?

**Ansatz**

$$\mathbf{V}_{rot}=\pi\cdot\int_a^b\left(f(x)\right)^2\,dx$$

**Lösung**

*Rechte Grenze nach oben, linke nach unten* ↓

*quadrieren, 1. Binomische Formel* ⟶

*aufleiten* ⟶

$$\mathrm{V}_{rot}=\pi\cdot\int_0^2\left((x+0,5)^2\right)dx=\pi\cdot\int_0^2\left(x^2+x+0,25\right)dx=\pi\cdot\left[\frac{1}{3}x^3+\frac{1}{2}x^2+0,25x\right]_0^2$$

$$=\pi\cdot\left(\frac{1}{3}\cdot 2^3+\frac{1}{2}\cdot 2^2+0,25\cdot 2\ -\ (0)\right)=16,23\text{ VE}$$

⟶ *Rechte und linke Grenze in Stammfunktion einsetzen, voneinander subtrahieren*



http://frv.tv/3v

## 4.7 Berechnung des Rotationsvolumens: Fläche zwischen zwei Schaubildern rotiert um die $x$-Achse

**Beispiel**

Gegeben sind die beiden Funktionen $f$ mit $f(x)$ und $g$ mit $g(x)$.
Die Fläche zwischen den beiden zugehörigen Schaubildern und den Grenzen $a = 0$ und $b = 2$ rotiert um die $x$-Achse.
Welches Vorgehen führt zum Volumen des entstehenden Rotationskörpers?

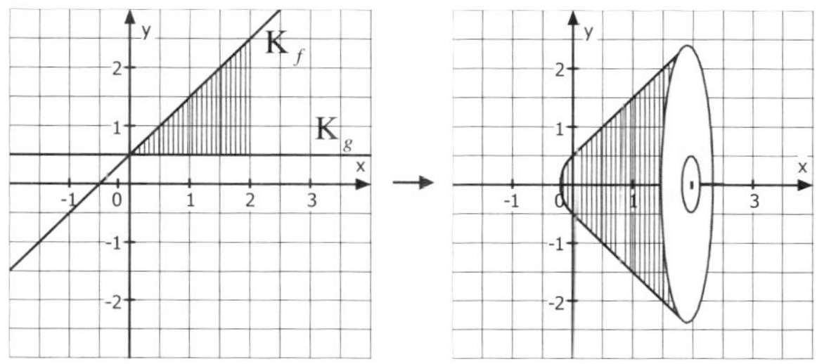


**Vorgehen (am Beispiel)**

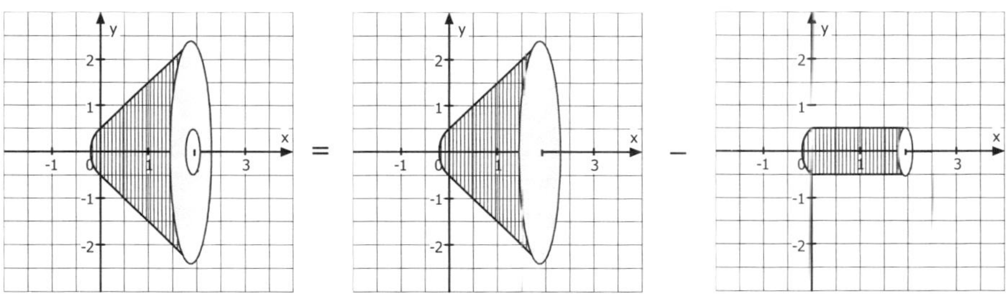

$$V_{rot} = V_{gesamt} - V_{„Hohlraum“}$$

$$= \pi \cdot \int_0^2 (f(x))^2 \, dx - \pi \cdot \int_0^2 (g(x))^2 \, dx$$

$$= \pi \cdot \int_0^2 (f(x))^2 - (g(x))^2 \, dx$$

$$\left( \neq \quad \pi \cdot \int_0^2 (f(x) - g(x))^2 \, dx \quad \text{Falscher Ansatz!} \right)$$

## 4.8 Zusatz: Wichtiges für Anwendungsorientierte Aufgaben

### 1. Typische Problemstellungen und benötigte Funktionen

Anwendungsorientierte Aufgaben („Textaufgaben") thematisieren oftmals (zumindest sinngemäß) eine der nachfolgenden Problemstellungen.
Hierbei liegt der Aufgabenschwerpunkt oftmals auf dem bedeutungsmäßigen Zusammenhang zwischen Funktion und Ableitungsfunktion.

| **Bedeutung von $f(x)$** | **Bedeutung von $f'(x)$** | **Bedeutung von $\int_a^b (f'(x))\,dx$** |
|---|---|---|
| Pflanzenhöhe (z.B. in m) in Abhängigkeit von der Zeit (z.B. in s) | Momentane Wachstumsgeschwindigkeit einer Pflanze (z.B. in m/s) in Abh. von der Zeit | Zunahme der Pflanzenhöhe zwischen zwei Zeitpunkten |
| Vorhandene Wassermenge (z.B. in l) in Abh. von der Zeit (z.B. in s) | Momentane Zu- bzw. Abflussgeschwindigkeit von Wasser (z.B. in l/s) in Abh. von der Zeit | Änderung der vorhandenen Wassermenge zwischen zwei Zeitpunkten |
| Zurückgelegte Wegstrecke (z.B. in m) in Abh. von der Zeit (z.B. in s) | Momentane Fahrtgeschwindigkeit eines Autos (z.B. in m/s) in Abh. von der Zeit | Zurückgelegte Wegstrecke zwischen zwei Zeitpunkten |
| Vorhandene Alkoholmenge im Blut (z.B. in g) in Abh. von der Zeit (z.B. in min) | Momentane Abbaugeschwindigkeit von Alkohol im Blut (z.B. in g/min) in Abh. von der Zeit | Änderung der vorhandenen Alkoholmenge im Blut zwischen zwei Zeitpunkten |
| Beschreibt die: **Aktuellen Werte der „interessierenden Größe"** in Abh. von einer anderen Größe | Beschreibt die: **Momentane Änderung der „interessierenden Größe"** in Abh. von einer anderen Größe | |
| Häufiges Merkmal: **„Einheit ohne Bruch" (z.B. m)** | Häufiges Merkmal: **„Einheit mit Bruch" (z.B. m/s)** | |

**Hinweis:** Die obigen Zusammenhänge gelten natürlich auch zwischen Stammfunktion $F(x)$ und der zugehörigen Funktion $f(x)$.



http://frv.tv/2h

## 2. Von der Aufgabenformulierung zum Rechenansatz („Schlüsselwörter“)

Da sich anwendungsorientierte Aufgaben auf alle Inhalte der Analysis beziehen können, ist es oftmals schwierig, von der Aufgabenformulierung zum zugehörigen Rechenansatz zu gelangen. Die nachfolgende Zusammenstellung soll Ihnen dabei helfen.

| Aufgabenformulierung | Rechenansatz |
|---|---|
| Bestand zum Beobachtungsbeginn; Anfangsbestand; Startwert; … | $f(0)$ |
| Bestand bzw. Wert zu einem bestimmten Zeitpunkt; … | gegebenen Zeitpunkt einsetzen: $f(x_0)$ |
| Ab welchem bzw. bis zu welchem Zeitpunkt liegt mehr bzw. weniger als ein bestimmter Bestand vor; ein bestimmter Wert wird über- bzw. unterschritten; höher bzw. geringer als; … | $f(x) = \text{Wert}$ (gleichsetzen um zum Anfangs- bzw. Endzeitpunkt zu gelangen) |
| Momentane Änderungsrate; Änderung zu einem Zeitpunkt; steil bzw. flach; Steigung; … | $f'(x)$ bzw. $f'(x_0)$ |
| kleinster (geringster) bzw. größter (höchster) Wert; … | Hoch- oder Tiefpunkt von $K_f$ |
| größte Änderung; stärkster Zuwachs bzw. stärkste Abnahme; steilste Stelle; … | Wendepunkt von $K_f$ bzw. Hoch oder Tiefpunkt von $K_{f'}$ |
| Winkel; Steigungswinkel; … | $\tan \alpha = m$ |
| Größter bzw. kleinster Flächeninhalt, Volumen, Abstand, Länge, ... | Extremwertaufgabe |
| Langfristig, über sehr langen Zeitraum; Grenzwert; … (bei *e*-Funktion) | Asymptote |
| gesamt; insgesamt; … | $\int_a^b f(x)\,dx$ |
| mittlerer; durchschnittlicher; … | $\overline{m} = \frac{1}{b-a} \cdot \int_a^b \left(f(x)\right) dx$ |

**Beispiel**

Auf der Autobahn A8 bildet sich ein Stau.
Das Koordinatensystem enthält den Graphen der Funktion $f$ mit $f(t)$, welche die momentane Zu- bzw. Abflussrate an Autos darstellt.
(Positive Funktionswerte stehen hierbei für einen Zufluss, negative für einen Abfluss.)

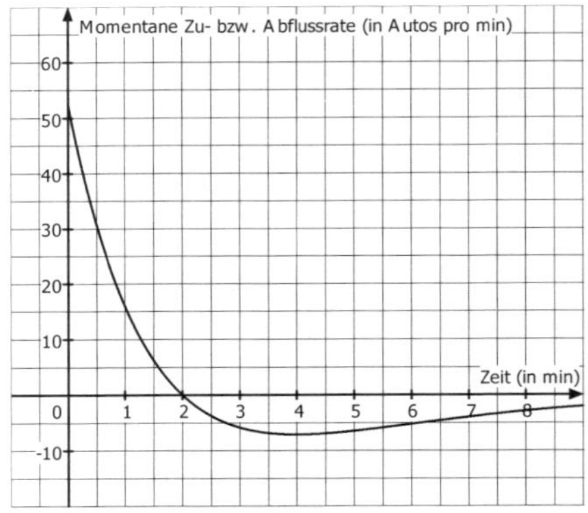


**a)** Notieren Sie zu jeder Aufgabenstellung einen passenden Rechenansatz.

| Aufgabenformulierung | Rechenansatz |
|---|---|
| Wie viele Autos stehen in $t$=1 mehr im Stau als in $t$=0? | $\int_0^1 f(t)\, dt$ |
| Um wie viele (betroffene) Autos hat sich der Stau zwischen der 1. und der 6. Minute verändert? | $\int_1^6 f(t)\, dt$ |
| Wie ist die momentane Zuflussrate im Stau in $t$ =1,4? | $f(1,4)$ |
| Zu welchem Zeitpunkt fahren genau so viele Autos in den Stau ein, wie aus diesem heraus? | $f(t)=0$ |
| Zu welchem Zeitpunkt verringert sich die Anzahl der im Stau stehenden Autos am stärksten? | $f'(t)=0$ |
| Zu welchem Zeitpunkt stehen genau so viele Autos im Stau wie in $t$ =0? | $\int_0^{t_1} f(t)\, dt=0$ |
| Wie groß ist die mittlere Zu- bzw. Abflussrate von Autos im Stau zwischen $t$ =1 und $t$ =8? | $\frac{1}{7}\int_1^8 f(t)\, dt$ |

Das Schaubild enthält den Graphen der zugehörigen Stammfunktion F mit F($t$), welche die gesamte Anzahl der im Stau stehenden Autos angibt.

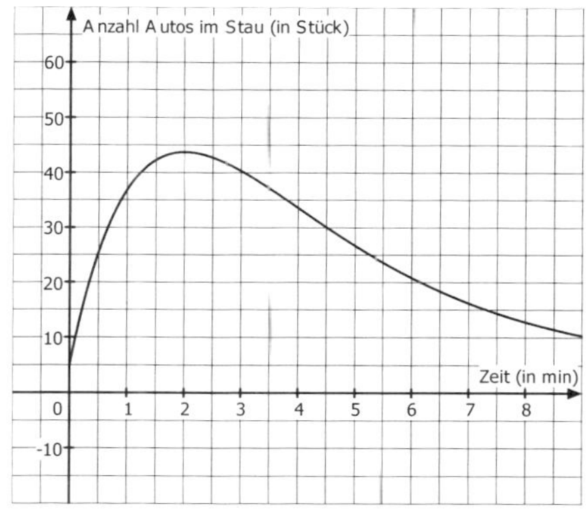


**b)** Notieren Sie zu jeder Aufgabenstellung einen passenden Rechenansatz.

| Aufgabenformulierung | Rechenansatz |
|---|---|
| Zu welchem Zeitpunkt stehen genau 30 Autos im Stau? | $F(t) = 30$ |
| Zu welchem Zeitpunkt fahren genau so viele Autos in den Stau ein, wie aus diesem heraus? | $F'(t) = 0$ |
| Wie viele Autos stehen in den ersten 8 Minuten durchschnittlich im Stau? | $\frac{1}{8}\int_0^8 F(t)\,dt$ |
| In welchem Zeitraum verringert sich die Anzahl der Autos im Stau? | $F'(t) < 0$ |

# Vektorgeometrie

Grundlagen

Länge (Betrag)

(S. 101)

Addition und Subtraktion

(S. 101)

Punkte und Vektoren

(S. 100)

Skalarprodukt

(S. 103)

Vektorprodukt / Kreuzprodukt

(S. 103)

Geraden

Parameterform

(S. 104)

Aufstellen einer Geradengleichung

(S. 105)

Spurpunkte

(S. 105)

Gegenseitige Lage zweier Geraden

(S. 106)

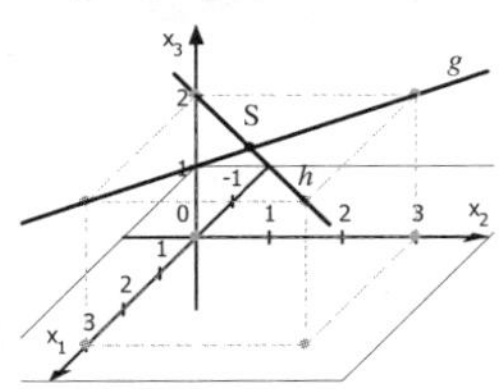

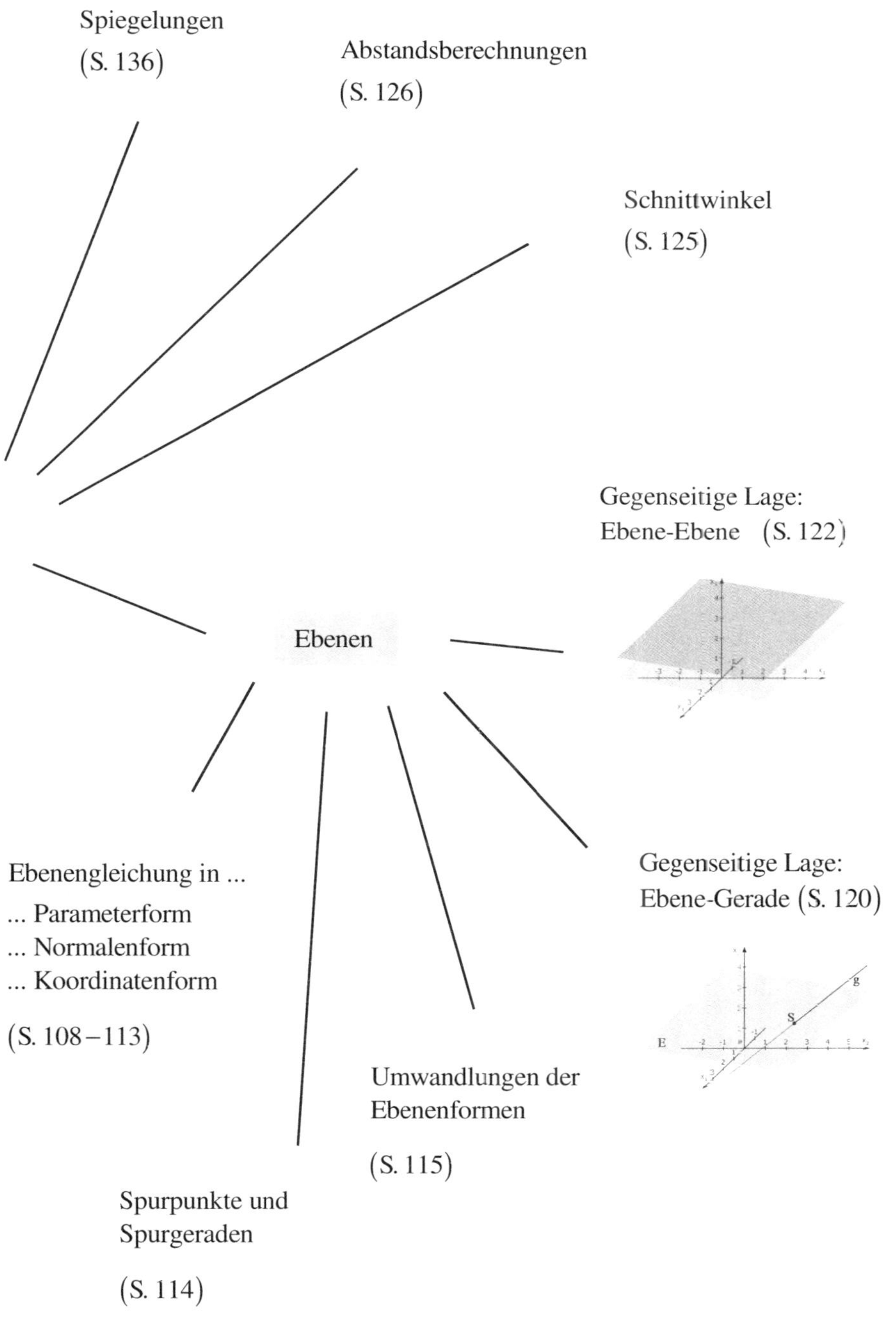
Ebenen
Spiegelungen
(S. 136)
Abstandsberechnungen
(S. 126)
Schnittwinkel
(S. 125)
Gegenseitige Lage:
Ebene-Ebene (S. 122)
Gegenseitige Lage:
Ebene-Gerade (S. 120)
E
S
g
Umwandlungen der
Ebenenformen
(S. 115)
Spurpunkte und
Spurgeraden
(S. 114)
Ebenengleichung in ...
... Parameterform
... Normalenform
... Koordinatenform
(S. 108 – 113)

# 1. Vorwissen

## 1.1 Punkte (im $\mathbb{R}^3$)

Beispiel: $A(4|3|5)$

Vom **Ursprung** geht man
4 Einheiten nach vorne, 3 nach rechts und 5 Einheiten nach oben.

$B(-3|2|-0{,}5)$; $C(0|-2|0)$

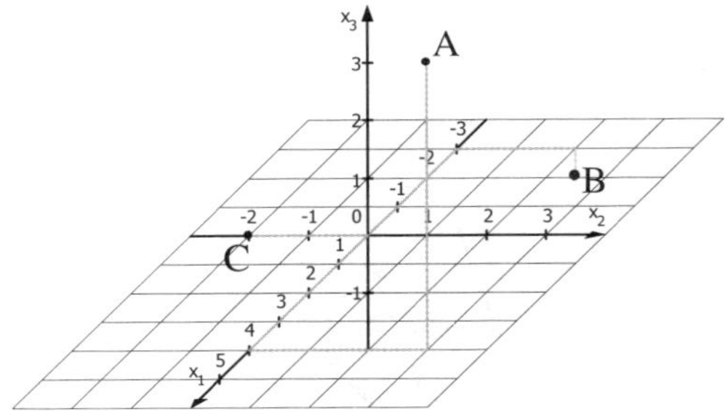


## 1.2 Vektoren (im $\mathbb{R}^3$)

Beispiel: $\vec{u} = \begin{pmatrix} 3 \\ 0 \\ -3 \end{pmatrix}$

Von einem beliebigen **Anfangspunkt** geht man
3 Einheiten nach vorne und
3 Einheiten nach unten.

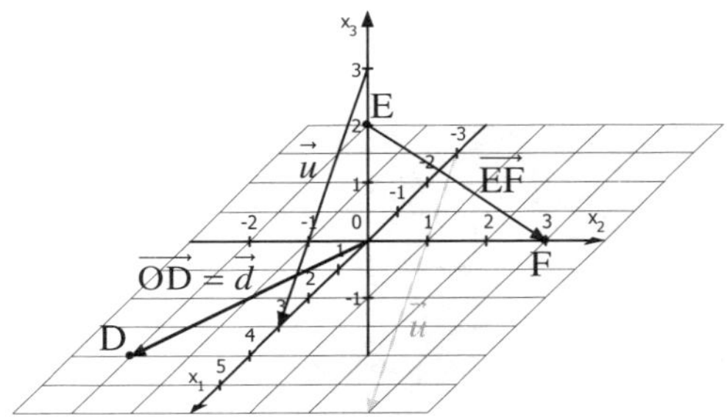


**Bemerkungen**

- **Ortsvektor** eines Punktes: Zeigt vom Ursprung auf den Punkt (also auf einen „Ort").

Beispiel: $D(4|-2|0)$ und $\overrightarrow{OD} = \vec{d} = \begin{pmatrix} 4 \\ -2 \\ 0 \end{pmatrix}$.

- **Verbindungsvektor** zwischen 2 Punkten:

Beispiel: $E(0|0|2)$ und $F(0|3|0) \rightarrow \overrightarrow{EF} = \vec{f} - \vec{e} = \begin{pmatrix} 0-0 \\ 3-0 \\ 0-2 \end{pmatrix} = \begin{pmatrix} 0 \\ 3 \\ -2 \end{pmatrix}$

„Verbindungsvektor = Endpunkt − Startpunkt"

- **Spezielle Vektoren**

Nullvektor $\vec{O} = \begin{pmatrix} 0 \\ 0 \\ 0 \end{pmatrix}$; Einheitsvektoren: $\vec{e_1} = \begin{pmatrix} 1 \\ 0 \\ 0 \end{pmatrix}$; $\vec{e_2} = \begin{pmatrix} 0 \\ 1 \\ 0 \end{pmatrix}$; $\vec{e_3} = \begin{pmatrix} 0 \\ 0 \\ 1 \end{pmatrix}$



http://frv.tv/2i

# 1.3 Rechnen mit Vektoren

## 1. Addition und Subtraktion von Vektoren

$$\vec{a}+\vec{b}=\begin{pmatrix}a_1\\a_2\\a_3\end{pmatrix}+\begin{pmatrix}b_1\\b_2\\b_3\end{pmatrix}=\begin{pmatrix}a_1+b_1\\a_2+b_2\\a_3+b_3\end{pmatrix}$$

$$\begin{pmatrix}1\\0\\-2\end{pmatrix}+\begin{pmatrix}3\\-1\\2\end{pmatrix}=\begin{pmatrix}4\\-1\\0\end{pmatrix}\quad\text{(Beispiel)}$$

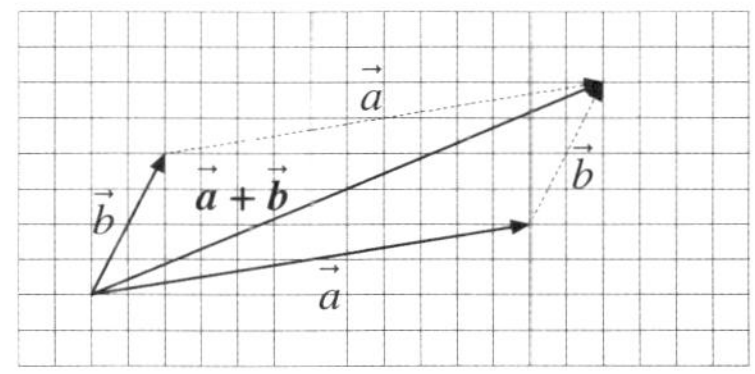


$$\vec{a}-\vec{b}=\begin{pmatrix}a_1\\a_2\\a_3\end{pmatrix}-\begin{pmatrix}b_1\\b_2\\b_3\end{pmatrix}=\begin{pmatrix}a_1-b_1\\a_2-b_2\\a_3-b_3\end{pmatrix}$$

$$\begin{pmatrix}1\\0\\-2\end{pmatrix}-\begin{pmatrix}3\\-1\\2\end{pmatrix}=\begin{pmatrix}-2\\1\\-4\end{pmatrix}\quad\text{(Beispiel)}$$

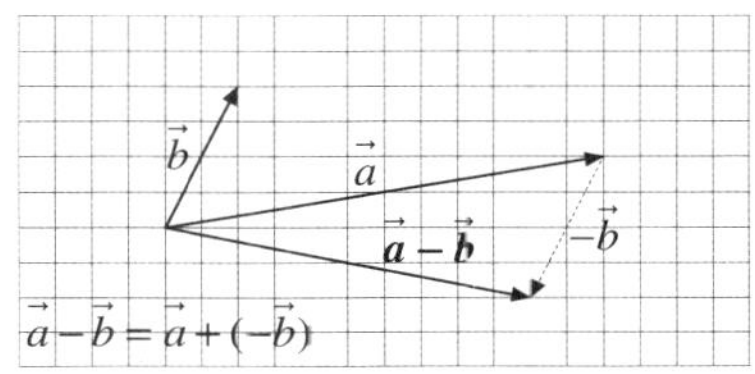


**Hinweis:** Grafisch wird bei der Subtraktion der Gegenvektor $-\vec{b}$ addiert.

## 2. Länge (Betrag) eines Vektors

$$\vec{a}=\begin{pmatrix}a_1\\a_2\\a_3\end{pmatrix}\to|\vec{a}|=\sqrt{a_1{}^2+a_2{}^2+a_3{}^2};\quad\text{Beispiel: }\vec{a}=\begin{pmatrix}3\\0\\-4\end{pmatrix}\to|\vec{a}|=\sqrt{3^2+0^2-(-4)^2}=\sqrt{25}=5\text{ LE}$$

## 3. S(kalare) – Multiplikation (Zahl · Vektor)

$$k\cdot\vec{a}=\begin{pmatrix}k\cdot a_1\\k\cdot a_2\\k\cdot a_3\end{pmatrix}\ (k\in\mathbb{R})\qquad\text{Beispiel: }2\cdot\begin{pmatrix}3\\0\\-4\end{pmatrix}=\begin{pmatrix}6\\0\\-8\end{pmatrix}$$

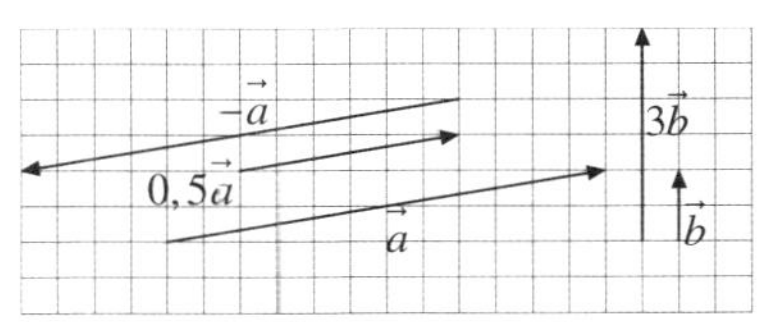


**Bemerkungen**

- Der Vektor $k\cdot\vec{a}$ hat die $|k|$-fache Länge von $\vec{a}$ und ist parallel zu $\vec{a}$.
- Der **Gegenvektor** $-\vec{a}$ ist parallel und besitzt die gleiche Länge wie $\vec{a}$, ist jedoch entgegengesetzt gerichtet.

Beispiel: $\vec{a}=\begin{pmatrix}-2\\1\\3\end{pmatrix};\ -\vec{a}=\begin{pmatrix}2\\-1\\-3\end{pmatrix}$

- Ein **Einheitsvektor** ist ein Vektor, dessen **Länge 1** ist. Teilt man einen gegebenen Vektor durch seine Länge (Betrag), erhält man den zugehörigen Einheitsvektor.

Beispiel: $\vec{a}=\begin{pmatrix}3\\0\\-4\end{pmatrix}$ hat die Länge $|\vec{a}|=5$; Einheitsvektor: $\overrightarrow{a_0}=\frac{1}{|\vec{a}|}\cdot\vec{a}=\frac{1}{5}\cdot\begin{pmatrix}3\\0\\-4\end{pmatrix}=\begin{pmatrix}0,6\\0\\-0,8\end{pmatrix}$



http://frv.tv/2j

## 4. Linearkombination von Vektoren

$\boldsymbol{k \cdot \vec{a} + l \cdot \vec{b}}$ (mit $k, l \in \mathbb{R}$)

ist eine Summe von Vielfachen von Vektoren. Man bildet auf diese Art „neue“ Vektoren.

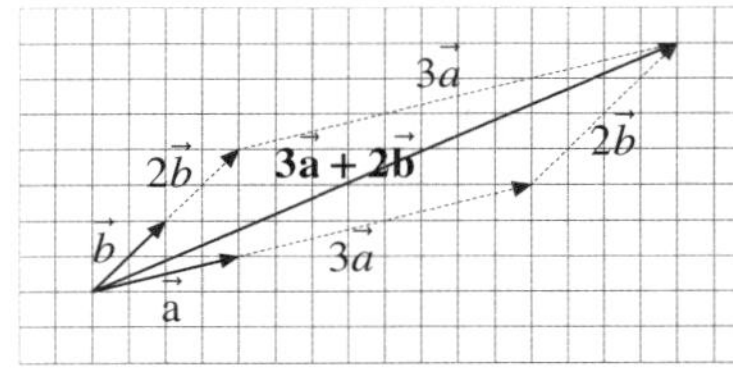


## 5. Lineare Abhängigkeit und Unabhängigkeit

### 2 Vektoren im $\mathbb{R}^2$

**$\vec{a}$ und $\vec{b}$ sind linear abhängig**

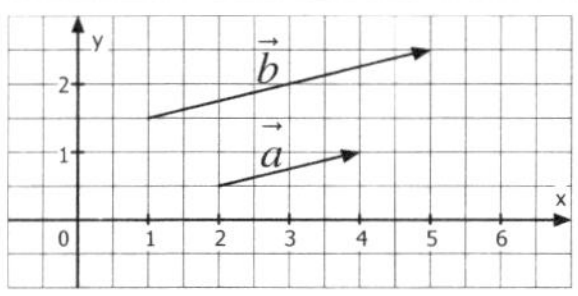


Beispiel: $\begin{pmatrix} 4 \\ 1 \end{pmatrix} = 2 \cdot \begin{pmatrix} 2 \\ 0,5 \end{pmatrix}$

Es gilt: $\boldsymbol{\vec{b} = k \cdot \vec{a}}$ (mit $k \in \mathbb{R}$)

Der Vektor $\vec{b}$ ist ein (skalares) **Vielfaches** des Vektors $\vec{a}$. $\vec{a}$ und $\vec{b}$ sind **parallel**.

**$\vec{a}$ und $\vec{b}$ sind linear unabhängig**

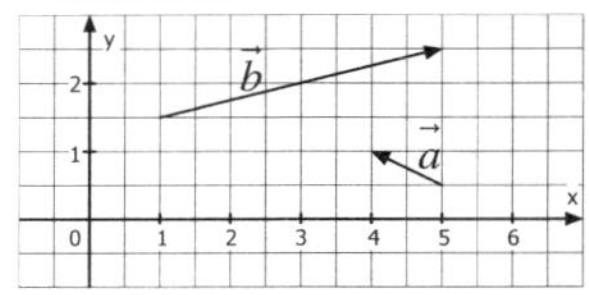


Beispiel: $\begin{pmatrix} 4 \\ 1 \end{pmatrix} \neq k \cdot \begin{pmatrix} -1 \\ 0,5 \end{pmatrix}$

Es gilt: $\boldsymbol{\vec{b} \neq k \cdot \vec{a}}$ (mit $k \in \mathbb{R}$)

$\vec{a}$ und $\vec{b}$ sind **nicht parallel**.

### 3 Vektoren im $\mathbb{R}^3$

**$\vec{a}$, $\vec{b}$ und $\vec{c}$ sind linear abhängig**

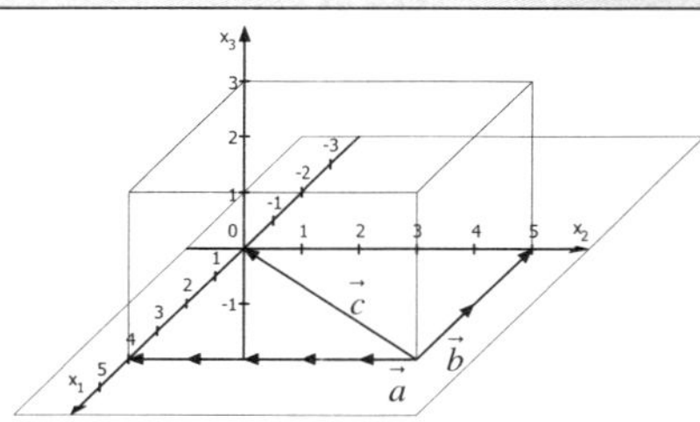


Beispiel: $\vec{c} = 5\vec{a} + 2\vec{b}$

Es gilt: $\vec{c} = k \cdot \vec{a} + l \cdot \vec{b}$ (mit $k, l \in \mathbb{R}$)

Der Vektor $\vec{c}$ lässt sich als **Linear-kombination** aus $\vec{a}$ und $\vec{b}$ darstellen.

$\vec{a}$, $\vec{b}$ und $\vec{c}$ **liegen in einer Ebene**.

**$\vec{a}$, $\vec{b}$ und $\vec{c}$ sind linear unabhängig**

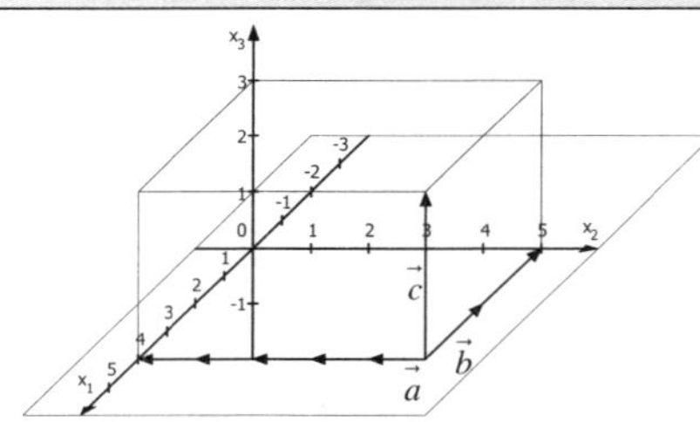


**Kein** Vektor lässt sich als **Linear-kombination** aus den beiden anderen Vektoren darstellen.

$\vec{a}$, $\vec{b}$ und $\vec{c}$ **spannen einen Raum auf**.

**Bedeutung der linearen Unabhängigkeit**

- Durch eine Linearkombination aus 3 linear unabhängigen Vektoren kann jeder beliebige Vektor im $\mathbb{R}^3$ dargestellt werden.
- 2 linear unabhängige Vektoren spannen im $\mathbb{R}^3$ eine Ebene auf.



http://frv.tv/2k

## 6. Skalarprodukt (Vektor · Vektor)

Das Skalarprodukt zweier Vektoren **ergibt eine reelle Zahl**.

$$\begin{pmatrix} a_1 \\ a_2 \\ a_3 \end{pmatrix} \cdot \begin{pmatrix} b_1 \\ b_2 \\ b_3 \end{pmatrix} = a_1 \cdot b_1 + a_2 \cdot b_2 + a_3 \cdot b_3 \qquad \text{Beispiel: } \begin{pmatrix} 2 \\ 0 \\ -1 \end{pmatrix} \cdot \begin{pmatrix} 4 \\ -2 \\ 3 \end{pmatrix} = 2 \cdot 4 + 0 \cdot (-2) + (-1) \cdot 3 = 5$$

Das Skalarprodukt wird vor allem dazu verwendet, um zu untersuchen, ob zwei Vektoren **senkrecht (orthogonal)** aufeinander stehen. In diesem Fall ergibt ihr **Skalarprodukt 0**.

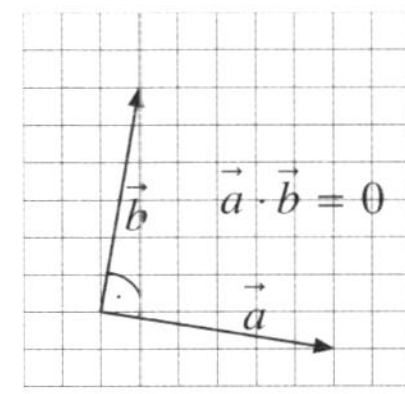


Beispiel: $\vec{a} \cdot \vec{b} = \begin{pmatrix} 1 \\ 1 \\ -4 \end{pmatrix} \cdot \begin{pmatrix} -1 \\ 9 \\ 2 \end{pmatrix} = 1 \cdot (-1) + 1 \cdot 9 + (-4) \cdot 2 = 0$

Somit stehen $\vec{a}$ und $\vec{b}$ senkrecht aufeinander.

## 7. Vektorprodukt bzw. Kreuzprodukt (Vektor × Vektor)

**Hinweis:** Das Vektorprodukt steht nicht verpflichtend im Bildungsplan. Es kann jedoch oft eingesetzt werden und erspart dann erheblich Rechenaufwand.

Das Vektorprodukt zweier Vektoren **ergibt einen Vektor**, der auf **beiden Vektoren senkrecht** steht.

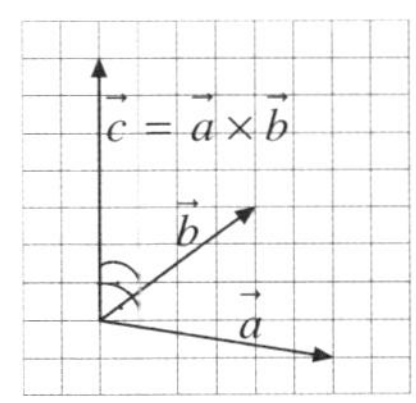


(Hilfsschema)

$$\vec{c} = \vec{a} \times \vec{b} = \begin{pmatrix} a_1 \\ a_2 \\ a_3 \end{pmatrix} \times \begin{pmatrix} b_1 \\ b_2 \\ b_3 \end{pmatrix} = \begin{pmatrix} a_2 \cdot b_3 - a_3 \cdot b_2 \\ a_3 \cdot b_1 - a_1 \cdot b_3 \\ a_1 \cdot b_2 - a_2 \cdot b_1 \end{pmatrix} \qquad \begin{pmatrix} \not{a_1} & \not{b_1} \\ a_2 & b_2 \\ a_3 & b_3 \\ a_1 & b_1 \\ a_2 & b_2 \\ \not{a_3} & \not{b_3} \end{pmatrix}$$

Beispiel:

$$\vec{c} = \begin{pmatrix} 2 \\ -1 \\ 3 \end{pmatrix} \times \begin{pmatrix} -3 \\ 2 \\ 0 \end{pmatrix} = \begin{pmatrix} (-1) \cdot 0 & - 3 \cdot 2 \\ 3 \cdot (-3) & - 2 \cdot 0 \\ 2 \cdot 2 & - (-1) \cdot (-3) \end{pmatrix} = \begin{pmatrix} -6 \\ -9 \\ 1 \end{pmatrix} \qquad \begin{pmatrix} \not{2} & \not{-3} \\ -1 & 2 \\ 3 & 0 \\ 2 & -3 \\ -1 & 2 \\ \not{3} & \not{0} \end{pmatrix}$$

**Anwendungen des Vektorproduktes**

Berechnung des Flächeninhaltes des durch die Vektoren $\vec{a}$ und $\vec{b}$ aufgespannten

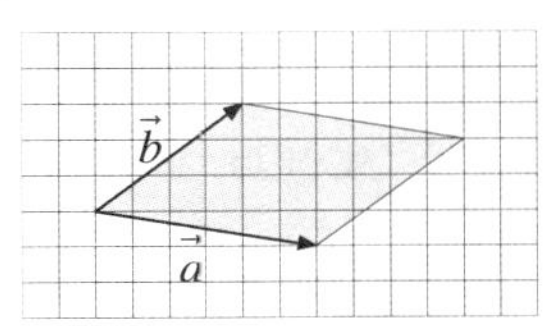


- **Parallelogramms:** $\mathbf{A} = |\vec{a} \times \vec{b}|$
- **Dreiecks:** $\mathbf{A} = \frac{1}{2} |\vec{a} \times \vec{b}|$

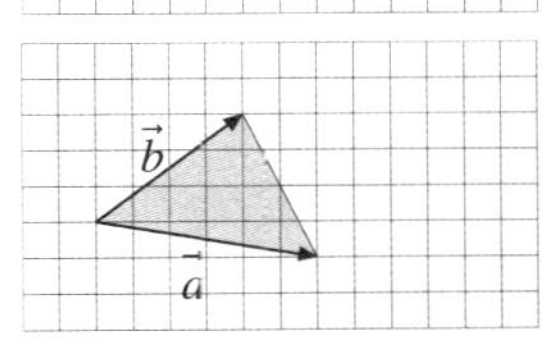




http://frv.tv/21

# 2. Geraden

## 2.1 Geradengleichungen in Parameterform

**Die Punkt-Richtungs-Form:**

$g:\ \vec{x} = \vec{p} + r \cdot \vec{u}$ (mit $r \in \mathbb{R}$)

- $\vec{p}$: Stützvektor (Ortsvektor des Stützpunktes P)
- $\vec{u}$: Richtungsvektor
- $r$: Parameter (mit $r \in \mathbb{R}$)

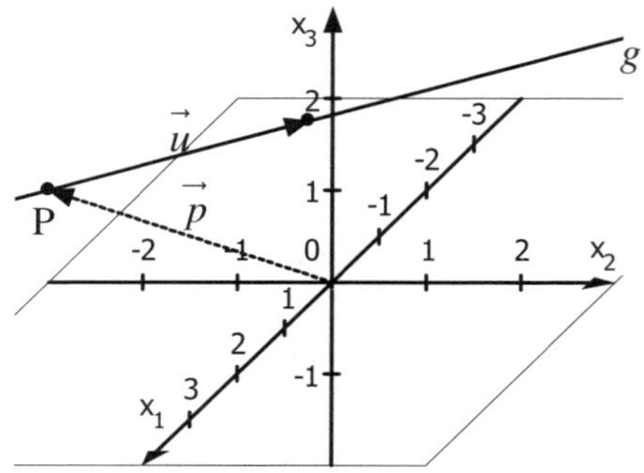


Beispiel: $g:\ \vec{x} = \begin{pmatrix} 2 \\ -2 \\ 2 \end{pmatrix} + r \cdot \begin{pmatrix} -0,5 \\ 2,5 \\ 0,5 \end{pmatrix}$ (mit $r \in \mathbb{R}$)

**Spezielle Geraden:** z.B. $x_1$-Achse: $\vec{x} = \begin{pmatrix} 0 \\ 0 \\ 0 \end{pmatrix} + r \cdot \begin{pmatrix} 1 \\ 0 \\ 0 \end{pmatrix}$; $x_3$-Achse: $\vec{x} = \begin{pmatrix} 0 \\ 0 \\ 0 \end{pmatrix} + r \cdot \begin{pmatrix} 0 \\ 0 \\ 1 \end{pmatrix}$

### Elementare Aufgabenstellungen

- **Geradenpunkte ermitteln**

Beispiel: Bestimmung eines Punktes auf $g:\ \vec{x} = \begin{pmatrix} 2 \\ -2 \\ 2 \end{pmatrix} + r \cdot \begin{pmatrix} -0,5 \\ 2,5 \\ 0,5 \end{pmatrix}$ (mit $r \in \mathbb{R}$).

Einsetzen eines beliebigen Wertes für $r$ (z.B. $r = 2$):

$\overrightarrow{OD} = \begin{pmatrix} 2 \\ -2 \\ 2 \end{pmatrix} + 2 \cdot \begin{pmatrix} -0,5 \\ 2,5 \\ 0,5 \end{pmatrix} = \begin{pmatrix} 1 \\ 3 \\ 3 \end{pmatrix} \rightarrow D(1|3|3)$.

- **Überprüfen, ob ein Punkt auf einer Geraden liegt (Punktprobe)**

Beispiel: Liegt $Q(0|8|4)$ auf der Geraden $g:\ \vec{x} = \begin{pmatrix} 2 \\ -2 \\ 2 \end{pmatrix} + r \cdot \begin{pmatrix} -0,5 \\ 2,5 \\ 0,5 \end{pmatrix}$ (mit $r \in \mathbb{R}$)?

Der Ortsvektor von Q wird für $\vec{x}$ eingesetzt, man erhält ein LGS.

$$\begin{pmatrix} 0 \\ 8 \\ 4 \end{pmatrix} = \begin{pmatrix} 2 \\ -2 \\ 2 \end{pmatrix} + r \cdot \begin{pmatrix} -0,5 \\ 2,5 \\ 0,5 \end{pmatrix} \Leftrightarrow \begin{array}{l} 0 = 2 - 0,5r \Leftrightarrow r = 4 \\ 8 = -2 + 2,5r \Leftrightarrow r = 4 \\ 4 = 2 + 0,5r \Leftrightarrow r = 4 \end{array}$$

LGS ist eindeutig lösbar, somit liegt Q auf der Geraden.
(Bei verschiedenen Ergebnissen für $r$ (Widerspruch) liegt der Punkt nicht auf der Geraden.)

**• Aufstellen einer Geradengleichung aus zwei Punkten**

**Zwei-Punkte-Form:**

$g: \vec{x} = \overrightarrow{OA} + r \cdot \overrightarrow{AB}$ (mit $r \in \mathbb{R}$)

- $\overrightarrow{OA} = \vec{a}$, der Ortsvektor des Punktes A, wird als Stützvektor verwendet
- $\overrightarrow{AB} = \vec{b} - \vec{a}$, der Verbindungsvektor der Punkte A und B, bildet den Richtungsvektor
- $r$: Parameter (mit $r \in \mathbb{R}$)

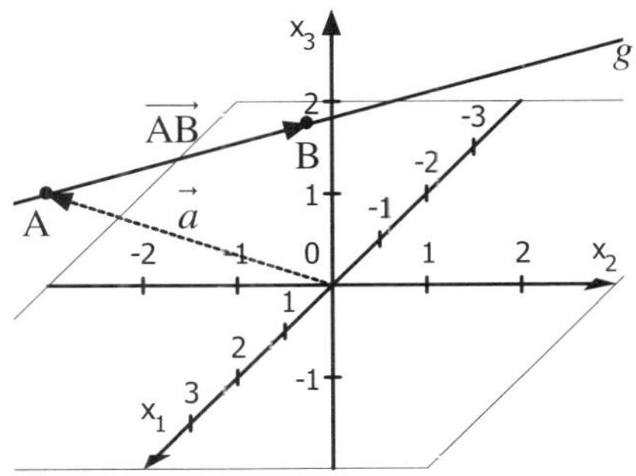


Beispiel: Gerade durch $A(2|-2|2)$ und $B(1{,}5|0{,}5|2{,}5)$.

$$g: \vec{x} = \begin{pmatrix} 2 \\ -2 \\ 2 \end{pmatrix} + r \cdot \begin{pmatrix} 1{,}5-2 \\ 0{,}5-(-2) \\ 2{,}5-2 \end{pmatrix} \Leftrightarrow g: \vec{x} = \begin{pmatrix} 2 \\ -2 \\ 2 \end{pmatrix} + r \cdot \begin{pmatrix} -0{,}5 \\ 2{,}5 \\ 0{,}5 \end{pmatrix} \quad \text{(mit } r \in \mathbb{R}\text{)}$$

**Hinweis:** Die Gleichung einer Geraden ist nicht eindeutig. Durch „Vertauschen" der Punkte erhält man eine „zahlenmäßig andere" Gleichung (derselben Geraden):

$$g: \vec{x} = \begin{pmatrix} 1{,}5 \\ 0{,}5 \\ 2{,}5 \end{pmatrix} + r \cdot \begin{pmatrix} 0{,}5 \\ -2{,}5 \\ -0{,}5 \end{pmatrix} \quad \text{(mit } r \in \mathbb{R}\text{)}$$

**• Spurpunkte ermitteln (Schnittpunkte einer Geraden mit den Koordinatenebenen)**

Beispiel: Berechnen des Schnittpunktes von $g: \vec{x} = \begin{pmatrix} 3 \\ -2 \\ 0 \end{pmatrix} + r \cdot \begin{pmatrix} -3 \\ 4 \\ 3 \end{pmatrix}$ mit der $x_2x_3$-Ebene.

Da der gesuchte Schnittpunkt in der $x_2x_3$-Ebene liegt, hat seine $x_1$-Koordinate den Wert 0 $S_{x_2x_3}(0|...|...)$.
Dies wird in die Geradengleichung für $x_1$ eingesetzt: $0 = 3 - 3r \rightarrow r = 1$.
Nun wird $r = 1$ eingesetzt:

$$\vec{x} = \begin{pmatrix} 3 \\ -2 \\ 0 \end{pmatrix} + 1 \cdot \begin{pmatrix} -3 \\ 4 \\ 3 \end{pmatrix} = \begin{pmatrix} 0 \\ 2 \\ 3 \end{pmatrix} \Rightarrow S_{23}(0|2|3)$$

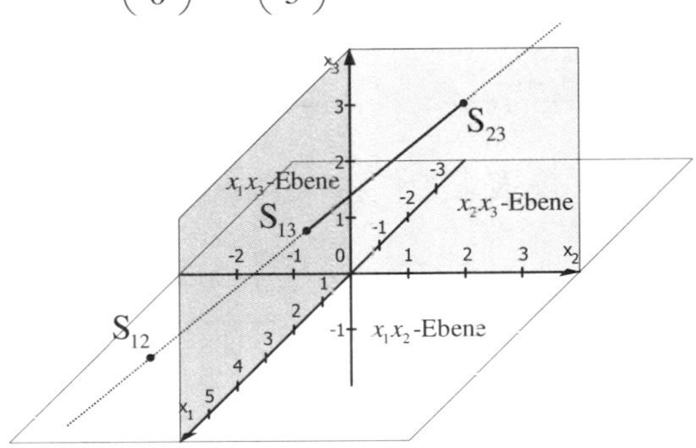


**Beachten Sie**: Für den Schnittpunkt mit der $\left\{\begin{matrix} \mathbf{x_1x_2\text{-Ebene}} \\ \mathbf{x_1x_3\text{-Ebene}} \\ \mathbf{x_2x_3\text{-Ebene}} \end{matrix}\right\}$ wird $\left\{\begin{matrix} \mathbf{x_3 = 0} \\ \mathbf{x_2 = 0} \\ \mathbf{x_1 = 0} \end{matrix}\right\}$ gesetzt.

## 2.2 Gegenseitige Lage von Geraden

**Beispiel 1**

$$g: \vec{x} = \begin{pmatrix} 1 \\ -5 \\ 5 \end{pmatrix} + r \cdot \begin{pmatrix} 2 \\ 1 \\ 1 \end{pmatrix} \text{ und } h: \vec{x} = \begin{pmatrix} 3 \\ 1 \\ 9 \end{pmatrix} + s \cdot \begin{pmatrix} 1 \\ 3 \\ 2 \end{pmatrix}$$

**Beispiel 2**

$$g: \vec{x} = \begin{pmatrix} 1 \\ 2 \\ 0 \end{pmatrix} + r \cdot \begin{pmatrix} 1 \\ 2 \\ 1 \end{pmatrix} \text{ und } h: \vec{x} = \begin{pmatrix} 2 \\ 2 \\ 2 \end{pmatrix} + s \cdot \begin{pmatrix} 4 \\ 8 \\ 4 \end{pmatrix}$$

**Vorgehen**

**Schritt 1:** Gleichsetzen.

Beispiel 1:

$$\begin{pmatrix} 1 \\ -5 \\ 5 \end{pmatrix} + r \cdot \begin{pmatrix} 2 \\ 1 \\ 1 \end{pmatrix} = \begin{pmatrix} 3 \\ 1 \\ 9 \end{pmatrix} + s \cdot \begin{pmatrix} 1 \\ 3 \\ 2 \end{pmatrix}$$

Beispiel 2:

$$\begin{pmatrix} 1 \\ 2 \\ 0 \end{pmatrix} + r \cdot \begin{pmatrix} 1 \\ 2 \\ 1 \end{pmatrix} = \begin{pmatrix} 2 \\ 2 \\ 2 \end{pmatrix} + s \cdot \begin{pmatrix} 4 \\ 8 \\ 4 \end{pmatrix}$$

**Schritt 2:** LGS in $r$ und $s$ ordnen.

Beispiel 1:

$$\begin{array}{l} 1 + 2r = 3 + s \\ -5 + r = 1 + 3s \\ 5 + r = 9 + 2s \end{array} \Leftrightarrow \begin{array}{ll} 2r - s = 2 & (1) \\ r - 3s = 6 & (2) \\ r - 2s = 4 & (3) \end{array}$$

Beispiel 2:

$$\begin{array}{l} 1 + r = 2 + 4s \\ 2 + 2r = 2 + 8s \\ 0 + r = 2 + 4s \end{array} \Leftrightarrow \begin{array}{ll} r - 4s = 1 & (1) \\ 2r - 8s = 0 & (2) \\ r - 4s = 2 & (3) \end{array}$$

**Schritt 3:** LGS aus zwei (beliebig) ausgewählten Gleichungen mit dem Gauß-Verfahren lösen. Mit der Lösung dann eine Probe in der verbliebenen Gleichung durchführen.

Beispiel 1:

LGS aus den Gleichungen (2) und (3):

$$\left(\begin{array}{cc|c} 1 & -3 & 6 \\ 1 & -2 & 4 \end{array}\right) \;\lrcorner -$$

$$\left(\begin{array}{cc|c} 1 & -3 & 6 \\ 0 & -1 & 2 \end{array}\right)$$

Man erhält $\boldsymbol{s = -2}$.

Einsetzen: $r - 3 \cdot (-2) = 6 \Leftrightarrow \boldsymbol{r = 0}$.

Probe in (1): $2 \cdot 0 - (-2) = 2 \Leftrightarrow 2 = 2$

Das LGS hat also eine **eindeutige Lösung**.

Beispiel 2:

LGS aus den Gleichungen (1) und (3):

$$\left(\begin{array}{cc|c} 1 & -4 & 1 \\ 1 & -4 & 2 \end{array}\right) \;\lrcorner -$$

$$\left(\begin{array}{cc|c} 1 & -3 & 6 \\ 0 & 0 & -1 \end{array}\right)$$

$(0 = -1 \quad \text{Widerspruch})$

Das LGS hat also **keine Lösung**.



http://frv.tv/4y

**Schritt 4:** Interpretation anhand der nachfolgenden **Übersicht**.

LGS hat **eindeutige Lösung**.
Geraden **schneiden sich** in einem Punkt.

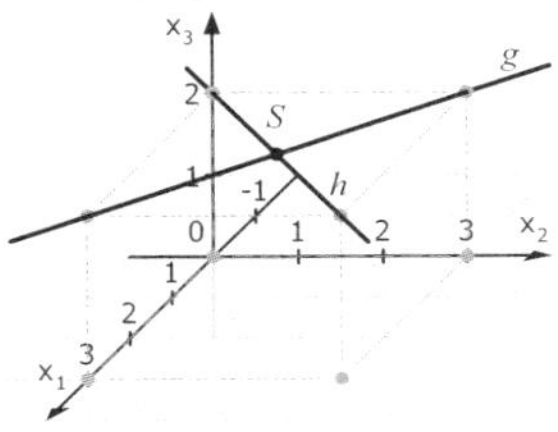


LGS hat **keine Lösung**.

↓

Sind die Richtungsvektoren Vielfache voneinander?

ja

Geraden sind **parallel**.

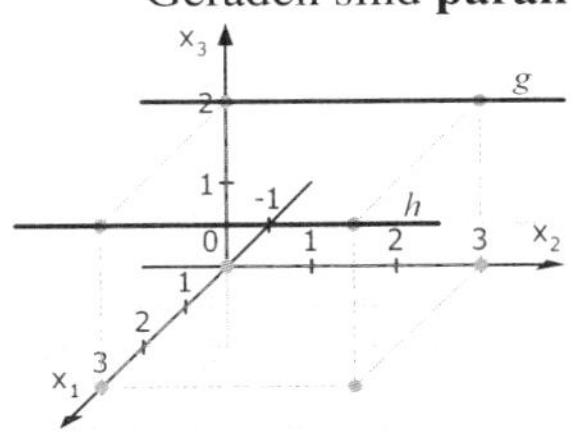


nein

Geraden sind **windschief**.

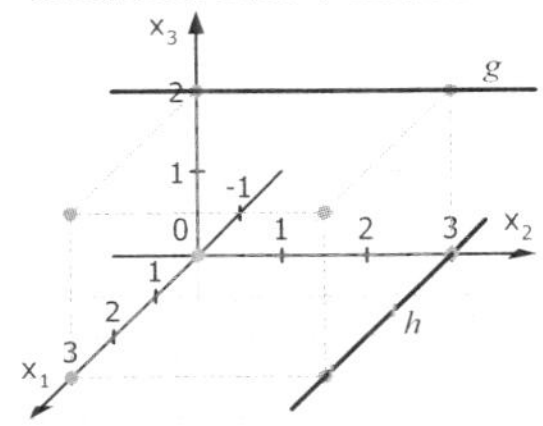


LGS hat **unendlich viele Lösungen**.
Geraden sind **identisch**.

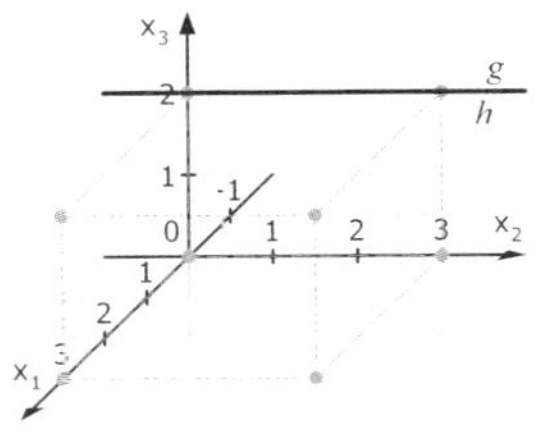


zurück zu Beispiel 1: Die beiden Geraden **schneiden** sich also in einem Punkt.

zurück zu Beispiel 2: Die beiden Geraden sind also **parallel oder windschief**.

**Eventuell Schritt 5:** Ergebnisabhängige weitere Berechnungen.

Berechnung der Koordinaten des **Schnittpunktes** durch Einsetzen von $r = 0$ in $g$ (oder $s = -2$ in $h$):

$$\overrightarrow{OS} = \begin{pmatrix} 1 \\ -5 \\ 5 \end{pmatrix} + 0 \cdot \begin{pmatrix} 2 \\ 1 \\ 1 \end{pmatrix} = \begin{pmatrix} 1 \\ -5 \\ 5 \end{pmatrix} \rightarrow S(1\,|-5\,|\,5)$$

Es gilt: $\begin{pmatrix} 4 \\ 8 \\ 4 \end{pmatrix} = 4 \cdot \begin{pmatrix} 1 \\ 2 \\ 1 \end{pmatrix}$

Die beiden Richtungsvektoren sind (skalare) **Vielfache** voneinander. Somit liegen die Geraden **parallel** zueinander.

**„Abkürzung"**

Wird gleich zu Beginn erkannt, dass die **Richtungsvektoren Vielfache** voneinander sind (Beispiel 2), so sind die Geraden entweder **parallel** oder **identisch**.
Befindet sich der Stützpunkt der einen Geraden auf der anderen Geraden (**Punktprobe** mit Stützvektor), so sind die Geraden identisch. Ansonsten sind sie parallel.

# 3. Ebenen

## 3.1 Ebenengleichungen in Parameterform

**Die Punkt-Richtungs-Form:**

$\mathbf{E:}\ \vec{x} = \vec{p} + r \cdot \vec{u} + s \cdot \vec{v}$ (mit $r, s \in \mathbb{R}$)

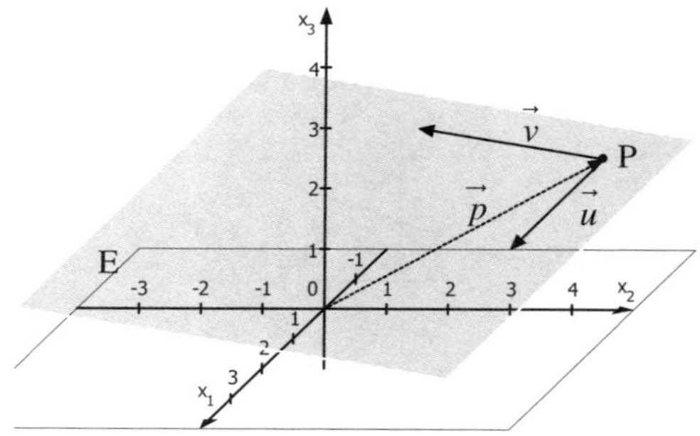


- $\vec{p}$: Stützvektor (Ortsvektor des Stützpunktes P)
- $\vec{u}$, $\vec{v}$: Spannvektoren (keine Vielfachen voneinander)
- $r$, $s$: Parameter (mit $r, s \in \mathbb{R}$)

Beispiel: $\mathrm{E}: \vec{x} = \begin{pmatrix} -3 \\ 3 \\ 1 \end{pmatrix} + \mathrm{r} \cdot \begin{pmatrix} 3 \\ 0 \\ 0 \end{pmatrix} + \mathrm{s} \cdot \begin{pmatrix} 0 \\ -3 \\ 0{,}5 \end{pmatrix}$

**Die Koordinatenebenen in der Parametermeterform**

$x_1x_2$-Ebene: $\vec{x} = \begin{pmatrix} 0 \\ 0 \\ \mathbf{0} \end{pmatrix} + r \cdot \begin{pmatrix} 1 \\ 0 \\ \mathbf{0} \end{pmatrix} + s \cdot \begin{pmatrix} 0 \\ 1 \\ \mathbf{0} \end{pmatrix}$

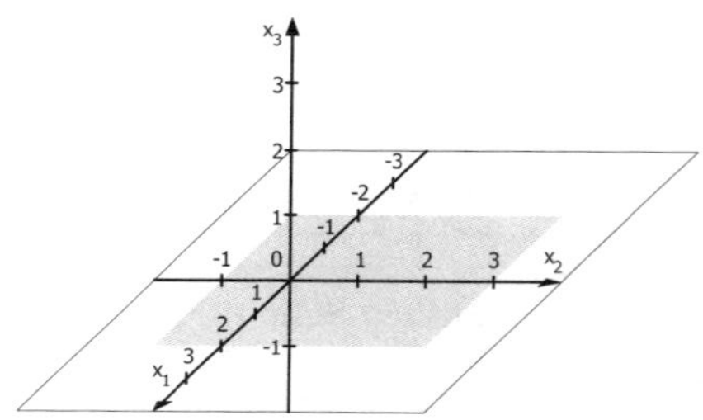

$x_2x_3$-Ebene: $\vec{x} = \begin{pmatrix} \mathbf{0} \\ 0 \\ 0 \end{pmatrix} + r \cdot \begin{pmatrix} \mathbf{0} \\ 1 \\ 0 \end{pmatrix} + s \cdot \begin{pmatrix} \mathbf{0} \\ 0 \\ 1 \end{pmatrix}$

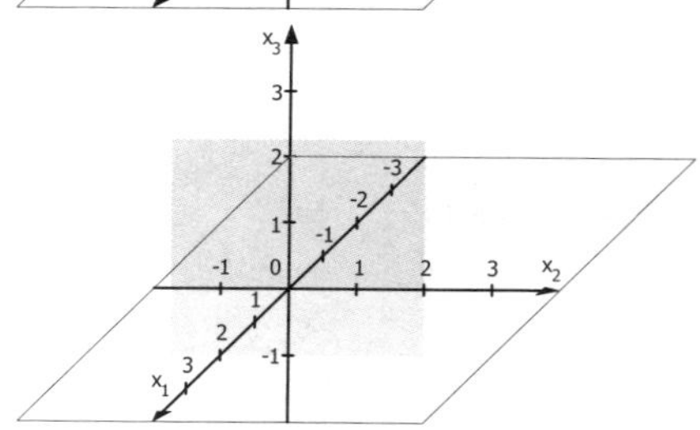

$x_1x_3$-Ebene: $\vec{x} = \begin{pmatrix} 0 \\ \mathbf{0} \\ 0 \end{pmatrix} + r \cdot \begin{pmatrix} 1 \\ \mathbf{0} \\ 0 \end{pmatrix} + s \cdot \begin{pmatrix} 0 \\ \mathbf{0} \\ 1 \end{pmatrix}$

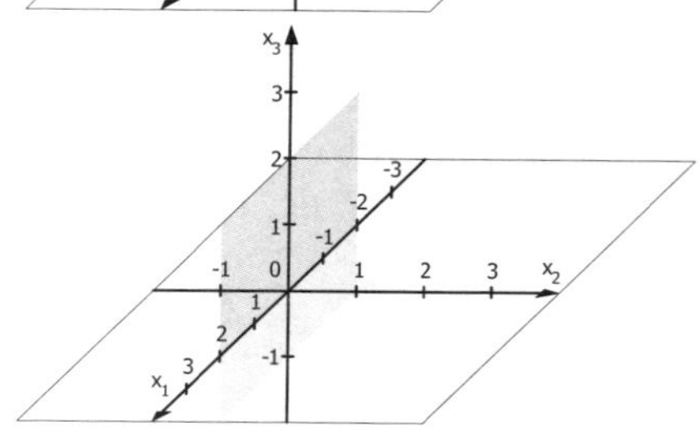



http://frv.tv/2o

## Elementare Aufgabenstellungen in der Parameterform

### • Überprüfen, ob ein Punkt in einer Ebene liegt (Punktprobe)

Beispiel: Liegt $Q(1{,}5 \mid -3 \mid 2)$ in der Ebene

$$E: \vec{x} = \begin{pmatrix} -3 \\ 3 \\ 1 \end{pmatrix} + r \cdot \begin{pmatrix} 3 \\ 0 \\ 0 \end{pmatrix} + s \cdot \begin{pmatrix} 0 \\ -3 \\ 0{,}5 \end{pmatrix} \quad (\text{mit } r, s \in \mathbb{R})?$$

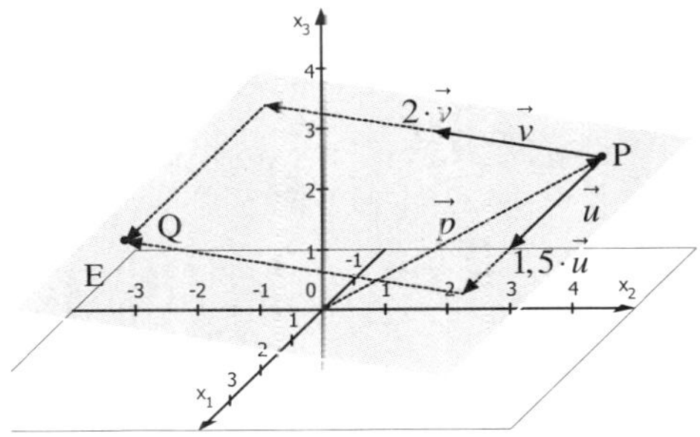


Durch Einsetzen erhält man ein LGS:

$$\begin{pmatrix} 1{,}5 \\ -3 \\ 2 \end{pmatrix} = \begin{pmatrix} -3 \\ 3 \\ 1 \end{pmatrix} + r \cdot \begin{pmatrix} 3 \\ 0 \\ 0 \end{pmatrix} + s \cdot \begin{pmatrix} 0 \\ -3 \\ 0{,}5 \end{pmatrix} \quad \Leftrightarrow$$

$$\begin{array}{lcll} 1{,}5 = -3 + 3r & & r = 1{,}5 & (1) \\ -3 = 3 - 3s & \Leftrightarrow & s = 2 & (2) \\ 2 = 1 + 0{,}5s & & s = 2 & (3) \end{array}$$

Das LGS hat eine Lösung. Somit liegt Q in der Ebene.

### • Ebenengleichung aufstellen aus 3 Punkten

**Zwei-Punkte-Form:**

$$\mathbf{E}: \vec{x} = \overrightarrow{OA} + r \cdot \overrightarrow{AB} + s \cdot \overrightarrow{AC} \quad (\text{mit } r, s \in \mathbb{R})$$

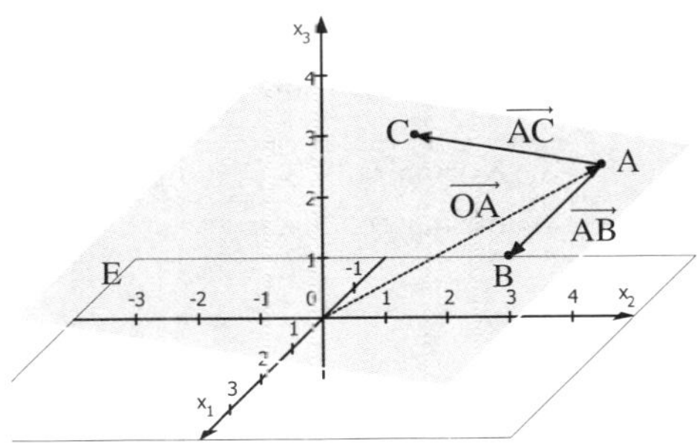


- $\overrightarrow{OA}$, der Ortsvektor des Punktes A, wird als Stützvektor verwendet
- $\overrightarrow{AB}$ und $\overrightarrow{AC}$, die Verbindungsvektoren der Punkte, bilden die Richtungsvektoren.
- $r, s$: Parameter (mit $r, s \in \mathbb{R}$)

Beispiel: Ebene durch $A(0 \mid 1 \mid 2)$, $B(3 \mid 2 \mid 2)$ und $C(-1 \mid 1 \mid 0)$.

$$E: \vec{x} = \begin{pmatrix} 0 \\ 1 \\ 2 \end{pmatrix} + r \cdot \begin{pmatrix} 3-0 \\ 2-1 \\ 2-2 \end{pmatrix} + s \cdot \begin{pmatrix} -1-0 \\ 1-1 \\ 0-2 \end{pmatrix} \Leftrightarrow E: \vec{x} = \begin{pmatrix} 0 \\ 1 \\ 2 \end{pmatrix} + r \cdot \begin{pmatrix} 3 \\ 1 \\ 0 \end{pmatrix} + s \cdot \begin{pmatrix} -1 \\ 0 \\ -2 \end{pmatrix} \quad (\text{mit } r, s \in R)$$

**Parameterform**, geeignet für:
**Aufstellen aus 3 Punkten**

## 3.2 Ebenengleichungen in Normalenform

$\mathbf{E:} \left(\vec{x}-\vec{p}\right)\cdot\vec{n}=\mathbf{0}$

- $\vec{p}$: Stützvektor (Ortsvektor des Ebenenpunktes P)
- $\vec{n}$: Normalenvektor (steht senkrecht auf der Ebene)

Beispiel: $\text{E}: \left(\vec{x}-\begin{pmatrix}-3\\3\\1\end{pmatrix}\right)\cdot\begin{pmatrix}0\\0,5\\3\end{pmatrix}=0$

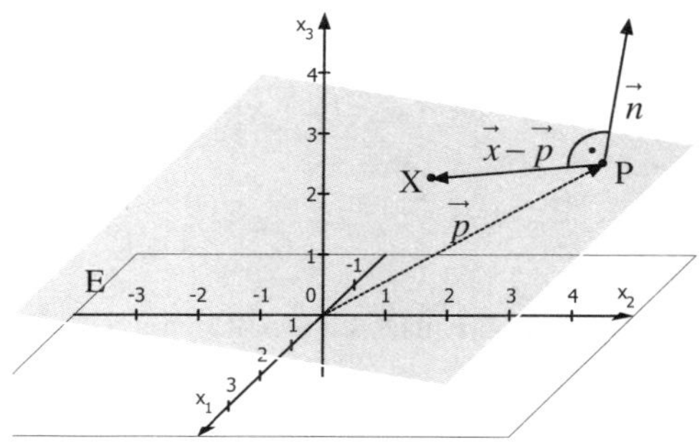


**Hinweise**

- Der Vektor $\overrightarrow{PX}=\vec{x}-\vec{p}$, der ausgehend von P zu einem allgemeinen Ebenenpunkt X zeigt, steht senkrecht auf $\vec{n}$. Deshalb ergibt das Skalarprodukt in der Normalengleichung 0.
- Machen Sie sich klar, dass eine Ebene schon eindeutig festgelegt ist, wenn man nur **einen** Ebenenpunkt und **einen** Vektor kennt, der senkrecht auf der Ebene steht.

**Normalenform**, geeignet für:
**Aufstellen aus senkrechtem Vektor + Punkt**

**Beispiele und Lage im Koordinatensystem**

| 1. „Normalfall“: 3 Schnittpunkte mit den Koordinatenachsen | 2. Parallel zu einer Achse ($x_3$-Achse) |
|---|---|
| 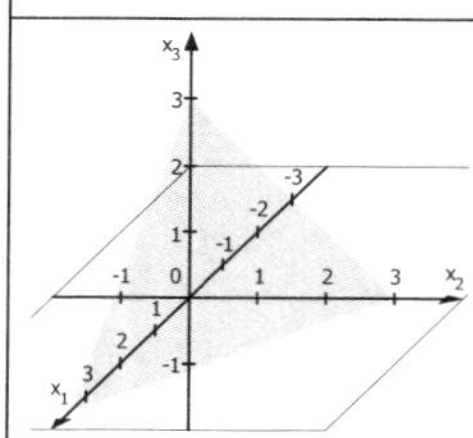 $\text{E}: \left(\vec{x}-\vec{p}\right)\cdot\begin{pmatrix}n_1\\n_2\\n_3\end{pmatrix}=0$ | 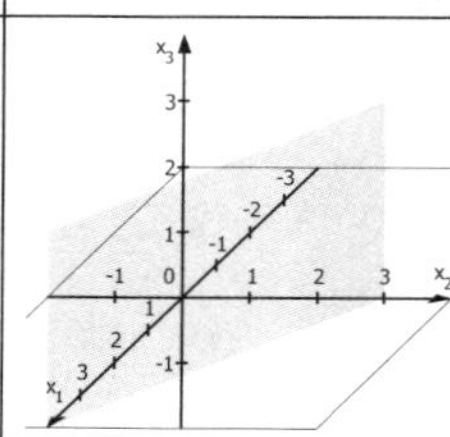 $\text{E}: \left(\vec{x}-\vec{p}\right)\cdot\begin{pmatrix}n_1\\n_2\\\mathbf{0}\end{pmatrix}=0$ |
| 3. Parallel zu 2 Achsen ($x_2$ und $x_3$-Achse) bzw. einer Koordinatenebene ($x_2x_3$-Ebene) | 4. Ebene liegt in einer Koordinatenebene ($x_2x_3$-Ebene) |
| 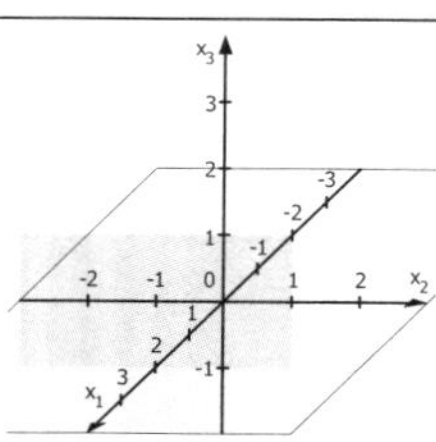 $\text{E}: \left(\vec{x}-\vec{p}\right)\cdot\begin{pmatrix}n_1\\\mathbf{0}\\\mathbf{0}\end{pmatrix}=0$ | 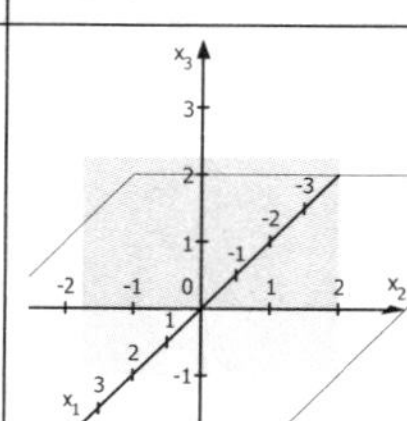 $\text{E}: \left(\vec{x}-\begin{pmatrix}\mathbf{0}\\\mathbf{0}\\\mathbf{0}\end{pmatrix}\right)\cdot\begin{pmatrix}n_1\\\mathbf{0}\\\mathbf{0}\end{pmatrix}=0$ |

## Elementare Aufgabenstellungen in der Normalenform

### • Überprüfen, ob ein Punkt in einer Ebene liegt (Punktprobe)

Beispiel: Liegt $Q(1|3|1)$ in der Ebene $E: \left(\vec{x} - \begin{pmatrix} -3 \\ 3 \\ 1 \end{pmatrix}\right) \cdot \begin{pmatrix} 0 \\ 0{,}5 \\ 3 \end{pmatrix} = 0$?

Einsetzen und Ausmultiplizieren führt auf eine Gleichung:

$$\left(\begin{pmatrix} 1 \\ 3 \\ 1 \end{pmatrix} - \begin{pmatrix} -3 \\ 3 \\ 1 \end{pmatrix}\right) \cdot \begin{pmatrix} 0 \\ 0{,}5 \\ 3 \end{pmatrix} = 0 \Leftrightarrow \begin{pmatrix} 4 \\ 0 \\ 0 \end{pmatrix} \cdot \begin{pmatrix} 0 \\ 0{,}5 \\ 3 \end{pmatrix} = 0 \Leftrightarrow 4 \cdot 0 + 0 \cdot 0{,}5 + 0 \cdot 3 \Leftrightarrow 0 = 0$$

Man erhält eine wahre Aussage. Somit liegt Q in der Ebene.
(Bei einem Widerspruch liegt Q nicht in der Ebene.)

### • Ebenengleichung aufstellen aus 3 Punkten

Beispiel: Ebene durch $A(0|1|2)$, $B(3|2|2)$ und $C(-1|1|0)$.

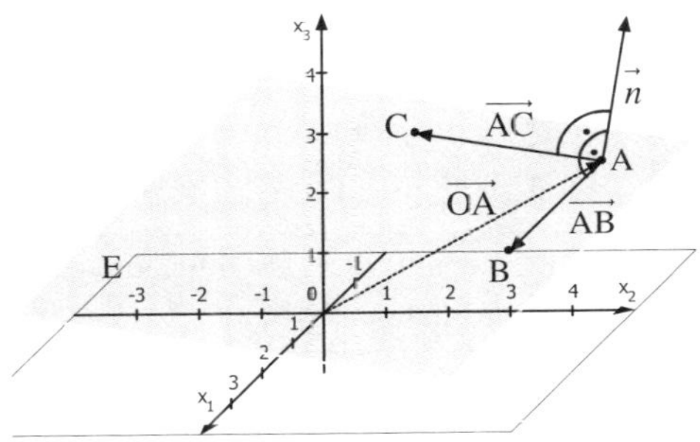


$A(0|1|2)$ wird als Stützpunkt verwendet:

$E: \left(\vec{x} - \begin{pmatrix} 0 \\ 1 \\ 2 \end{pmatrix}\right) \cdot \vec{n} = 0.$

Verbindungsvektoren:

$\overrightarrow{AB} = \begin{pmatrix} 3-0 \\ 2-1 \\ 2-2 \end{pmatrix} = \begin{pmatrix} 3 \\ 1 \\ 0 \end{pmatrix}$; $\overrightarrow{AC} = \begin{pmatrix} -1 \\ 0 \\ -2 \end{pmatrix}$

Der Normalenvektor $\vec{n}$ steht **senkrecht** auf diesen beiden Vektoren und kann deshalb mit dem **Vektorprodukt** errechnet werden:

$$\vec{n} = \overrightarrow{AB} \times \overrightarrow{AC} = \begin{pmatrix} 3 \\ 1 \\ 0 \end{pmatrix} \times \begin{pmatrix} -1 \\ 0 \\ -2 \end{pmatrix} = \begin{pmatrix} 1 \cdot (-2) & -0 \cdot 0 \\ 0 \cdot (-1) & -3 \cdot (-2) \\ 3 \cdot 0 & -1 \cdot (-1) \end{pmatrix} = \begin{pmatrix} -2 \\ 6 \\ 1 \end{pmatrix}$$

$$\begin{pmatrix} \not 3 & \not -1 \\ 1 & 0 \\ 0 & -2 \\ 3 & -1 \\ 1 & 0 \\ \not 0 & \not -2 \end{pmatrix}$$ (Hilfsschema)

Man erhält $E: \left(\vec{x} - \begin{pmatrix} 0 \\ 1 \\ 2 \end{pmatrix}\right) \cdot \begin{pmatrix} -2 \\ 6 \\ 1 \end{pmatrix} = 0$

## 3.3 Ebenengleichungen in Koordinatenform

**E:** $\boldsymbol{ax_1 + bx_2 + cx_3 = d}$

oder

**E:** $\boldsymbol{n_1x_1 + n_2x_2 + n_3x_3 = b}$

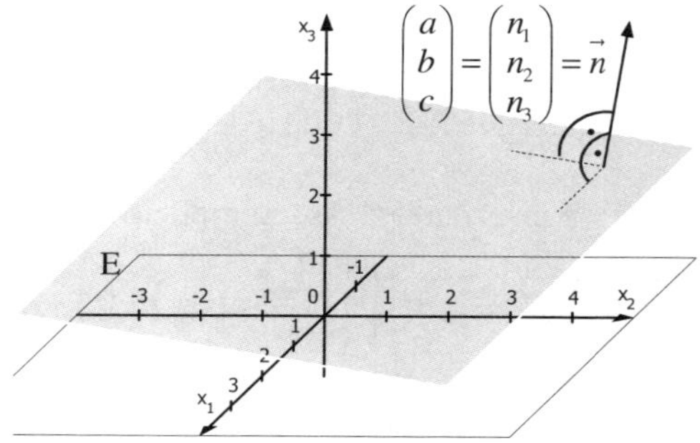


**Beispiel:**

E: $2x_1 - 3x_2 + 4x_3 = -4$

mit Normalenvektor $\vec{n} = \begin{pmatrix} 2 \\ -3 \\ 4 \end{pmatrix}$,

welcher senkrecht auf der Ebene steht.

**Hinweis:** Auch die Koordinatengleichung einer Ebene ist nicht eindeutig. Beispielsweise stellt E: $4x_1 - 6x_2 + 8x_3 = -8$ eine weitere Koordinatengleichung der oberen Ebene E dar, da sie ein Vielfaches (2-faches) ist.

**Beispiele und Lage im Koordinatensystem**

| 1.„Normalfall“: 3 Schnittpunkte mit den Koordinatenachsen | 2. Parallel zu einer Achse ($x_3$-Achse) |
|---|---|
| 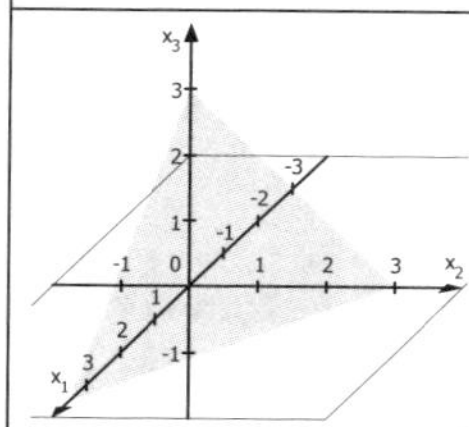 E: $ax_1 + bx_2 + cx_3 = d$ | 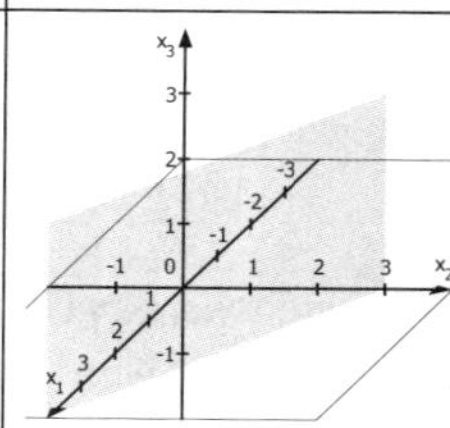 E: $ax_1 + bx_2 = d$ |
| 3. Parallel zu 2 Achsen ($x_2$ und $x_3$-Achse) bzw. einer Koordinatenebene ($x_2x_3$-Ebene) | 4. Ebene liegt in einer Koordinatenebene ($x_2x_3$-Ebene) |
| 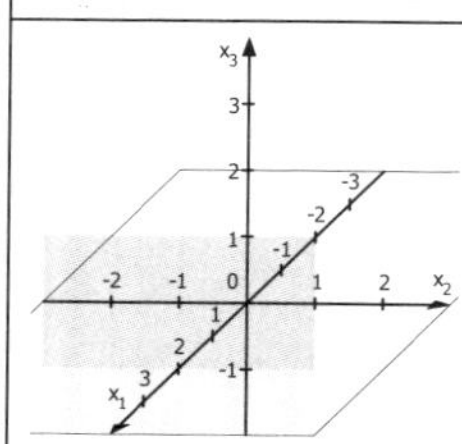 E: $ax_1 = d$ | 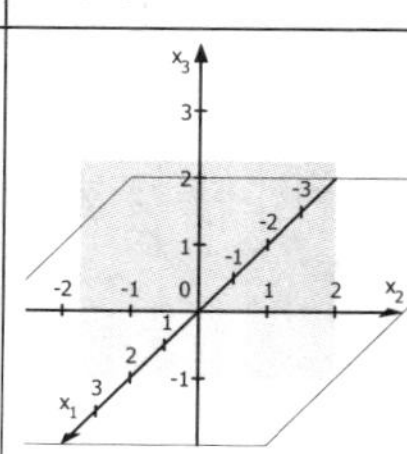 E: $x_1 = 0$ ($x_2x_3$-Ebene)<br>Zusatz:<br>E: $x_3 = 0$ ($x_1x_2$-Ebene)<br>E: $x_2 = 0$ ($x_1x_3$-Ebene) |



http://frv.tv/2q

## Elementare Aufgabenstellungen in der Koordinatenform

- **Überprüfen, ob ein Punkt in einer Ebene liegt (Punktprobe)**

Beispiel: Liegt $Q(2|2|0)$ in der Ebene $E: 2x_1 - 3x_2 + 4x_3 = -4$?

Einsetzen: $2 \cdot 2 - 3 \cdot 2 + 4 \cdot 0 = -4 \Leftrightarrow -2 \neq -4$
Falsche Aussage. Somit liegt Q nicht in der Ebene.

**Koordinatenform,**
geeignet für:
**die meisten Rechnungen**

- **Ebenengleichung aufstellen aus 3 Punkten**

Beispiel: Bestimmen Sie die Koordinatenform der Ebene, in welcher die 3 Punkte $A(0|1|2), B(3|2|2)$ und $C(-1|1|0)$ liegen.

Zunächst Normalenvektor der Ebene bestimmen (siehe Normalenform, S. 111): $\vec{n} = \begin{pmatrix} -2 \\ 6 \\ 1 \end{pmatrix}$

Einträge des Normalenvektors in Koordinatenform übernehmen: $E: -2x_1 + 6x_2 + x_3 = d$;
Z.B. Koordinaten von $A(0|1|2)$ einsetzen: $-2 \cdot 0 + 6 \cdot 1 + 1 \cdot 2 = d \Leftrightarrow 8 = d$
Man erhält $E: -2x_1 + 6x_2 + x_3 = 8$.

## 3.4 Spurpunkte, Spurgeraden und die Lage im Koordinatensystem

Beim Einzeichnen einer Ebene in das Koordinatensystem orientiert man sich an den **Spurpunkten** (Schnittpunkte mit den Koordinatenachsen) und den **Spurgeraden** (Schnittgeraden mit den Koordinatenebenen).

Die Spurpunkte einer Ebene können in der Koordinatenform schnell bestimmt werden.

$\mathbf{E}: \boldsymbol{a x_1 + b x_2 + c x_3 = d}$ hat die Spurpunkte $\mathbf{S_1}\left(\frac{d}{a}\,|\,0\,|\,0\right)$, $\mathbf{S_2}\left(0\,|\,\frac{d}{b}\,|\,0\right)$, $\mathbf{S_3}\left(0\,|\,0\,|\,\frac{d}{c}\right)$

Beispiel: Geben Sie die Spurpunkte der Ebene $E: 4x_1 - 3x_2 + 6x_3 = 12$ an.

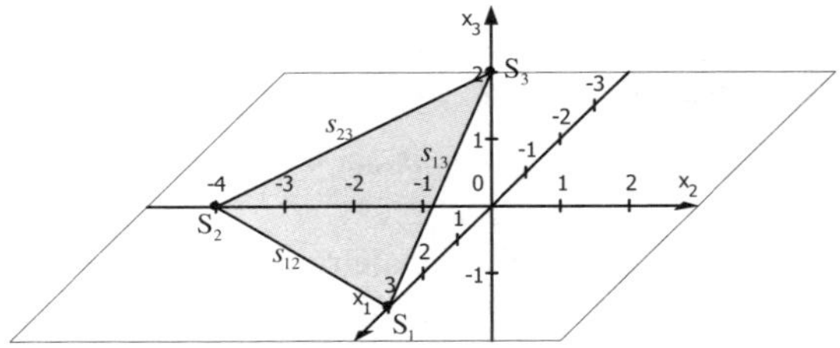


$S_1\left(\frac{12}{4}\,|\,0\,|\,0\right) = S_1(3\,|\,0\,|\,0)$,

$S_2\left(0\,|\,\frac{12}{-3}\,|\,0\right) = S_2(0\,|\,-4\,|\,0)$,

$S_3\left(0\,|\,0\,|\,\frac{12}{6}\right) = S_3(0\,|\,0\,|\,2)$

**Zusatz („Achsenabschnittsform"** einer Ebene, immer mit $\boldsymbol{d = 1}$**)**

Umgekehrt kann aus den Spurpunkten direkt die zugehörige Ebene angegeben werden:

$S_1(3\,|\,0\,|\,0), S_2(0\,|\,-4\,|\,0), S_3(0\,|\,0\,|\,2) \Rightarrow E: \frac{1}{3}x_1 - \frac{1}{4}x_2 + \frac{1}{2}x_3 = \mathbf{1}$

## 3.5 Umwandlungen der Ebenenformen

Ebenenformen werden meist ineinander umgewandelt, um **Rechenaufwand einzusparen**.
Beispielweise ist das Aufstellen einer Ebene in der Parameterform sehr einfach, hingegen sind weitere Rechnungen in dieser Form meist umständlich. Hierfür ist es oftmals sinnvoll, die Parameterform in die Koordinatenform umzuwandeln.

Eine Übersicht, in welcher Situation welche Ebenenform zu empfehlen ist, finden Sie auf S. 118.

**Sinnvolle Umwandlungen**

Parameterform
$\left(E: \vec{x} = \vec{p} + r \cdot \vec{u} - s \cdot \vec{v}\right)$
↓ **(2.)**
Normalenform
**(1.)** $\left(E: \left(\vec{x} - \vec{p}\right) \cdot \vec{n} = 0\right)$ **(4.)**
↓ **(3.)**
Koordinatenform
$\left(E: ax_1 + bx_2 + cx_3 = d\right)$

### 1. Von der Parameterform zur Koordinatenform

Beispiel: $E: \vec{x} = \begin{pmatrix} 0{,}5 \\ 0 \\ 2 \end{pmatrix} + r \cdot \begin{pmatrix} 1 \\ 1 \\ -2 \end{pmatrix} + s \cdot \begin{pmatrix} 0 \\ 1 \\ 2 \end{pmatrix}$ (mit $r, s \in \mathbb{R}$)

**Schritt 1:** Vektorprodukt der beiden Spannvektoren bilden. Man erhält den Normalenvektor.

$$\begin{pmatrix} 1 \\ 1 \\ -2 \end{pmatrix} \times \begin{pmatrix} 0 \\ 1 \\ 2 \end{pmatrix} = \begin{pmatrix} 1 \cdot 2 & -(-2) \cdot 1 \\ (-2) \cdot 0 & -1 \cdot 2 \\ 1 \cdot 1 & -1 \cdot 0 \end{pmatrix} = \begin{pmatrix} 4 \\ -2 \\ 1 \end{pmatrix} = \vec{n}$$

Hilfsschema: $\begin{pmatrix} \not 1 & \not 0 \\ 1 & 1 \\ -2 & 2 \\ 1 & 0 \\ 1 & 1 \\ \not -2 & \not 2 \end{pmatrix}$

**Schritt 2:** Einträge des Normalenvektors übernehmen: E: $n_1x_1 + n_2x_2 + n_3x_3 = b$. Koordinaten des Stützpunktes einsetzen.

$E: 4x_1 - 2x_2 + x_3 = b$; Einsetzen von $P(0{,}5|0|2)$: $E: 4 \cdot 0{,}5 - 2 \cdot 0 + 2 = b \Leftrightarrow 4 = b$
$\Rightarrow E: 4x_1 - 2x_2 + x_3 = 4$



http://frv.tv/2r

## 2. Von der Parameterform zur Normalenform

Beispiel: $E: \vec{x} = \begin{pmatrix} 0,5 \\ 0 \\ 2 \end{pmatrix} + r \cdot \begin{pmatrix} 1 \\ 1 \\ -2 \end{pmatrix} + s \cdot \begin{pmatrix} 0 \\ 1 \\ 2 \end{pmatrix}$ (mit $r, s \in \mathbb{R}$)

| |
|---|
| **Schritt 1 :** Vektorprodukt der beiden Spannvektoren bilden. Man erhält den Normalenvektor. (Alternative: Mit Skalarprodukt wie oben) |
| $\vec{n} = \begin{pmatrix} 4 \\ -2 \\ 1 \end{pmatrix}$ (siehe Vorseite) |
| **Schritt 2 :** Stützvektor $\vec{p}$ aus Parameterform übernehmen. In $E: \left(\vec{x} - \vec{p}\right) \cdot \vec{n} = 0$ einsetzen. |
| $E: \left(\vec{x} - \vec{p}\right) \cdot \vec{n} = 0 \quad \Leftrightarrow \quad E: \left(\vec{x} - \begin{pmatrix} 0,5 \\ 0 \\ 2 \end{pmatrix}\right) \cdot \begin{pmatrix} 4 \\ -2 \\ 1 \end{pmatrix} = 0$ |

## 3. Von der Normalenform zur Koordinatenform

Beispiel: $E: \left(\vec{x} - \begin{pmatrix} 0,5 \\ 0 \\ 2 \end{pmatrix}\right) \cdot \begin{pmatrix} 4 \\ -2 \\ 1 \end{pmatrix} = 0$

| |
|---|
| **Schritt 1:** Ausmultiplizieren. |
| $E: \left(\begin{pmatrix} x_1 \\ x_2 \\ x_3 \end{pmatrix} - \begin{pmatrix} 0,5 \\ 0 \\ 2 \end{pmatrix}\right) \cdot \begin{pmatrix} 4 \\ -2 \\ 1 \end{pmatrix} = 0 \quad \Leftrightarrow \quad \begin{pmatrix} x_1 \\ x_2 \\ x_3 \end{pmatrix} \cdot \begin{pmatrix} 4 \\ -2 \\ 1 \end{pmatrix} - \begin{pmatrix} 0,5 \\ 0 \\ 2 \end{pmatrix} \cdot \begin{pmatrix} 4 \\ -2 \\ 1 \end{pmatrix} = 0$ <br> $\Leftrightarrow \; 4x_1 - 2x_2 + x_3 - \left(0,5 \cdot 4 + 0 \cdot (-2) + 2 \cdot 1\right) = 0 \quad \Leftrightarrow \quad E: 4x_1 - 2x_2 + x_3 = 4$ |

## 4. Von der Koordinatenform zur Parameterform

Beispiel: $E: 4x_1 - 2x_2 + x_3 = 4$

- **Möglichkeit 1** („Einfache Ebenenpunkte“)

**Schritt 1:** Koordinaten von 3 „einfachen“ Ebenenpunkten ermitteln (z.B. Spurpunkte).

$$S_1\left(\frac{4}{4}|0|0\right) = S_1(1|0|0);\quad S_2\left(0|\frac{4}{-2}|0\right) = S_2(0|-2|0);\quad S_3\left(0|0|\frac{4}{1}\right) = S_3(0|0|4)$$

**Schritt 2:** Parameterform aus 3 Punkten aufstellen (S. 109).

$$E: \vec{x} = \begin{pmatrix}1\\0\\0\end{pmatrix} + r\cdot\begin{pmatrix}0-1\\-2-0\\0-0\end{pmatrix} + s\cdot\begin{pmatrix}0-1\\0-0\\4-0\end{pmatrix} \Leftrightarrow E: \vec{x} = \begin{pmatrix}1\\0\\0\end{pmatrix} + r\cdot\begin{pmatrix}-1\\-2\\0\end{pmatrix} + s\cdot\begin{pmatrix}-1\\0\\4\end{pmatrix}$$

- **Möglichkeit 2**

**Schritt 1:** In Koordinatengleichung $x_2 = r$ und $x_3 = s$ setzen. Nach $x$ auflösen.

$$E: 4x_1 - 2x_2 + x_3 = 4 \Leftrightarrow 4x_1 - 2r + s = 4 \Leftrightarrow 4x_1 = 4 + 2r - s \Leftrightarrow x_1 = 1 + 0{,}5r - 0{,}25s$$

**Schritt 2:** $\vec{x}$ als Vektor darstellen. „Aufteilen“.

$$\vec{x} = \begin{pmatrix}x_1\\x_2\\x_3\end{pmatrix} = \begin{pmatrix}1+0{,}5r-0{,}25s\\r\\s\end{pmatrix} = \begin{pmatrix}1+0{,}5r-0{,}25s\\0+1\cdot r+0\cdot s\\0+0\cdot r+1\cdot s\end{pmatrix} \Leftrightarrow E: \vec{x} = \begin{pmatrix}1\\0\\0\end{pmatrix} - r\begin{pmatrix}0{,}5\\1\\0\end{pmatrix} + s\cdot\begin{pmatrix}-0{,}25\\0\\1\end{pmatrix}$$

**Hinweis:** Die beiden Ebenengleichungen, die man durch die beiden Möglichkeiten 1 bzw. 2 erhält, gehören natürlich zur gleichen Ebene.

## Zusatz: In welcher Situation ist welche Ebenenform zu empfehlen?

### 1. Aufstellen einer Ebenengleichung …

**…** besser in **Parameterform**

- Aufstellen aus **3 Punkten**

Vorgehen: E: $\vec{x} = \overrightarrow{OA} + r \cdot \overrightarrow{AB} + s \cdot \overrightarrow{AC}$ (mit $r, s \in \mathbb{R}$)

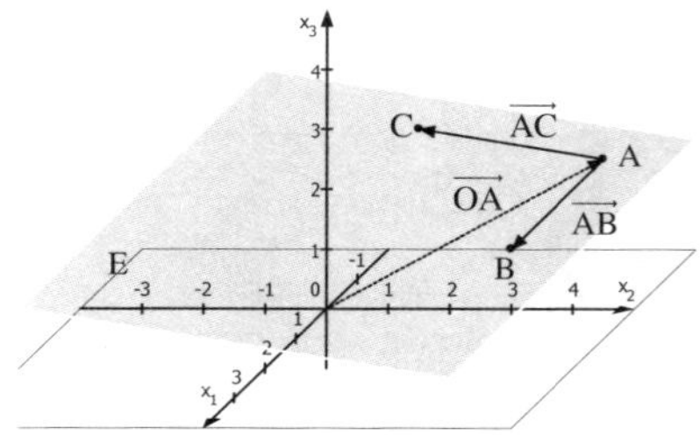


- Aufstellen aus einer Geraden $g$: $\vec{x} = \overrightarrow{OP} + r \cdot \vec{u}$ und ...

... dem **Punkt Q**, welcher **nicht auf der Geraden** liegt.
Vorgehen: E : $\vec{x} = \overrightarrow{OP} + r \cdot \vec{u} + s \cdot \overrightarrow{PQ}$ (mit $r, s \in \mathbb{R}$).

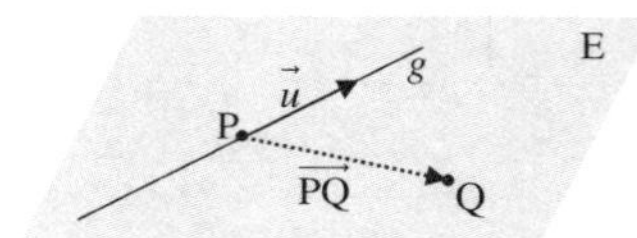


... der **Geraden** $h$ : $\vec{x} = \overrightarrow{OQ} + s \cdot \vec{v}$, welche $g$ **schneidet**.
Vorgehen: E : $\vec{x} = \overrightarrow{OP} + r \cdot \vec{u} + s \cdot \vec{v}$ (mit $r, s \in \mathbb{R}$).

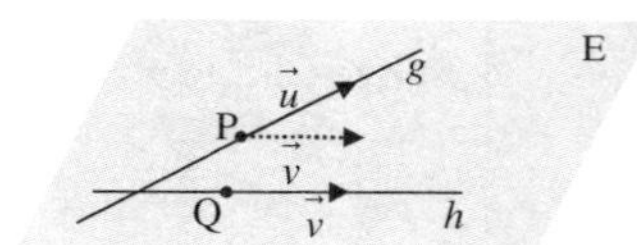


... der **Geraden** $i$ : $\vec{x} = \overrightarrow{OQ} + s \cdot \vec{u}$, welche **parallel** zu $g$ verläuft.
Vorgehen: E : $\vec{x} = \overrightarrow{OP} + r \cdot \vec{u} + s \cdot \overrightarrow{PQ}$ (mit $r, s \in \mathbb{R}$).

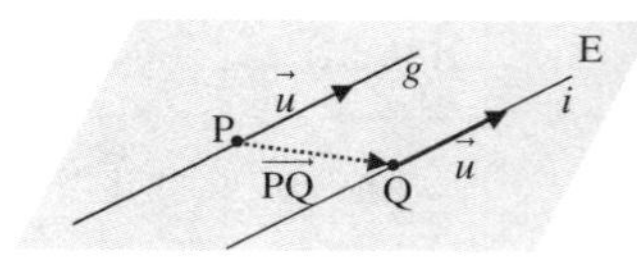

**...** besser in **Normalenform** (bzw. **Koordinatenform**)

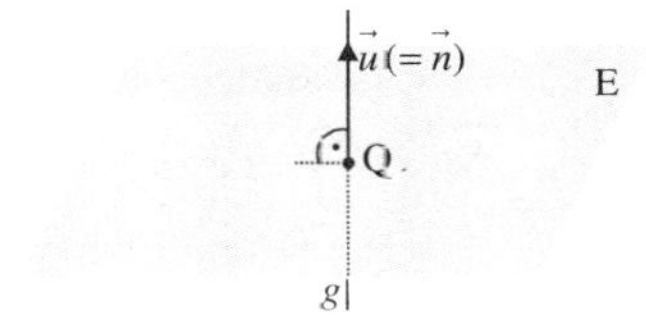


- Aufstellen der Gleichung einer Ebene, die orthogonal (senkrecht) zu einer bekannten Geraden $g: \vec{x} = \overrightarrow{OP} + r \cdot \vec{u}$ und durch einen gegebenen Punkt Q verläuft;
Vorgehen: $E: \left(\vec{x} - \vec{q}\right) \cdot \vec{u} = 0$
($\vec{q}$ als Stützvektor, den Richtungsvektor $\vec{u}$ der Geraden als Normalenvektor verwenden)

## 2. Rechnen mit einer Ebenengleichung

Hier ist stets die **Koordinatenform** der Ebenengleichung zu empfehlen.
Bei vielen Rechnungen lohnt es sich also, eine gegebene Parametergleichung bzw. Normalengleichung in die Koordinatengleichung umzuwandeln.

# 4. Gegenseitige Lage

## 4.1 Ebene-Gerade

Möglichkeiten für die gegenseitige Lage

Gerade und Ebene **schneiden sich** in einem Punkt.

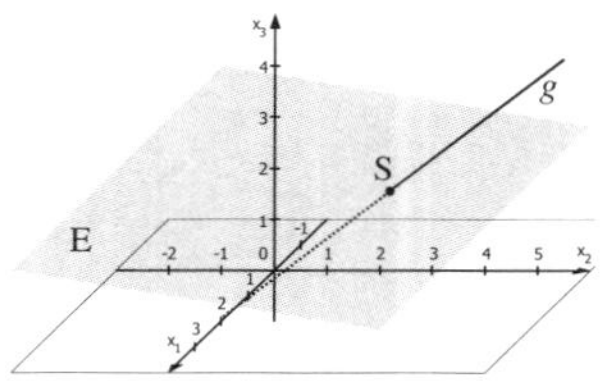


Gerade **liegt in** der Ebene.

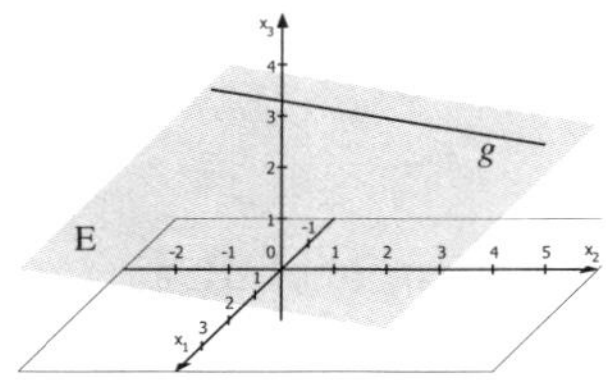


Gerade und Ebene sind **parallel**.

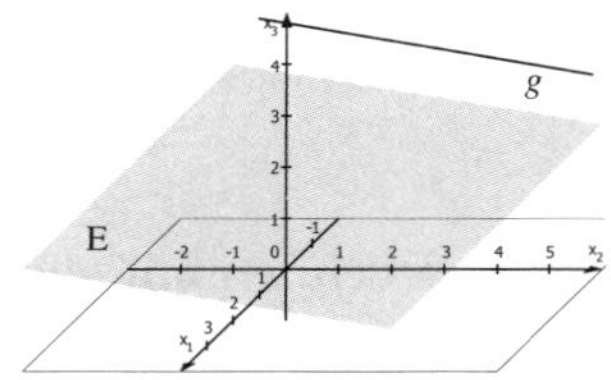


### 1. Fall: Ebenengleichung in **Koordinatenform**

Beispiel: $E: -x_1 + 3x_2 + 2x_3 = -3$ und $g: \vec{x} = \begin{pmatrix} 1 \\ 2 \\ 3 \end{pmatrix} + t \cdot \begin{pmatrix} 0 \\ 1 \\ 2 \end{pmatrix}$

**Schritt 1:** Geradenvektor $\vec{x}$ als Komponenten ($x_1, x_2$ und $x_3$) darstellen („allgemeiner Geradenpunkt“).

$x_1 = 1;\quad x_2 = 2 + t;\quad x_3 = 3 + 2t \quad \rightarrow \quad P_t(1 \mid 2+t \mid 3+2t)$

**Schritt 2:** Einsetzen in die Koordinatengleichung. Auflösen.

$-x_1 + 3x_2 + 2x_3 = -3 \quad \Leftrightarrow \quad -1 + 3 \cdot (2+t) + 2 \cdot (3+2t) = -3 \quad \Leftrightarrow \quad t = -2$

**Schritt 3:** Interpretation anhand der nachfolgenden **Übersicht**.

| | | |
|---|---|---|
| Z.B. $t = -2$ | Z.B. $0 = 0$ (wahre Aussage, $t$ „fällt raus“) | Z.B. $0 = 1$ (falsche Aussage, $t$ „fällt raus“) |
| Gleichung hat **eindeutige Lösung**. | Gleichung hat **unendlich viele Lösungen**. | Gleichung hat **keine Lösung**. |
| Gerade und Ebene **schneiden sich** in einem Punkt S. | Gerade **liegt in** der Ebene. | Gerade und Ebene sind **parallel**. |

**Schritt 4** (bei „schneiden sich“): Schnittpunkt bestimmen durch Einsetzen in Geradengl..

Einsetzen von $t = -2$: $\overrightarrow{OS} = \begin{pmatrix} 1 \\ 2 \\ 3 \end{pmatrix} - 2 \cdot \begin{pmatrix} 0 \\ 1 \\ 2 \end{pmatrix} = \begin{pmatrix} 1 \\ 0 \\ -1 \end{pmatrix} \rightarrow S(1 \mid 0 \mid -1)$

**„Abkürzung“:** Stehen **Normalenvektor** und **Richtungsvektor senkrecht** aufeinander **(Skalarprodukt=0)**, so sind Ebene und Gerade entweder **parallel** oder die Gerade **liegt in** der Ebene. Eine **Punktprobe** klärt auf.



http://frv.tv/5a

## 2. Fall: Ebenengleichung in Parameterform

Beispiel: $E: \vec{x} = \begin{pmatrix} 1 \\ -2 \\ 2 \end{pmatrix} + r \cdot \begin{pmatrix} -1 \\ -3 \\ 0 \end{pmatrix} + s \cdot \begin{pmatrix} 3 \\ 0 \\ -2 \end{pmatrix}$ und $g: \vec{x} = \begin{pmatrix} 2 \\ 7 \\ 1 \end{pmatrix} + t \cdot \begin{pmatrix} 2 \\ 5 \\ -1 \end{pmatrix}$

**Tipp:** Umgehen Sie das nachfolgende Verfahren, indem Sie die Ebenengleichung **in Koordinatenform umwandeln** und dann wie im **1. Fall** vorgehen.

**Schritt 1:** Gleichsetzen.

$$\begin{pmatrix} 1 \\ -2 \\ 2 \end{pmatrix} + r \cdot \begin{pmatrix} -1 \\ -3 \\ 0 \end{pmatrix} + s \cdot \begin{pmatrix} 3 \\ 0 \\ -2 \end{pmatrix} = \begin{pmatrix} 2 \\ 7 \\ 1 \end{pmatrix} + t \cdot \begin{pmatrix} 2 \\ 5 \\ -1 \end{pmatrix}$$

**Schritt 2:** LGS in $r$, $s$ und $t$ ordnen.

$$\begin{array}{l} 1 - r + 3s = 2 + 2t \\ -2 - 3r = 7 + 5t \\ 2 - 2s = 1 - t \end{array} \quad \Leftrightarrow \quad \begin{array}{rl} -r + 3s - 2t = 1 & (1) \\ -3r - 5t = 9 & (2) \\ -2s + t = -1 & (3) \end{array}$$

**Schritt 3:** Durch Gauß-Verfahren umformen.

$$\left(\begin{array}{ccc|c} -1 & 3 & -2 & 1 \\ -3 & 0 & -5 & 9 \\ 0 & -2 & 1 & -1 \end{array}\right) \sim \left(\begin{array}{ccc|c} -1 & 3 & -2 & 1 \\ 0 & 3 & -1/3 & -2 \\ 0 & -2 & 1 & -1 \end{array}\right) \sim \left(\begin{array}{ccc|c} -1 & 3 & -2 & 1 \\ 0 & 3 & -1/3 & -2 \\ 0 & 0 & 7/6 & -7/2 \end{array}\right) \quad \begin{array}{l} \Rightarrow r = 2 \\ \Rightarrow s = -1 \\ \Rightarrow t = -3 \end{array}$$

**Schritt 4:** Interpretation anhand der nachfolgenden **Übersicht**.

| | | |
|---|---|---|
| $\left(\begin{array}{ccc\|c} \bullet & \bullet & \bullet & \bullet \\ 0 & \bullet & \bullet & \bullet \\ \mathbf{0} & \mathbf{0} & \mathbf{\neq 0} & \bullet \end{array}\right)$ | $\left(\begin{array}{ccc\|c} \bullet & \bullet & \bullet & \bullet \\ 0 & \bullet & \bullet & \bullet \\ \mathbf{0} & \mathbf{0} & \mathbf{0} & \mathbf{0} \end{array}\right)$ | $\left(\begin{array}{ccc\|c} \bullet & \bullet & \bullet & \bullet \\ 0 & \bullet & \bullet & \bullet \\ \mathbf{0} & \mathbf{0} & \mathbf{0} & \mathbf{\neq 0} \end{array}\right)$ |
| LGS hat **eindeutige Lösung**. | LGS hat **unendlich viele Lösungen**. | LGS hat **keine Lösung**. |
| Gerade und Ebene **schneiden sich** in einem Punkt S. | Gerade **liegt in** der Ebene. | Gerade und Ebene sind **parallel**. |

E und $g$ schneiden sich also in einem Punkt.

**Schritt 5** (bei „schneiden sich“): Schnittpunkt bestimmen durch Einsetzen in Geradengl..

Einsetzen von $t = -3$: $\overrightarrow{OS} = \begin{pmatrix} 2 \\ 7 \\ 1 \end{pmatrix} - 3 \cdot \begin{pmatrix} 2 \\ 5 \\ -1 \end{pmatrix} = \begin{pmatrix} -4 \\ -8 \\ 4 \end{pmatrix} \rightarrow S(-4 \mid -8 \mid 4)$

## 4.2 Ebene-Ebene

Möglichkeiten für die gegenseitige Lage

| Ebenen **schneiden sich** in einer Schnittgeraden. | Ebenen sind **identisch**. | Ebenen sind **parallel**. |
|---|---|---|

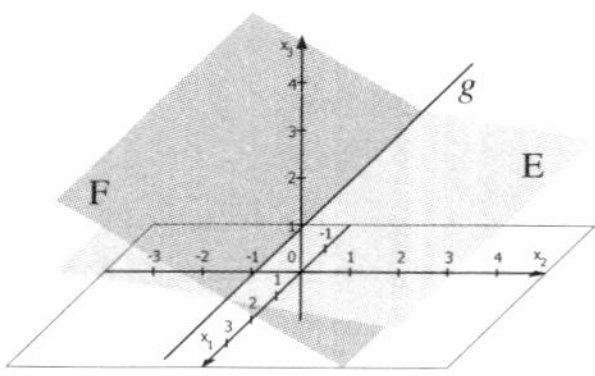


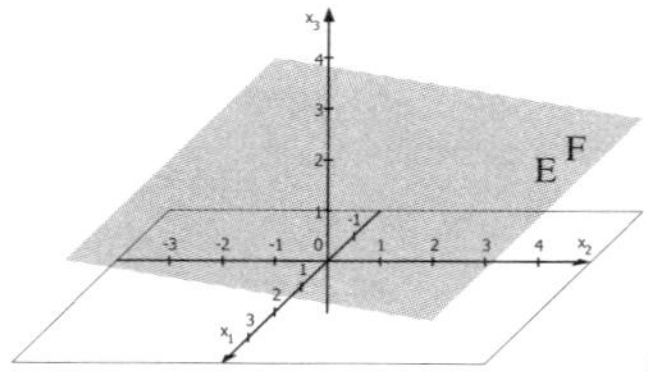


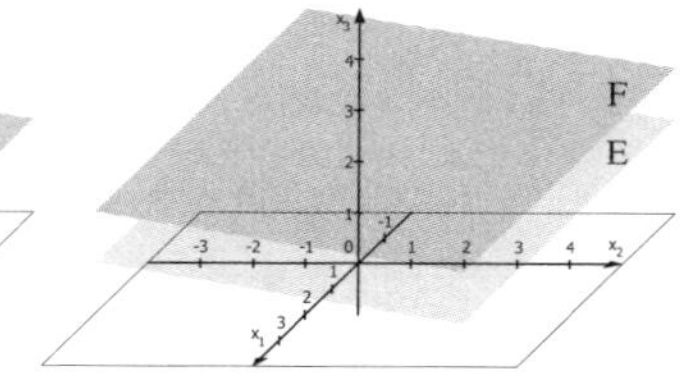


**1. Fall:** Eine Ebenengleichung in **Parameterform**, eine in **Koordinatenform**

Beispiel: $E: \vec{x} = \begin{pmatrix} 15 \\ 0 \\ 3 \end{pmatrix} + r \cdot \begin{pmatrix} 2 \\ 5 \\ 0 \end{pmatrix} + s \cdot \begin{pmatrix} -1 \\ 0 \\ 5 \end{pmatrix}$ und $F: 3x_1 + 4x_2 - 2x_3 = 13$

**Schritt 1:** Ebenenvektor $\vec{x}$ als Komponenten ($x_1, x_2$ und $x_3$) darstellen („allgemeiner Ebenenpunkt").

$x_1 = 15 + 2r - s; \quad x_2 = 5r; \quad x_3 = 3 + 5s \quad \to \quad P(15 + 2r - s \mid 5r \mid 3 + 5s)$

**Schritt 2:** Einsetzen in die Koordinatengleichung. Umformen.

$3x_1 + 4x_2 - 2x_3 = 13 \quad \Leftrightarrow \quad 3 \cdot (15 + 2r - s) + 4 \cdot 5r - 2 \cdot (3 + 5s) = 13 \quad \Leftrightarrow \quad 2r - s = -2$

**Schritt 3:** Interpretation anhand der nachfolgenden **Übersicht**.

| Z.B. $2r - s = -2$ (Gleichung **enthält Parameter**) | Z.B. $0 = 0$ (**wahre** Aussage, Parameter „fallen raus") | Z.B. $0 = 1$ (**falsche** Aussage, Parameter „fallen raus") |
|---|---|---|
| Ebenen **schneiden sich** in einer Geraden. | Ebenen sind **identisch**. | Ebenen sind **parallel**. |

E und F schneiden sich also in einer Geraden.

**Schritt 4** (bei „schneiden sich"): Gleichung der Schnittgeraden bestimmen.

Gleichung nach einem Parameter auflösen: $s = 2r + 2$. Einsetzen in Parametergleichung:

$\vec{x} = \begin{pmatrix} 15 \\ 0 \\ 3 \end{pmatrix} + r \cdot \begin{pmatrix} 2 \\ 5 \\ 0 \end{pmatrix} + (2r + 2) \cdot \begin{pmatrix} -1 \\ 0 \\ 5 \end{pmatrix} \quad \Leftrightarrow \quad g: \vec{x} = \begin{pmatrix} 13 \\ 0 \\ 13 \end{pmatrix} + r \cdot \begin{pmatrix} 0 \\ 5 \\ 10 \end{pmatrix}$ (Schnittgerade)

**„Abkürzung":** Stehen **Normalenvektor** und beide **Spannvektoren senkrecht** aufeinander (**Skalarprodukt=0**), so sind die Ebenen entweder **parallel** oder **identisch**.
Eine **Punktprobe** klärt auf.



http://frv.tv/5b

## **2. Fall:** Beide Ebenengleichungen in **Koordinatenform**

Beispiel: $E: x_1 + 3x_2 + 2x_3 = -5$ und $F: x_1 + 2x_2 + 3x_3 = -2$

**Schritt 1:** Die beiden Ebenengleichungen als LGS auffassen.

$$\begin{aligned} x_1 + 3x_2 + 2x_3 &= -5 \\ x_1 + 2x_2 + 3x_3 &= -2 \end{aligned}$$

**Schritt 2:** Durch Gauß-Verfahren „in Richtung" untere Dreiecksform umformen.

$$\left(\begin{array}{ccc|c} 1 & 3 & 2 & -5 \\ 1 & 2 & 3 & -2 \end{array}\right) \;\lrcorner -$$

$$\left(\begin{array}{ccc|c} 1 & 3 & 2 & -5 \\ 0 & 1 & -1 & -3 \end{array}\right)$$

**Schritt 3:** Interpretation anhand der nachfolgenden **Übersicht**.

(Da nur 2 Gleichungen aber 3 Unbekannte vorliegen, ist LGS niemals eindeutig lösbar.)

| | | |
|---|---|---|
| $\left(\begin{array}{ccc\|c} \bullet & \bullet & \bullet & \bullet \\ \mathbf{0} & \mathbf{\neq 0} & \bullet & \bullet \end{array}\right)$ | $\left(\begin{array}{ccc\|c} \bullet & \bullet & \bullet & \bullet \\ \mathbf{0} & \mathbf{0} & \mathbf{0} & \mathbf{0} \end{array}\right)$ | $\left(\begin{array}{ccc\|c} \bullet & \bullet & \bullet & \bullet \\ \mathbf{0} & \mathbf{0} & \mathbf{0} & \mathbf{\neq 0} \end{array}\right)$ |
| LGS hat **unendlich viele Lösungen, ein** Parameter ist frei wählbar. | LGS hat **unendlich viele Lösungen, zwei** Parameter sind frei wählbar. | LGS hat **keine Lösung**. |
| Ebenen **schneiden sich** in einer Geraden. | Ebenen sind **identisch**. | Ebenen sind **parallel**. |

E und F schneiden sich also in einer Geraden.

**Schritt 4** (bei „schneiden sich"): Gleichung der Schnittgeraden bestimmen.

In Gleichung (2) $x_3 = t$ setzen: $x_2 - x_3 = -3 \;\Leftrightarrow\; x_2 - t = -3 \;\Leftrightarrow\; x_2 = t - 3$;

In Gleichung (1) einsetzen: $x_1 + 3x_2 + 2x_3 = -5 \Leftrightarrow x_1 + 3\cdot(t-3) + 2\cdot t = -5 \Leftrightarrow x_1 = -5t + 4$

In Vektorform notieren und sortieren: $g: \vec{x} = \begin{pmatrix} -5t+4 \\ t-3 \\ t \end{pmatrix} = \begin{pmatrix} 4 \\ -3 \\ 0 \end{pmatrix} + t \cdot \begin{pmatrix} -5 \\ 1 \\ 1 \end{pmatrix}$ (Schnittgerade)

**„Abkürzung":** Sind die beiden **Normalenvektoren Vielfache** voneinander, so sind die Ebenen entweder **parallel** oder **identisch**. Eine **Punktprobe** klärt auf.

**3. Fall:** Beide Ebenengleichungen in **Parameterform**

Beispiel: $E: \vec{x} = \begin{pmatrix} 2 \\ 4 \\ 1 \end{pmatrix} + r \cdot \begin{pmatrix} 1 \\ -2 \\ 3 \end{pmatrix} + s \cdot \begin{pmatrix} 1 \\ -1 \\ 5 \end{pmatrix}$ und $F: \vec{x} = \begin{pmatrix} 3 \\ 5 \\ 12 \end{pmatrix} + t \cdot \begin{pmatrix} 0 \\ -2 \\ -6 \end{pmatrix} + u \cdot \begin{pmatrix} -4 \\ 7 \\ -10 \end{pmatrix}$

**Tipp:** Umgehen Sie das nachfolgende Verfahren unbedingt, indem Sie eine der beiden Ebenengleichungen **in Koordinatenform umwandeln** und dann wie im **1. Fall** vorgehen.

**Schritt 1:** Gleichsetzen.

$$\begin{pmatrix} 2 \\ 4 \\ 1 \end{pmatrix} + r \cdot \begin{pmatrix} 1 \\ -2 \\ 3 \end{pmatrix} + s \cdot \begin{pmatrix} 1 \\ -1 \\ 5 \end{pmatrix} = \begin{pmatrix} 3 \\ 5 \\ 12 \end{pmatrix} + t \cdot \begin{pmatrix} 0 \\ -2 \\ -6 \end{pmatrix} + u \cdot \begin{pmatrix} -4 \\ 7 \\ -10 \end{pmatrix}$$

**Schritt 2:** LGS in *r*, *s*, *t* und *u* ordnen.

$$\begin{array}{lcll} 2 + r + s = 3 \quad -4u & & r + s \quad +4u = 1 & (1) \\ 4 - 2r - s = 5 - 2t + 7u & \Leftrightarrow & -2r - s + 2t - 7u = 1 & (2) \\ 1 + 3r + 5s = 12 - 6t - 10u & & 3r + 5s + 6t + 10u = 11 & (3) \end{array}$$

**Schritt 3:** Durch Gauß-Verfahren „in Richtung" untere Dreiecksform umformen.

$$\left(\begin{array}{cccc|c} 1 & 1 & 0 & 4 & 1 \\ -2 & -1 & 2 & -7 & 1 \\ 3 & 5 & 6 & 10 & 11 \end{array}\right) \sim \left(\begin{array}{cccc|c} 1 & 1 & 0 & 4 & 1 \\ 0 & 1 & 2 & 1 & 3 \\ 0 & -2 & -6 & 2 & -8 \end{array}\right) \sim \left(\begin{array}{cccc|c} 1 & 1 & 0 & 4 & 1 \\ 0 & 1 & 2 & 1 & 3 \\ 0 & 0 & -2 & 4 & -2 \end{array}\right)$$

**Schritt 4:** Interpretation anhand der nachfolgenden **Übersicht**.

(Da nur 3 Gleichungen aber 4 Unbekannte vorliegen, ist LGS niemals eindeutig lösbar.)

| $\left(\begin{array}{cccc\|c} \bullet & \bullet & \bullet & \bullet & \bullet \\ 0 & \bullet & \bullet & \bullet & \bullet \\ \mathbf{0} & \mathbf{0} & \neq\mathbf{0} & \bullet & \bullet \end{array}\right)$ | $\left(\begin{array}{cccc\|c} \bullet & \bullet & \bullet & \bullet & \bullet \\ 0 & \bullet & \bullet & \bullet & \bullet \\ \mathbf{0} & \mathbf{0} & \mathbf{0} & \mathbf{0} & \mathbf{0} \end{array}\right)$ | $\left(\begin{array}{cccc\|c} \bullet & \bullet & \bullet & \bullet & \bullet \\ 0 & \bullet & \bullet & \bullet & \bullet \\ \mathbf{0} & \mathbf{0} & \mathbf{0} & \mathbf{0} & \neq\mathbf{0} \end{array}\right)$ |
|---|---|---|
| LGS hat **unendlich viele Lösungen, ein** Parameter ist frei wählbar. | LGS hat **unendlich viele Lösungen, zwei** Parameter sind frei wählbar. | LGS hat **keine Lösung**. |
| Ebenen **schneiden sich** in einer Geraden. | Ebenen sind **identisch**. | Ebenen sind **parallel**. |

E und F schneiden sich also in einer Geraden.

**Schritt 5** (bei „schneiden sich"): Gleichung der Schnittgeraden bestimmen.

Gleichung (3): $-2t + 4u = -2$ wird nach *t* aufgelöst: $t = 2u + 1$. Einsetzen.

$$\vec{x} = \begin{pmatrix} 3 \\ 5 \\ 12 \end{pmatrix} + (2u+1) \cdot \begin{pmatrix} 0 \\ -2 \\ -6 \end{pmatrix} + u \cdot \begin{pmatrix} -4 \\ 7 \\ -10 \end{pmatrix} \Leftrightarrow g: \vec{x} = \begin{pmatrix} 3 \\ 3 \\ 6 \end{pmatrix} + u \cdot \begin{pmatrix} -4 \\ 3 \\ -22 \end{pmatrix} \text{ (Schnittgerade)}$$

# 5. Schnittwinkel

| Zwischen | Formel | senkrecht ($\alpha = 90°$) |
|---|---|---|
| **Vektor** $\vec{a}$ und **Vektor** $\vec{b}$<br>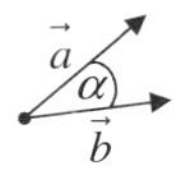 | $\cos(\alpha) = \frac{\vec{a} \cdot \vec{b}}{\lvert \vec{a} \rvert \cdot \lvert \vec{b} \rvert}$ | falls $\vec{a} \cdot \vec{b} = 0$ |
| **Gerade** $g$ mit Richtungsvektor $\overrightarrow{u_1}$ und **Gerade** $h$ mit Richtungsvektor $\overrightarrow{u_2}$<br>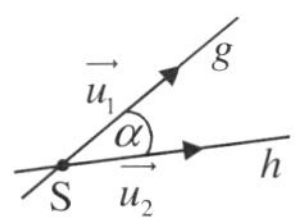 | $\cos(\alpha) = \frac{\lvert \overrightarrow{u_1} \cdot \overrightarrow{u_2} \rvert}{\lvert \overrightarrow{u_1} \rvert \cdot \lvert \overrightarrow{u_2} \rvert}$ | falls $\overrightarrow{u_1} \cdot \overrightarrow{u_2} = 0$ |
| **Gerade** $g$ mit Richtungsvektor $\vec{u}$ und **Ebene** E mit Normalenvektor $\vec{n}$<br>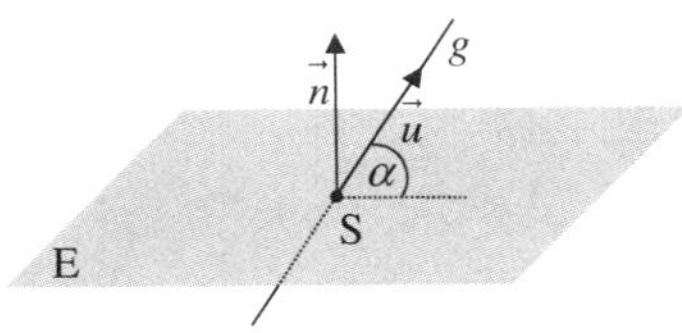 | $\sin(\alpha) = \frac{\lvert \vec{u} \cdot \vec{n} \rvert}{\lvert \vec{u} \rvert \cdot \lvert \vec{n} \rvert}$ | falls $\vec{u} = k \cdot \vec{n}$ (mit $k \in \mathbb{R}$) (Vielfache) |
| **Ebene** E mit Normalenvektor $\overrightarrow{n_1}$ und **Ebene** F mit Normalenvektor $\overrightarrow{n_2}$<br>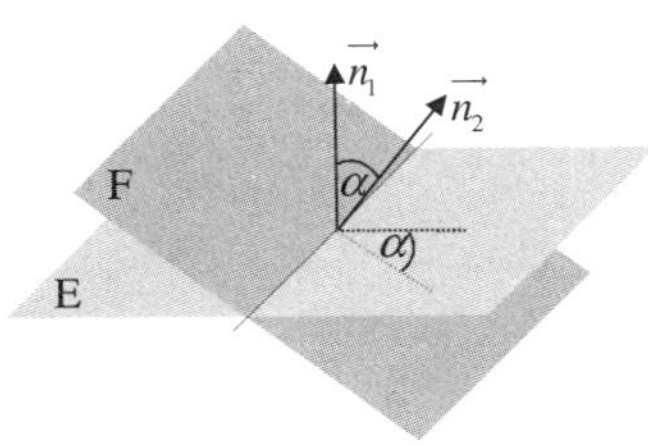 | $\cos(\alpha) = \frac{\lvert \overrightarrow{n_1} \cdot \overrightarrow{n_2} \rvert}{\lvert \overrightarrow{n_1} \rvert \cdot \lvert \overrightarrow{n_2} \rvert}$ | falls $\overrightarrow{n_1} \cdot \overrightarrow{n_2} = 0$ |

**Beispiel:** Schnittwinkel zwischen $g: \vec{x} = \begin{pmatrix} 0,5 \\ 0 \\ 2 \end{pmatrix} + r \cdot \begin{pmatrix} 4 \\ -2 \\ 1 \end{pmatrix}$ und $E: x_1 - 3x_2 - 2x_3 = 3$.

$$\sin(\alpha) = \frac{\left| \begin{pmatrix} 4 \\ -2 \\ 1 \end{pmatrix} \cdot \begin{pmatrix} 1 \\ -3 \\ -2 \end{pmatrix} \right|}{\left| \begin{pmatrix} 4 \\ -2 \\ 1 \end{pmatrix} \right| \cdot \left| \begin{pmatrix} 1 \\ -3 \\ -2 \end{pmatrix} \right|} = \frac{\lvert 4 \cdot 1 + (-2) \cdot (-3) + 1 \cdot (-2) \rvert}{\sqrt{4^2 + (-2)^2 + 1^2} \cdot \sqrt{1^2 + (-3)^2 + (-2)^2}} = \frac{8}{\sqrt{21} \cdot \sqrt{14}}$$

$\Rightarrow$ Eingabe von $\sin^{-1}$ in WTR (Einstellung *deg*): $\alpha \approx 27,81°$

**Hinweis:** Mit dem Schnittwinkel ist stets der spitze Winkel ($0 \leq \alpha \leq 90$) gemeint.

http://frv.tv/2u

# 6. Abstandsberechnungen

**Lösungsstrategien im Überblick** (ausführliches Vorgehen auf den folgenden Seiten)

### Punkt – Punkt

**Betrag**

### Punkt – Gerade

**1. Skalarprodukt**

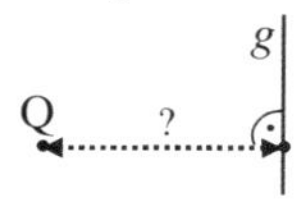


**2. Hilfsebene**

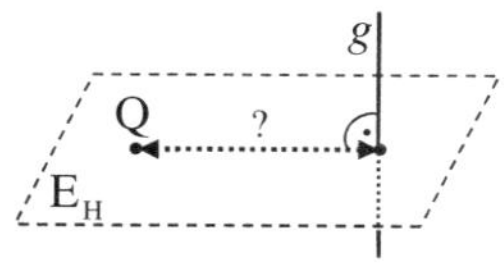


### Punkt – Ebene

**1. Formel**

$$d = \left|\frac{aq_1+bq_2+cq_3-d}{\sqrt{a^2+b^2+c^2}}\right| = \left|\frac{\left(\vec{q}-\vec{p}\right)\cdot\vec{n}}{\left|\vec{n}\right|}\right|$$

**2. Lotgerade**

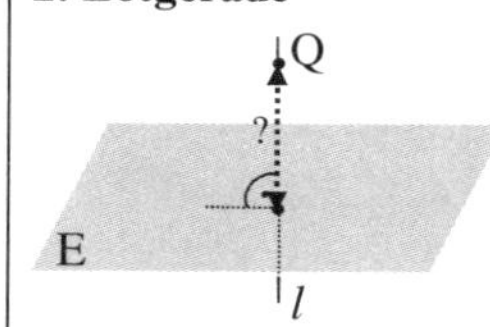


### Gerade – Gerade

**Parallel**

**1. Skalarprodukt**

**2. Hilfsebene**

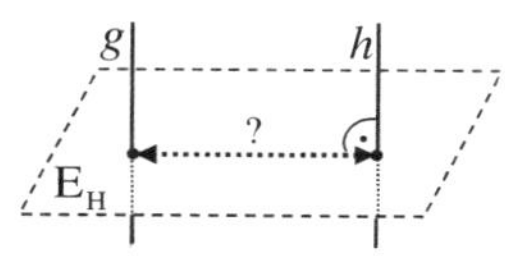


*siehe Punkt-Gerade*

**Windschief**

**1. Formel**

$$d = \left|\frac{(\vec{q}-\vec{p})\cdot\vec{n}}{\left|\vec{n}\right|}\right| \quad \text{mit } \vec{n} = \vec{u}\times\vec{v}$$

**2. Hilfsebene**

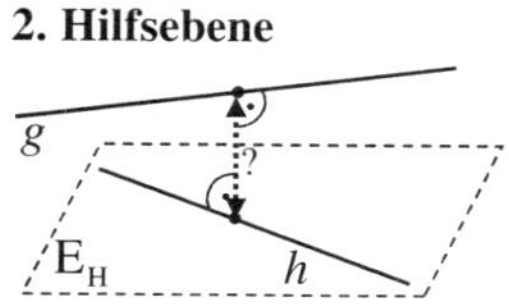


*siehe Punkt-Ebene*

### Gerade – Ebene

**Parallel**

**1. Formel** (Punkt-Ebene)

**2. Lotgerade**

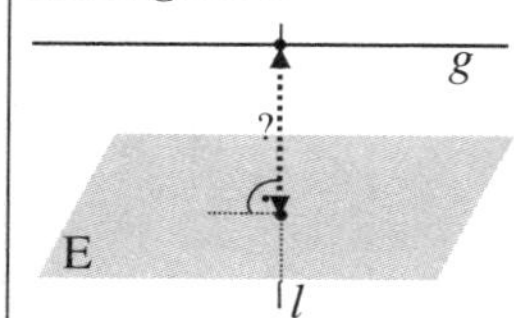


*siehe Punkt-Ebene*

### Ebene – Ebene

**Parallel**

**1. Formel** (Punkt-Ebene)

**2. Lotgerade**

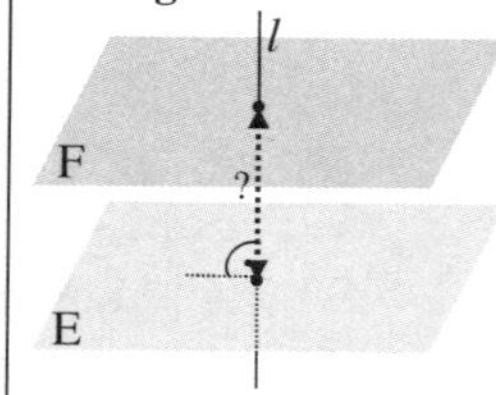


*siehe Punkt-Ebene*

**Hinweis:** Alle Probleme lassen sich auf *Punkt-Gerade* oder *Punkt-Ebene* zurückführen.



http://frv.tv/7q

## 6.1 Abstände zu einem Punkt

### 1. Abstand: Punkt – Punkt

Die **Länge (Betrag) des Verbindungsvektors $\overrightarrow{QP}$** muss berechnet werden.

Beispiel: Abstand von $Q(1|0|2)$ und $P(2|-3|1)$?

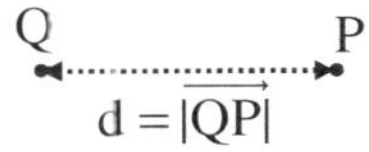


Verbindungsvektor: $\overrightarrow{QP}=\begin{pmatrix}2\\-3\\1\end{pmatrix}-\begin{pmatrix}1\\0\\2\end{pmatrix}=\begin{pmatrix}1\\-3\\-1\end{pmatrix}$;

Länge: $|\overrightarrow{QP}|=\sqrt{1^2+(-3)^2+(-1)^2}=\sqrt{11}$ LE (Längeneinheiten)

### 2. Abstand: Punkt – Gerade

Beispiel: Abstand von $Q(6|-6|9)$ zu $g:\vec{x}=\begin{pmatrix}4\\5\\6\end{pmatrix}+r\cdot\begin{pmatrix}-2\\1\\1\end{pmatrix}$?

- **Möglichkeit 1 (Skalarprodukt)**

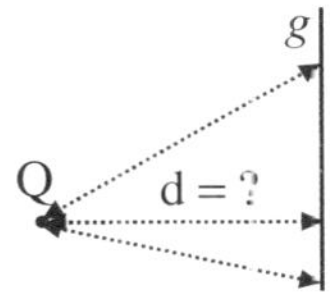


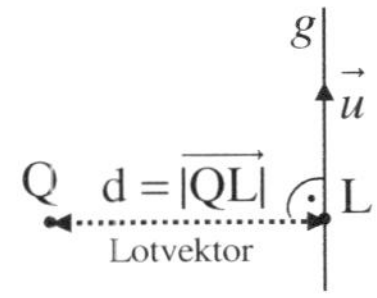


**Schritt 1: Verbindungsvektor** zwischen dem **Punkt Q** und einem **allgemeinen Geradenpunkt** $P_r(4-2r|5+r|6+r)$ aufstellen (allgemeiner Abstandsvektor).

$$\overrightarrow{QP_r}=\begin{pmatrix}4-2r\\5+r\\6+r\end{pmatrix}-\begin{pmatrix}6\\-6\\9\end{pmatrix}=\begin{pmatrix}-2r-2\\r+11\\r-3\end{pmatrix}$$

**Schritt 2: Skalarprodukt** aus dem **Verbindungsvektor** und dem **Richtungsvektor $\vec{u}$** der Geraden bilden und **gleich 0** setzen. (Grund: Der Verbindungsvektor wird zum Lotvektor wenn er senkrecht zur Geraden steht). Parameterwert $r$ ermitteln.

$$\overrightarrow{QP_r}\cdot\vec{u}=\begin{pmatrix}-2r-2\\r+11\\r-3\end{pmatrix}\cdot\begin{pmatrix}-2\\1\\1\end{pmatrix}=0 \Leftrightarrow (-2r-2)\cdot(-2)+(r+11)\cdot 1+(r-3)\cdot 1=0 \Leftrightarrow r=-2$$

**Schritt 3:** Lotfußpunkt L erhalten, indem der **Parameterwert** in die Geradengleichung **eingesetzt** wird.

$$r=-2 \text{ einsetzen: } \overrightarrow{OL}=\begin{pmatrix}4\\5\\6\end{pmatrix}-2\cdot\begin{pmatrix}-2\\1\\1\end{pmatrix}=\begin{pmatrix}8\\3\\4\end{pmatrix}\rightarrow L(8|3|4)$$

**Schritt 4: Länge (Betrag)** des Lotvektors **$|\overrightarrow{QL}|$** berechnen.

$$\text{Lotvektor: } \overrightarrow{QL}=\begin{pmatrix}8\\3\\4\end{pmatrix}-\begin{pmatrix}6\\-6\\9\end{pmatrix}=\begin{pmatrix}2\\9\\-5\end{pmatrix};\quad \text{Länge: } |\overrightarrow{QL}|=\sqrt{2^2+9^2+(-5)^2}=\sqrt{110}\text{ LE}$$



http://frv.tv/2w

- **Möglichkeit 2 (Hilfsebene)**

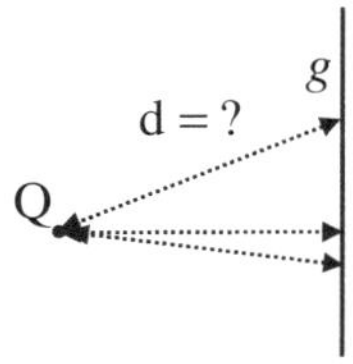


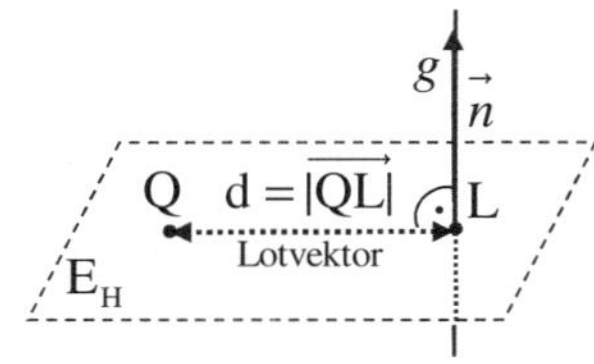


| |
|---|
| **Schritt 1 : Hilfsebene $E_H$** bilden, die den Punkt **Q enthält** und **senkrecht auf der Geraden *g*** steht (Richtungsvektor der Geraden als Normalenvektor von $E_H$ verwenden). Dann werden die Koordinaten des Punktes Q eingesetzt. |
| $E_H: -2x_1 + x_2 + x_3 = d$ <br> $Q \in E_H: \ -2 \cdot 6 - 6 + 9 = d \Leftrightarrow -9 = d \quad \Rightarrow E_H: -2x_1 + x_2 + x_3 = -9$ |
| **Schritt 2 : Hilfsebene $E_H$** mit der **Geraden *g* schneiden**. Der Schnittpunkt ist der Lotfußpunkt L. |
| „Allgemeinen Geradenpunkt" $P_r(4-2r \mid 5+r \mid 6+r)$ in $E_H$ einsetzen: <br> $-2x_1 + x_2 + x_3 = -9 \Leftrightarrow -2 \cdot (4-2r) + 5 + r + 6 + r = -9 \Leftrightarrow r = -2;$ <br> $r = -2$ einsetzen: $\overrightarrow{OL} = \begin{pmatrix} 4 \\ 5 \\ 6 \end{pmatrix} - 2 \cdot \begin{pmatrix} -2 \\ 1 \\ 1 \end{pmatrix} = \begin{pmatrix} 8 \\ 3 \\ 4 \end{pmatrix} \to L(8 \mid 3 \mid 4)$ |
| **Schritt 3 : Länge (Betrag)** des Lotvektors $\mid\overrightarrow{\mathbf{QL}}\mid$ berechnen. |
| Lotvektor: $\overrightarrow{QL} = \begin{pmatrix} 8 \\ 3 \\ 4 \end{pmatrix} - \begin{pmatrix} 6 \\ -6 \\ 9 \end{pmatrix} = \begin{pmatrix} 2 \\ 9 \\ -5 \end{pmatrix}$; Länge: $\mid\overrightarrow{QL}\mid = \sqrt{2^2 + 9^2 + (-5)^2} = \sqrt{110}$ LE |

**Beispielhafte Anwendungen:** Höhenbestimmung in einem Dreieck, Trapez oder Parallelogramm.

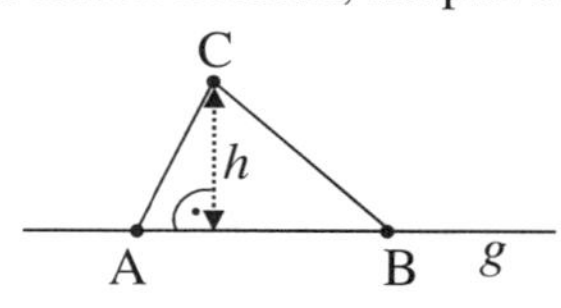

## 3. Abstand: Punkt – Ebene

Beispiel: Abstand von $Q(1|2|3)$ zu $E: 2x_1 - x_2 + 4x_3 = -9$?

- **Möglichkeit 1 (Formel)**

$$\mathbf{d} = \left| \frac{aq_1 + bq_2 + cq_3 - d}{\sqrt{a^2 + b^2 + c^2}} \right| \qquad \text{(zwischen } Q(q_1 | q_2 | q_3) \text{ und } E: ax_1 + bx_2 + cx_3 = d\text{)}$$

$$\mathbf{d} = \left| \frac{(\vec{q} - \vec{p}) \cdot \vec{n}}{|\vec{n}|} \right| \qquad \text{(zwischen } Q(q_1 | q_2 | q_3) \text{ und } E: (\vec{x} - \vec{p}) \cdot \vec{n} = 0\text{)}$$

Lösung: $d = \left| \frac{2 \cdot 1 - 1 \cdot 2 + 4 \cdot 3 + 9}{\sqrt{2^2 + (-1)^2 + 4^2}} \right| = \left| \frac{21}{\sqrt{21}} \right| = \sqrt{21}$ LE

- **Möglichkeit 2 (Lotgerade)**

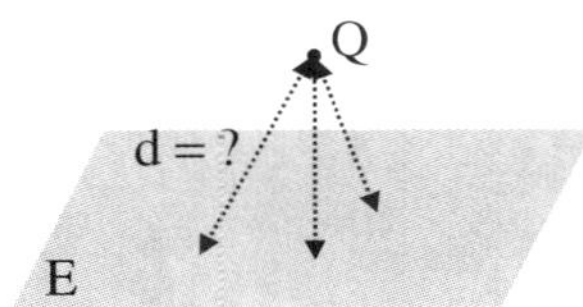


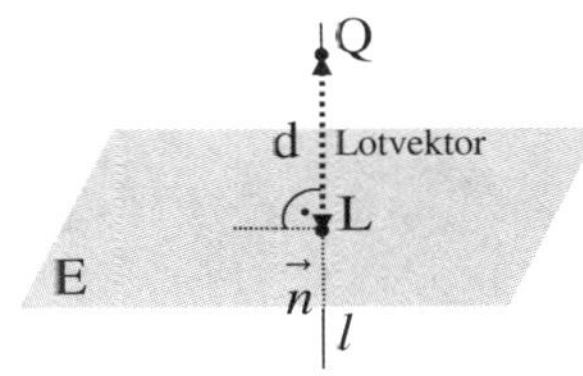


**Schritt 1 : Lotgerade $l$** bilden, die den Punkt **Q enthält** und **senkrecht auf der Ebene E** steht. (Q als Stützpunkt und Normalenvektor der Ebene als Richtungsvektor verwenden).

$$l: \vec{x} = \vec{q} + r \cdot \vec{n} \quad \Rightarrow \quad l: \vec{x} = \begin{pmatrix} 1 \\ 2 \\ 3 \end{pmatrix} + r \cdot \begin{pmatrix} 2 \\ -1 \\ 4 \end{pmatrix} \quad (\text{mit } r \in \mathbb{R})$$

**Schritt 2 : Lotgerade $l$** mit der **Ebene E schneiden**. Der Schnittpunkt ist der Lotfußpunkt L.

„Allgemeinen Geradenpunkt" $P_r(1 + 2r | 2 - r | 3 + 4r)$ in E einsetzen:

$2x_1 - x_2 + 4x_3 = -9 \Leftrightarrow 2 \cdot (1 + 2r) - (2 - r) + 4 \cdot (3 + 4r) = -9 \Leftrightarrow r = -1;$

$r = -1$ einsetzen: $\overrightarrow{OL} = \begin{pmatrix} 1 \\ 2 \\ 3 \end{pmatrix} - 1 \cdot \begin{pmatrix} 2 \\ -1 \\ 4 \end{pmatrix} = \begin{pmatrix} -1 \\ 3 \\ -1 \end{pmatrix} \rightarrow L(-1|3|-1)$

**Schritt 3 : Länge (Betrag)** des Lotvektors **$|\overrightarrow{QL}|$** berechnen.

Lotvektor: $\overrightarrow{QL} = \begin{pmatrix} -1 \\ 3 \\ -1 \end{pmatrix} - \begin{pmatrix} 1 \\ 2 \\ 3 \end{pmatrix} = \begin{pmatrix} -2 \\ 1 \\ -4 \end{pmatrix}$; Länge: $|\overrightarrow{QL}| = \sqrt{(-2)^2 + 1^2 + (-4)^2} = \sqrt{21}$ LE

**Beispielhafte Anwendung:** Höhenbestimmung bei einer Pyramide



http://frv.tv/2x

## 6.2 Abstände zu einer Geraden

Ein (sinnvoller) Abstand zwischen zwei Geraden (welcher nicht 0 beträgt) liegt nur dann vor, falls die Geraden **parallel** oder **windschief** zueinander liegen.

### 1. Abstand: Gerade – Gerade (parallel)

Diese Abstandsberechnung lässt sich auf die Abstandsberechnung ***Punkt – Gerade*** zurückführen, indem der Abstand eines beliebigen Punktes (z.B. des **Stützpunktes**) **der einen Geraden zur anderen Geraden** ermittelt wird.

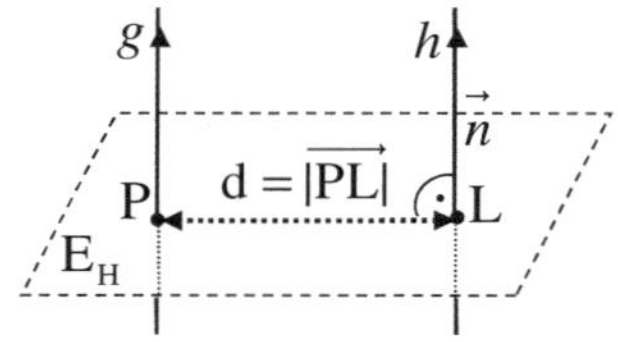


**Lösungsstrategie: Skalarprodukt oder Hilfsebene.**

### 2. Abstand: Gerade – Gerade (windschief)

- **Möglichkeit 1 (Formel)**

$$\mathbf{d} = \left| \frac{(\vec{q} - \vec{p}) \cdot \vec{n}}{|\vec{n}|} \right| \quad \text{mit } \vec{n} = \vec{u} \times \vec{v} \quad \text{(windschiefe Geraden } g: \vec{x} = \vec{p} + r \cdot \vec{u} \text{ und } h: \vec{x} = \vec{q} + s \cdot \vec{v}\text{)}$$

Beispiel: Abstand von $g: \vec{x} = \begin{pmatrix} -7 \\ 2 \\ -3 \end{pmatrix} + r \cdot \begin{pmatrix} 0 \\ 1 \\ 2 \end{pmatrix}$ zu $h: \vec{x} = \begin{pmatrix} -3 \\ -3 \\ 3 \end{pmatrix} + s \cdot \begin{pmatrix} 1 \\ 2 \\ 1 \end{pmatrix}$?

$$d = \left| \frac{\left( \begin{pmatrix} -3 \\ -3 \\ 3 \end{pmatrix} - \begin{pmatrix} -7 \\ 2 \\ -3 \end{pmatrix} \right) \cdot \left( \begin{pmatrix} 0 \\ 1 \\ 2 \end{pmatrix} \times \begin{pmatrix} 1 \\ 2 \\ 1 \end{pmatrix} \right)}{\left| \begin{pmatrix} 0 \\ 1 \\ 2 \end{pmatrix} \times \begin{pmatrix} 1 \\ 2 \\ 1 \end{pmatrix} \right|} \right| = \left| \frac{\begin{pmatrix} 4 \\ -5 \\ 6 \end{pmatrix} \cdot \begin{pmatrix} -3 \\ 2 \\ -1 \end{pmatrix}}{\left| \begin{pmatrix} -3 \\ 2 \\ -1 \end{pmatrix} \right|} \right| = \left| \frac{-12 - 10 - 6}{\sqrt{(-3)^2 + 2^2 + (-1)^2}} \right| = \left| \frac{-28}{\sqrt{14}} \right| \approx 7{,}48 \text{ LE}$$

- **Möglichkeit 2 (Hilfsebene)**

**Schritt 1: Hilfsebene $E_H$** bilden, welche die **Gerade *h* enthält** und **parallel zur Geraden *g*** verläuft.
Hierbei wird der Stützvektor der Geraden $h$ in die Normalenform der Ebene übernommen ($E_H : (\vec{x} - \vec{q}) \cdot \vec{n} = 0$). Der Normalenvektor der Ebene ergibt sich aus dem Kreuzprodukt der beiden Richtungsvektoren ($\vec{n} = \vec{u} \times \vec{v}$).
Nun lässt sich diese Abstandsberechnung auf die Abstands - berechnung ***Punkt – Ebene*** zurückführen, indem der Abstand eines beliebigen Punktes der Geraden $g$ (z.B. des Stützpunktes) zur Hilfsebene $E_H$ ermittelt wird.
**Lösungsstrategie: Formel oder Lotgerade.**

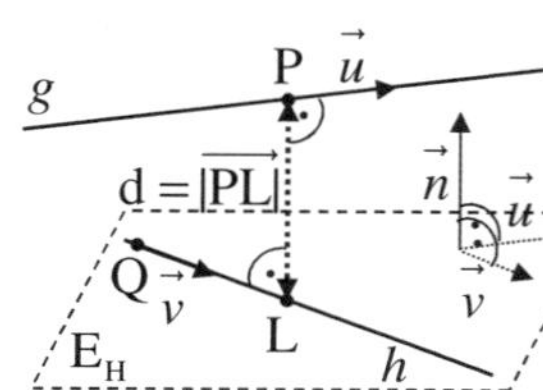




http://frv.tv/5f

## 3. Abstand: Gerade – Ebene (parallel)

**Idee:**
Diese Abstandsberechnung lässt sich auf die Abstandsberechnung **Punkt – Ebene** zurückführen, indem der Abstand eines beliebigen Punktes der Geraden $g$ (z.B. des **Stützpunktes**) zur Ebene E ermittelt wird.

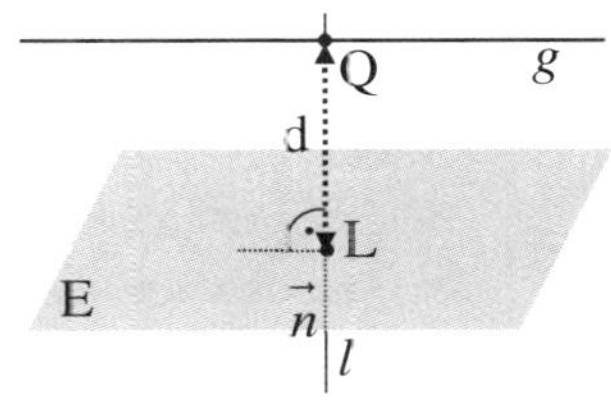


**Lösungsstrategie: Formel oder Lotgerade.**

Beispiel 1: Abstand zwischen $g: \vec{x} = \begin{pmatrix} 2 \\ -16 \\ 2 \end{pmatrix} + t \cdot \begin{pmatrix} 1 \\ 4 \\ 1 \end{pmatrix}$ und $E: -2x_1 + x_2 - 2x_3 = -15$?

- **Möglichkeit 1 (Formel)**

$$\mathbf{d} = \left| \frac{aq_1 + bq_2 + cq_3 - d}{\sqrt{a^2 + b^2 + c^2}} \right| \qquad \text{(zwischen } Q(q_1 \mid q_2 \mid q_3) \text{ und } E: ax_1 + bx_2 + cx_3 = d\text{)}$$

Lösung: Als Punkt Q dient der Stützpunkt $Q(2 \mid -16 \mid 2)$ der Geraden $g$.

$$d = \left| \frac{(-2) \cdot 2 + 1 \cdot (-16) + (-2) \cdot 2 + 15}{\sqrt{(-2)^2 + 1^2 + (-2)^2}} \right| = \left| \frac{-9}{\sqrt{9}} \right| = 3 \text{ LE}$$

- **Möglichkeit 2 (Lotgerade)**

Vergleiche S. 129.

## 6.3 Abstände zu einer Ebene

### 1. Abstand: Ebene – Ebene (parallel)

**Idee:**
Diese Abstandsberechnung lässt sich auf die Abstandsberechnung **Punkt – Ebene** zurückführen, indem der Abstand eines beliebigen Punktes der einen Ebene (z.B. des **Stützpunktes**) zur anderen Ebene ermittelt wird.

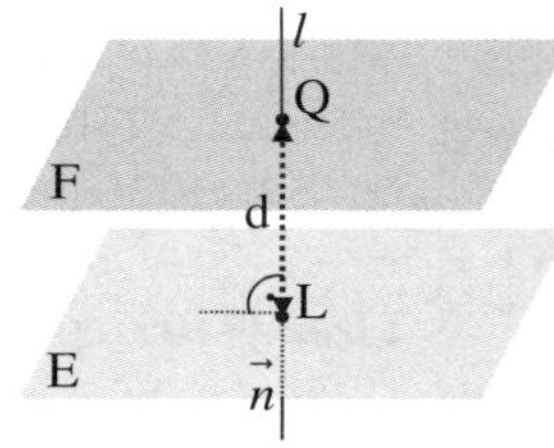


**Lösungsstrategie: Formel oder Lotgerade.**

Beispiel 1: Abstand zwischen E: $2x_1 + 2x_2 - x_3 = 8$ und F: $\vec{x} = \begin{pmatrix} 1 \\ 1 \\ 0 \end{pmatrix} + t \cdot \begin{pmatrix} 1 \\ 0 \\ 2 \end{pmatrix} + u \cdot \begin{pmatrix} -1 \\ 1 \\ 0 \end{pmatrix}$ ?

- **Möglichkeit 1 (Formel)**

$$\mathbf{d} = \left| \frac{aq_1 + bq_2 + cq_3 - d}{\sqrt{a^2 + b^2 + c^2}} \right|$$

(zwischen $Q(q_1 \mid q_2 \mid q_3)$ und $E: ax_1 + bx_2 + cx_3 = d$)

Lösung: Als Punkt Q dient der Stützpunkt $Q(1 \mid 1 \mid 0)$ der Ebene F.

$$d = \left| \frac{2 \cdot 1 + 2 \cdot 1 + (-1) \cdot 0 - 8}{\sqrt{2^2 + 2^2 + (-1)^2}} \right| = \left| \frac{-4}{\sqrt{9}} \right| = \frac{4}{3} \text{ LE}$$

- **Möglichkeit 2 (Lotgerade)**

Vergleiche S. 129.

Beispiel 2: Berechnen Sie den Abstand zwischen $E: x_1 + 2x_2 - 3x_3 = 4$ und $F: -x_1 - 2x_2 + 3x_3 = -7$. (Hinweis: E und F liegen parallel zueinander.)

Berechnung eines Spurpunktes von E: $P(4|0|0)$.
Es wird der Abstand von $Q(4|0|0)$ zu F berechnet.

**Möglichkeit 1:**

$$d = \left|\frac{aq_1 + bq_2 + cq_3 - d}{\sqrt{a^2 + b^2 + c^2}}\right| = \left|\frac{-1\cdot 4 + (-2)\cdot 0 + 3\cdot 0 + 7}{\sqrt{(-1)^2 + (-2)^2 + 3^2}}\right| = \sqrt{\frac{9}{14}} = \frac{3}{\sqrt{14}} \approx 0{,}80 \text{ LE}$$

**Möglichkeit 2:**

Man bildet eine Hilfsgerade $h$, welche den Punkt Q enthält und senkrecht auf der Ebene steht (Lotgerade): $h: \vec{x} = \begin{pmatrix}4\\0\\0\end{pmatrix} + r\cdot\begin{pmatrix}-1\\-2\\3\end{pmatrix}$ mit $r \in \mathbb{R}$

Die Hilfsgerade wird mit der Ebene geschnitten. Der Schnittpunkt ist der Lotfußpunkt L.
Die Koordinaten des allg. Geradenpunktes $x_1 = 4 - r$; $x_2 = -2r$; $x_3 = 3r$
werden in die Koordinatengleichung eingesetzt:

$$-(4-r) - 2\cdot(-2r) + 3\cdot 3r = -7 \Leftrightarrow -4 + r + 4r + 9r = -7 \Leftrightarrow r = -\frac{3}{14}$$

$$\overrightarrow{OL} = \begin{pmatrix}4\\0\\0\end{pmatrix} - \frac{3}{14}\cdot\begin{pmatrix}-1\\-2\\3\end{pmatrix} = \begin{pmatrix}\frac{59}{14}\\ \frac{3}{7}\\ -\frac{9}{14}\end{pmatrix} \to L\left(\frac{59}{14} \,\middle|\, \frac{3}{7} \,\middle|\, -\frac{9}{14}\right)$$

Den Abstand zwischen den Punkten Q und L berechnen.

Lotvektor: $\overrightarrow{QL} = \begin{pmatrix}\frac{59}{14}\\ \frac{3}{7}\\ -\frac{9}{14}\end{pmatrix} - \begin{pmatrix}4\\0\\0\end{pmatrix} = \begin{pmatrix}\frac{3}{14}\\ \frac{3}{7}\\ -\frac{9}{14}\end{pmatrix}$

mit Länge: $d = \left|\overrightarrow{QL}\right| = \sqrt{\left(\frac{3}{14}\right)^2 + \left(\frac{3}{7}\right)^2 + \left(-\frac{9}{14}\right)^2} = \sqrt{\frac{9}{14}}$ LE $\approx 0{,}80$ LE

# 7. Zusatz: Bewegungsaufgaben (Modellieren mit Vektoren)

## Grundwissen

U-Boote, Flugzeuge,... bewegen sich meist geradlinig mit konstanter Geschwindigkeit. Ihre Bahngleichungen können somit durch Geradengleichungen beschrieben werden.

Beispiel: $\vec{x} = \begin{pmatrix} 20 \\ 30 \\ 10 \end{pmatrix} + t \cdot \begin{pmatrix} 60 \\ -40 \\ 25 \end{pmatrix}$ ($t$ in Stunden ($t \in \mathbb{R}$), sonstige Angaben in km)

| „Bausteine" der Bahngleichung | Interpretation |
|---|---|
| $\begin{pmatrix} 20 \\ 30 \\ 10 \end{pmatrix}$ (Stützvektor) | Koordinaten des Startpunktes der Bewegung |
| $t$ (Parameter) | vergangene Zeit nach (Beobachtungs-)Beginn der Bewegung |
| $\begin{pmatrix} 60 \\ -40 \\ 25 \end{pmatrix} = \vec{v}$ (Richtungsvektor) | gibt an, wie sich die Koordinaten des Objektes innerhalb von einer Stunde ändern. |
| $\lvert\vec{v}\rvert$ (Länge Richtungsvektor) | Geschwindigkeit des Objektes (in km/h) |
| $\vec{x}$ | Ort des Objektes nach $t$ Stunden |

**Beispiel 1** (Musteraufgabe mit **einem** Objekt)

Ein Modellflugzeug befindet sich zu Beginn der Beobachtung im Punkt $A(100|100|100)$. Nach 3 Stunden befindet es sich im Punkt $B(10|250|85)$.

**a)** Geben Sie die Bahngleichung an.

$\overrightarrow{AB} = \begin{pmatrix} 10 \\ 250 \\ 85 \end{pmatrix} - \begin{pmatrix} 100 \\ 100 \\ 100 \end{pmatrix} = \begin{pmatrix} -90 \\ 150 \\ -15 \end{pmatrix}$ in 3 Stunden, somit $\frac{1}{3} \cdot \begin{pmatrix} -90 \\ 150 \\ -15 \end{pmatrix} = \begin{pmatrix} -30 \\ 50 \\ -5 \end{pmatrix} = \vec{v}$ pro Stunde.

Bahngleichung: $\vec{x} = \begin{pmatrix} 100 \\ 100 \\ 100 \end{pmatrix} + t \cdot \begin{pmatrix} -30 \\ 50 \\ -5 \end{pmatrix}$

**b)** Steigt oder sinkt das Flugzeug? Mit welcher Geschwindigkeit fliegt es?

$x_3$-Komponente des Richtungsvektors ist negativ $(-5)$: Somit sinkt es.

$\vec{v} = \begin{pmatrix} -30 \\ 50 \\ -5 \end{pmatrix}$; $\lvert\vec{v}\rvert = \sqrt{(-30)^2 + 50^2 + (-5)^2} = 58{,}52$ (km/h)

**c)** Wo befindet sich das Flugzeug 1,2 Stunden nach Beginn der Beobachtung?

$\vec{x} = \begin{pmatrix} 100 \\ 100 \\ 100 \end{pmatrix} + 1{,}2 \cdot \begin{pmatrix} -30 \\ 50 \\ -5 \end{pmatrix} = \begin{pmatrix} 64 \\ 160 \\ 94 \end{pmatrix} \rightarrow$ Im Punkt $P(64|160|94)$.

**Beispiel 2** (Musteraufgabe mit **zwei** Objekten)

Die Bahngleichungen der Flugzeuge 1 und 2 lauten ($t$ in min, sonstige Angaben in km):

Flugzeug 1: $\vec{x} = \begin{pmatrix} 0 \\ 0 \\ 0 \end{pmatrix} + t \cdot \begin{pmatrix} 4 \\ 4 \\ 1 \end{pmatrix}$; Flugzeug 2: $\vec{x} = \begin{pmatrix} -30 \\ -15 \\ 8 \end{pmatrix} + t \cdot \begin{pmatrix} 12 \\ 9 \\ 0 \end{pmatrix}$ (mit $t \in \mathbb{R}$)

**a)** Kommt es zu einem Zusammenstoß der beiden Flugzeuge?

(gleicher Ort → gleichsetzen; **gleicher Zeitpunkt** → **gleiche Parameter**)

$$\begin{pmatrix} 0 \\ 0 \\ 0 \end{pmatrix} + t \cdot \begin{pmatrix} 4 \\ 4 \\ 1 \end{pmatrix} = \begin{pmatrix} -30 \\ -15 \\ 8 \end{pmatrix} + t \cdot \begin{pmatrix} 12 \\ 9 \\ 0 \end{pmatrix} \Leftrightarrow t \cdot \begin{pmatrix} -8 \\ -5 \\ 1 \end{pmatrix} = \begin{pmatrix} -30 \\ -15 \\ 8 \end{pmatrix} \Leftrightarrow \begin{matrix} t = 3{,}75 \\ t = 3 \\ t = 8 \end{matrix}$$

Widerspruch, LGS ist unlösbar. Somit kommt es zu keinem Zusammenstoß.

**b)** Schneiden sich die beiden Flugbahnen?

(gleicher Ort → gleichsetzen; **verschiedene Zeitpunkte** → **verschiedene Parameter**)

Mit $s, t \in \mathbb{R}$:

$$\begin{pmatrix} 0 \\ 0 \\ 0 \end{pmatrix} + s \cdot \begin{pmatrix} 4 \\ 4 \\ 1 \end{pmatrix} = \begin{pmatrix} -30 \\ -15 \\ 8 \end{pmatrix} + t \cdot \begin{pmatrix} 12 \\ 9 \\ 0 \end{pmatrix} \Leftrightarrow \begin{cases} 4s - 12t = -30 & (1) \\ 4s - 9t = -15 & (2) \\ s = 8 & (3) \end{cases}$$

Einsetzen von $s = 8$:

in (1): $32 - 12t = -30 \quad \Rightarrow t = \frac{31}{6}$

in (2): $32 - 9t = -15 \quad \Rightarrow t = \frac{47}{9}$

Widerspruch, LGS ist unlösbar. Somit schneiden sich die Flugbahnen nicht.

**Körper** treffen sich → gl. Ort, **gleiche** Zeit → gleichs., **gleiche** Param.

**Bahnen** treffen sich → gl. Ort, (ev.) **verschiedene** Zeit → gleichs., **verschiedene** Param.

# 8. Spiegelungen

## 1. Punkt an Punkt

Beispiel: $Q(1|-2|3)$ an $S(0|4|-3)$.

**Vorgehen:** $\overrightarrow{\mathbf{OQ^*}} = \overrightarrow{\mathbf{OQ}} + 2 \cdot \overrightarrow{\mathbf{QS}}$

Lösung: $\overrightarrow{OQ^*} = \overrightarrow{OQ} + 2 \cdot \overrightarrow{QS} = \begin{pmatrix} 1 \\ -2 \\ 3 \end{pmatrix} + 2 \cdot \begin{pmatrix} 0-1 \\ 4-(-2) \\ -3-3 \end{pmatrix} = \begin{pmatrix} -1 \\ 10 \\ -9 \end{pmatrix} \rightarrow Q^*(-1|10|-9)$

## 2. Punkt an Gerade

Beispiel: $Q(6|-6|9)$ an $g: \vec{x} = \begin{pmatrix} 4 \\ 5 \\ 6 \end{pmatrix} + r \cdot \begin{pmatrix} -2 \\ 1 \\ 1 \end{pmatrix}$

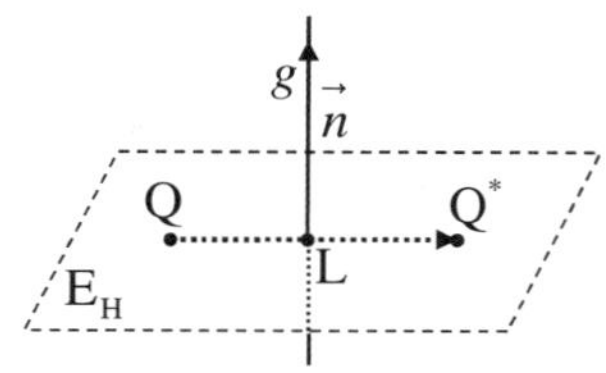


**Schritt 1: Hilfsebene $E_H$** bilden, die den Punkt **Q enthält** und **senkrecht auf der Geraden *g*** steht (Richtungsvektor der Geraden als Normalenvektor von $E_H$ verwenden). Dann werden die Koordinaten des Punktes Q eingesetzt.

$E_H: -2x_1 + x_2 + x_3 = d$

$Q \in E_H: -2 \cdot 6 - 6 + 9 = d \Leftrightarrow -9 = d \quad \Rightarrow E_H: -2x_1 + x_2 + x_3 = -9$

**Schritt 2: Hilfsebene $E_H$** mit der **Geraden *g* schneiden**. Der Schnittpunkt ist der Lotfußpunkt L.

„Allgemeinen Geradenpunkt" $P_r(4-2r|5+r|6+r)$ in $E_H$ einsetzen:

$-2x_1 + x_2 + x_3 = -9 \Leftrightarrow -2 \cdot (4-2r) + 5 + r + 6 + r = -9 \Leftrightarrow r = -2;$

$r = -2$ einsetzen: $\overrightarrow{OL} = \begin{pmatrix} 4 \\ 5 \\ 6 \end{pmatrix} - 2 \cdot \begin{pmatrix} -2 \\ 1 \\ 1 \end{pmatrix} = \begin{pmatrix} 8 \\ 3 \\ 4 \end{pmatrix} \rightarrow L(8|3|4)$

**Schritt 3:** Der **Punkt Q** wird **am Lotfußpunkt L gespiegelt**.

$\overrightarrow{OQ^*} = \overrightarrow{OQ} + 2 \cdot \overrightarrow{QL} = \begin{pmatrix} 6 \\ -6 \\ 9 \end{pmatrix} + 2 \cdot \begin{pmatrix} 8-6 \\ 3-(-6) \\ 4-9 \end{pmatrix} = \begin{pmatrix} 10 \\ 12 \\ -1 \end{pmatrix} \rightarrow Q^*(10|12|-1)$

**Hinweis:** Ähnliches Vorgehen wie bei der Abstandsberechnung: ***Punkt – Gerade***.



http://frv.tv/2z

## 3. Punkt an Ebene

Beispiel: $Q(1|2|3)$ an $E: 2x_1 - x_2 + 4x_3 = -9$

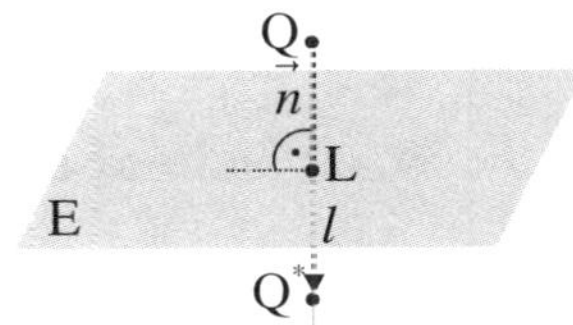


**Schritt 1 : Lotgerade $l$** bilden, die den Punkt **Q enthält** und **senkrecht auf der Ebene E** steht. (Q als Stützpunkt und Normalenvektor der Ebene als Richtungsvektor verwenden).

$$l: \vec{x} = \vec{q} + r \cdot \vec{n} \quad \Rightarrow \quad l: \vec{x} = \begin{pmatrix} 1 \\ 2 \\ 3 \end{pmatrix} + r \cdot \begin{pmatrix} 2 \\ -1 \\ 4 \end{pmatrix} \quad (\text{mit } r \in \mathbb{R})$$

**Schritt 2 : Lotgerade $l$** mit der **Ebene E schneiden**. Der Schnittpunkt ist der Lotfußpunkt L.

„Allgemeinen Geradenpunkt“ $P_r(1+2r \mid 2-r \mid 3+4r)$ in E einsetzen:

$$2x_1 - x_2 + 4x_3 = -9 \Leftrightarrow 2 \cdot (1+2r) - (2-r) + 4 \cdot (3+4r) = -9 \Leftrightarrow r = -1;$$

$r = -1$ einsetzen: $\overrightarrow{OL} = \begin{pmatrix} 1 \\ 2 \\ 3 \end{pmatrix} - 1 \cdot \begin{pmatrix} 2 \\ -1 \\ 4 \end{pmatrix} = \begin{pmatrix} -1 \\ 3 \\ -1 \end{pmatrix} \rightarrow L(-1|3|-1)$

**Schritt 3:** Der **Punkt Q** wird **am Lotfußpunkt L gespiegelt**.

$$\overrightarrow{OQ^*} = \overrightarrow{OQ} + 2 \cdot \overrightarrow{QL} = \begin{pmatrix} 1 \\ 2 \\ 3 \end{pmatrix} + 2 \cdot \begin{pmatrix} -1-1 \\ 3-2 \\ -1-3 \end{pmatrix} = \begin{pmatrix} -3 \\ 4 \\ -5 \end{pmatrix} \rightarrow Q^*(-3|4|-5)$$

**Hinweis:** Ähnliches Vorgehen bei der Abstandsberechnung: ***Punkt – Ebene***.

## 4. Gerade an Ebene

**Schritt 1 :** Gerade mit Ebene schneiden. Der Schnittpunkt S ist der erste Punkt von $g^*$.

**Schritt 2 :** Stützpunkt P der Geraden $g$ an der Ebene spiegeln (siehe 3.). Man erhält $P^*$, den zweiten Punkt von $g^*$.

**Schritt 3 :** Aufstellen der Geradengleichung von $g^*$ aus den beiden Punkten S und $P^*$.

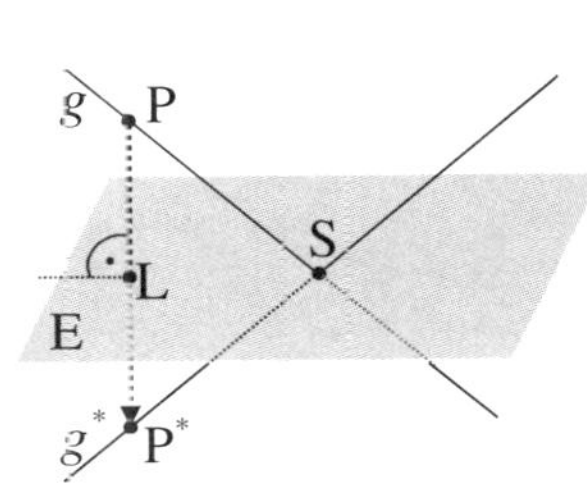


**Hinweis :** Falls die zu spiegelnde Gerade $g$ und die Ebene E parallel sind, muss nur der Stützpunkt der Geraden gespiegelt werden, was zum Stützpunkt von $g^*$ führt. Da $g$ und $g^*$ parallel sind, kann der Richtungsvektor von $g$ in $g^*$ übernommen werden.

# 9. Das Vektorprodukt zur Flächen- und Volumenberechnung

## 9.1 Flächenberechnung

### 1. Parallelogramm

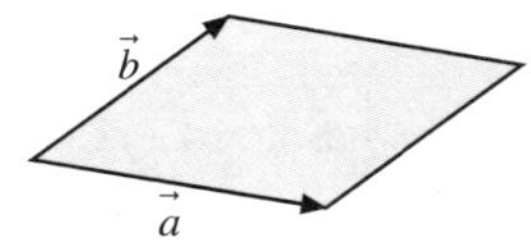


**Formel:** $A = \left|\vec{a} \times \vec{b}\right|$ **Beispiel:** $\vec{a} = \begin{pmatrix} 2 \\ 6 \\ 3 \end{pmatrix}; \vec{b} = \begin{pmatrix} 2 \\ 1 \\ -2 \end{pmatrix}$

$$A = \left|\begin{pmatrix} 2 \\ 6 \\ 3 \end{pmatrix} \times \begin{pmatrix} 2 \\ 1 \\ -2 \end{pmatrix}\right| = \left|\begin{pmatrix} 6\cdot(-2) - 3\cdot 1 \\ 3\cdot 2 - 2\cdot(-2) \\ 2\cdot 1 - 6\cdot 2 \end{pmatrix}\right| = \left|\begin{pmatrix} -15 \\ 10 \\ -10 \end{pmatrix}\right| = \sqrt{(-15)^2 + 10^2 + (-10)^2} \approx 20{,}62 \text{ FE}$$

### 2. Dreieck

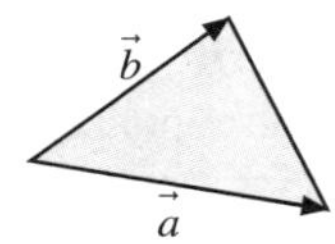


**Formel:** $A = \frac{1}{2} \cdot \left|\vec{a} \times \vec{b}\right|$

## 9.2 Volumenberechnung

**1. Spat** (Gegenüberliegende Seitenflächen sind deckungsgleiche Parallelogramme)

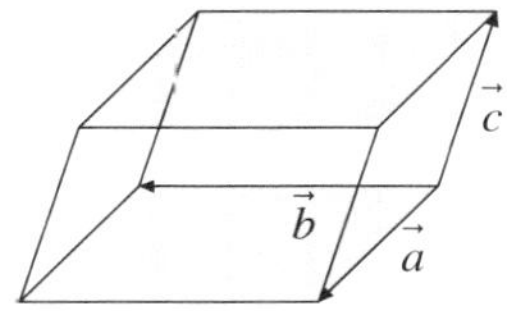


**Formel :** $\mathbf{V}_{\text{Spat}} = \left| \left( \vec{a} \times \vec{b} \right) \cdot \vec{c} \right|$ (nicht in Merkhilfe)

**Beispiel :** $\vec{a} = \begin{pmatrix} 2 \\ 3 \\ 4 \end{pmatrix}; \vec{b} = \begin{pmatrix} 2 \\ 1 \\ 0 \end{pmatrix}; \vec{c} = \begin{pmatrix} 1 \\ -6 \\ -2 \end{pmatrix}$

$$\text{V} = \left| \left( \begin{pmatrix} 2 \\ 3 \\ 4 \end{pmatrix} \times \begin{pmatrix} 2 \\ 1 \\ 0 \end{pmatrix} \right) \cdot \begin{pmatrix} 1 \\ -6 \\ -2 \end{pmatrix} \right| = \left| \begin{pmatrix} 3 \cdot 0 - 4 \cdot 1 \\ 4 \cdot 2 - 2 \cdot 0 \\ 2 \cdot 1 - 3 \cdot 2 \end{pmatrix} \cdot \begin{pmatrix} 1 \\ -6 \\ -2 \end{pmatrix} \right| = \left| \begin{pmatrix} -4 \\ 8 \\ -4 \end{pmatrix} \cdot \begin{pmatrix} 1 \\ -6 \\ -2 \end{pmatrix} \right| = |-4 - 48 + 8| = |-44| = 44 \text{ VE}$$

**2. Prisma** (Grundfläche: **Dreieck**)

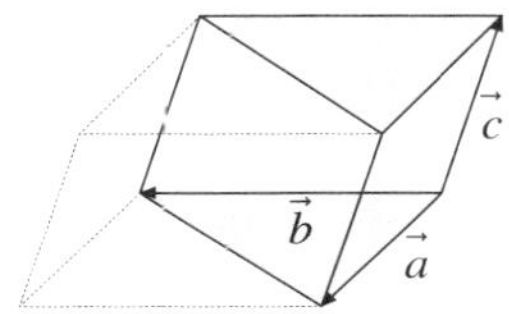


**Formel :** $\mathbf{V} = \frac{\mathbf{1}}{\mathbf{2}} \cdot \left| \left( \vec{a} \times \vec{b} \right) \cdot \vec{c} \right| \quad \left( = \frac{\mathbf{1}}{\mathbf{2}} \cdot \mathbf{V}_{\text{Spat}} \right)$

**3. Volumen** (Grundfl.: **Parallelogramm**)

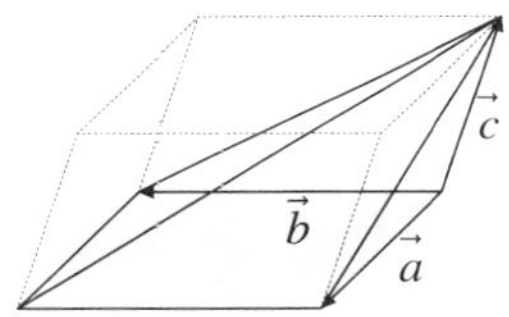


**Formel :** $\mathbf{V} = \frac{\mathbf{1}}{\mathbf{3}} \cdot \left| \left( \vec{a} \times \vec{b} \right) \cdot \vec{c} \right| \quad \left( = \frac{\mathbf{1}}{\mathbf{3}} \cdot \mathbf{V}_{\text{Spat}} \right)$

**4. Volumen** (Grundfl.: **Dreieck**)

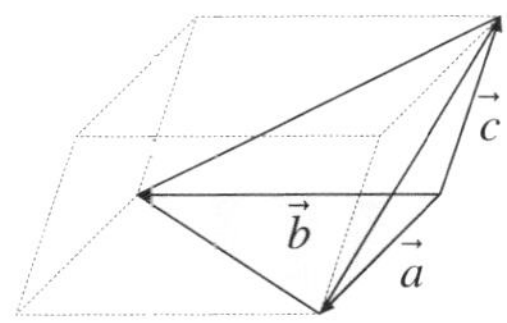


**Formel :** $\mathbf{V} = \frac{\mathbf{1}}{\mathbf{6}} \cdot \left| \left( \vec{a} \times \vec{b} \right) \cdot \vec{c} \right| \quad \left( = \frac{\mathbf{1}}{\mathbf{6}} \cdot \mathbf{V}_{\text{Spat}} \right)$

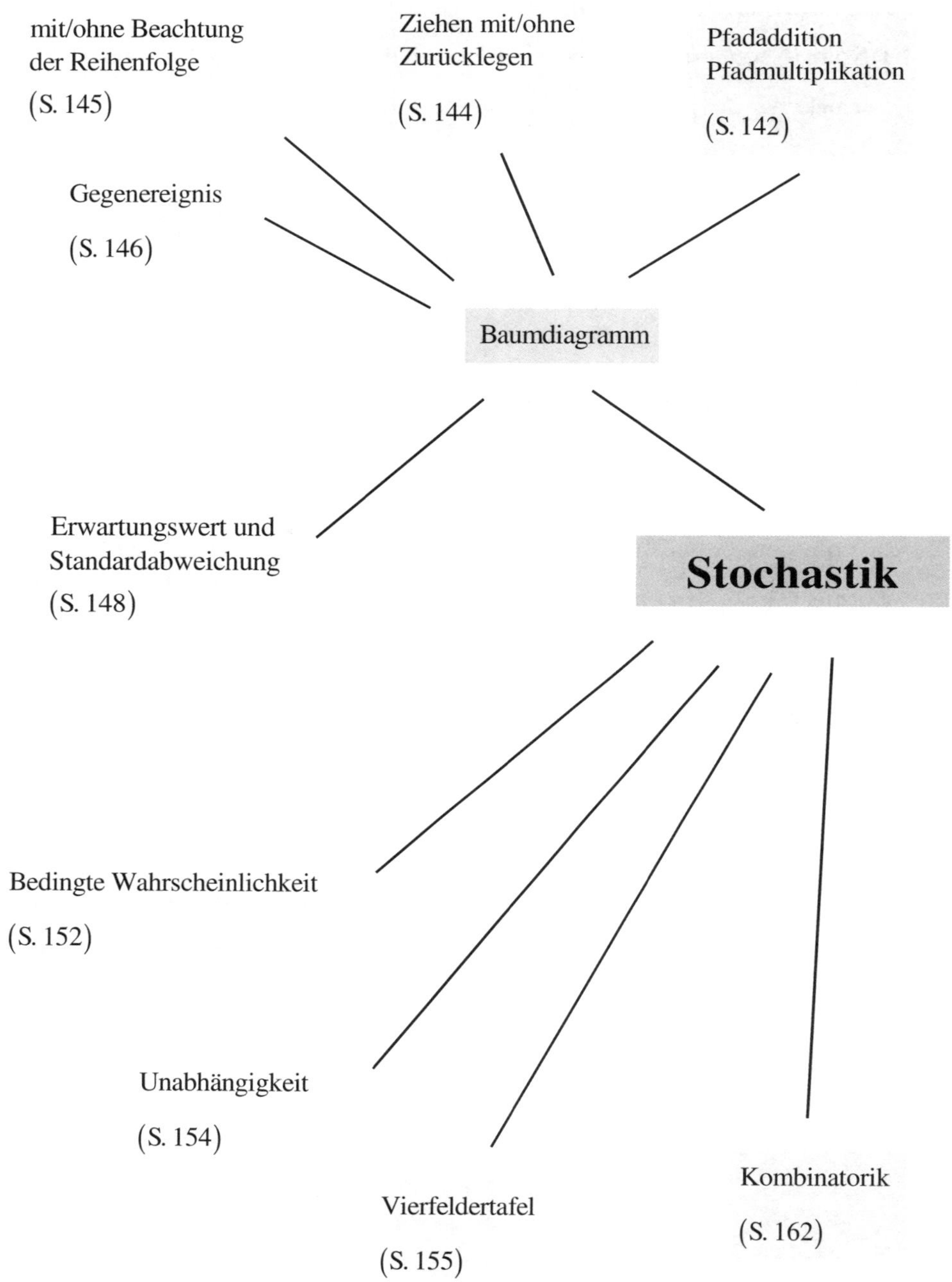
mit/ohne Beachtung der Reihenfolge
(S. 145)
Ziehen mit/ohne Zurücklegen
(S. 144)
Pfadaddition
Pfadmultiplikation
(S. 142)
Gegenereignis
(S. 146)
Baumdiagramm
Erwartungswert und Standardabweichung
(S. 148)
Stochastik
Bedingte Wahrscheinlichkeit
(S. 152)
Unabhängigkeit
(S. 154)
Vierfeldertafel
(S. 155)
Kombinatorik
(S. 162)

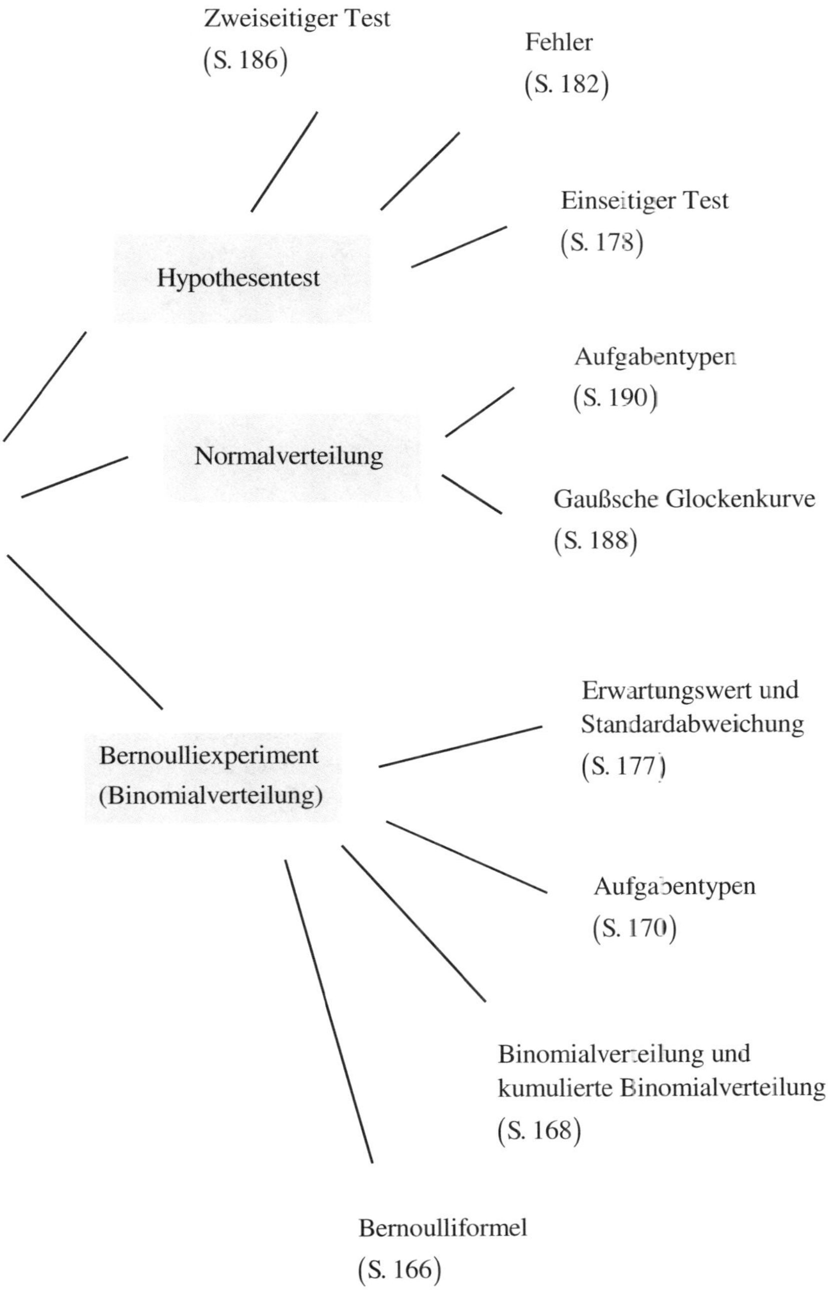
Zweiseitiger Test
(S. 186)
Fehler
(S. 182)
Einseitiger Test
(S. 178)
Hypothesentest
Aufgabentypen
(S. 190)
Normalverteilung
Gaußsche Glockenkurve
(S. 188)
Erwartungswert und
Standardabweichung
(S. 177)
Bernoulliexperiment
(Binomialverteilung)
Aufgabentypen
(S. 170)
Binomialverteilung und
kumulierte Binomialverteilung
(S. 168)
Bernoulliformel
(S. 166)

# 1. Baumdiagramm und Pfadregeln

## 1.1 Einführung

**Beispiel 1:** In einer Urne befinden sich 4 rote, 3 blaue und 2 grüne Kugeln. Es werden nacheinander 2 Kugeln entnommen. Mit welcher Wahrscheinlichkeit wird 2-mal die gleiche Farbe gezogen? Entnommene Kugeln werden hierbei …

**a)** … wieder zurückgelegt.
**(Ziehen mit Zurücklegen)**

**b)** … nicht wieder zurückgelegt.
**(Ziehen ohne Zurücklegen)**

**1. Schritt: Baumdiagramm anlegen**

**a)**

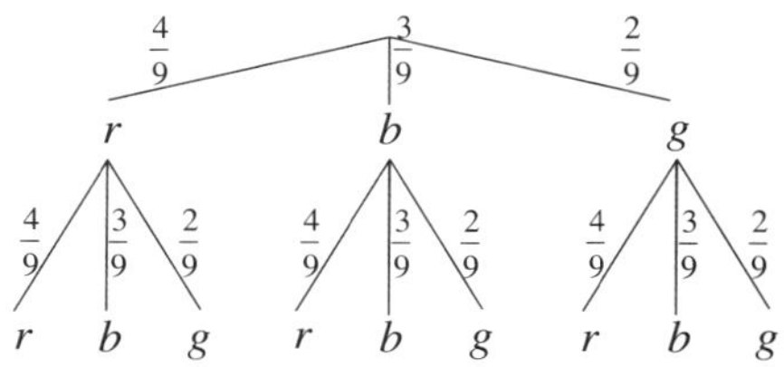


**b)**

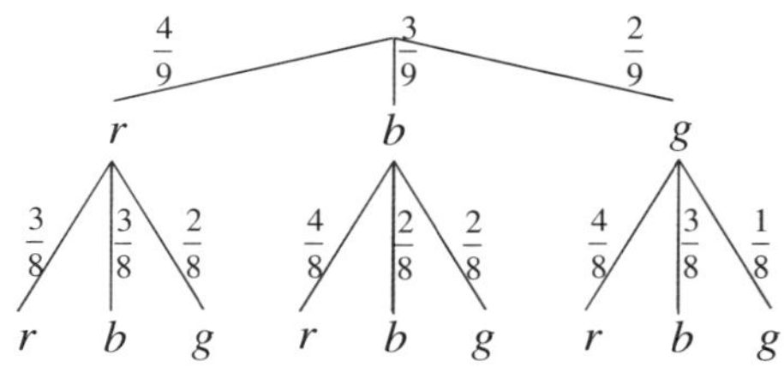


**Hinweise**

- Zu Beginn befinden sich 9 Kugeln in der Urne, von denen 4 rot sind. Dies führt zu einer Wahrscheinlichkeit von 4/9 für rot. (P = günstige/mögliche)
- Summe der Wahrscheinlichkeiten an jeder Verzweigung: 100 %
- **Ziehen ohne Zurücklegen:** Wahrscheinlichkeiten ändern sich hier von Stufe zu Stufe, abhängig davon: **Wie viele** Kugeln schon gezogen wurden (Änderung im **Nenner**) und **welche** Kugeln in den Vorstufen gezogen wurden (Änderung im **Zähler**).

**2. Schritt: Ereignis definieren, welches alle gefragten Ergebnisse enthält**

$\mathrm{E} = \{rr; bb; gg\}$

**3. Schritt: Wahrscheinlichkeit des Ereignisses berechnen**

$$\mathrm{P(E)} = \mathrm{P}(rr) + \mathrm{P}(bb) + \mathrm{P}(gg)$$
$$= \frac{4}{9} \cdot \frac{4}{9} + \frac{3}{9} \cdot \frac{3}{9} + \frac{2}{9} \cdot \frac{2}{9} = \frac{29}{81} \approx 0{,}358$$

$$\mathrm{P(E)} = \mathrm{P}(rr) + \mathrm{P}(bb) + \mathrm{P}(gg)$$
$$= \frac{4}{9} \cdot \frac{3}{8} + \frac{3}{9} \cdot \frac{2}{8} + \frac{2}{9} \cdot \frac{1}{8} = \frac{5}{18} \approx 0{,}278$$

- **1. Pfadregel:** Ergebniswahrscheinlichkeiten aller zugehörigen Ergebnisse addieren.
- **2. Pfadregel:** Ergebniswahrscheinlichkeiten durch Multiplikation „entlang ihres Ergebnispfades".



http://frv.tv/3a

**Beispiel 2:** Beim Rundlauf (Mäxle) im Tischtennis stehen sich im Finale zwei Spieler gegenüber. Spieler 1 entscheidet mit einer Wahrscheinlichkeit von 60 % einen Ballwechsel für sich. Wer zuerst 2 Ballwechsel gewonnen hat, ist Sieger.
Mit welcher Wahrscheinlichkeit gewinnt Spieler 1 insgesamt?

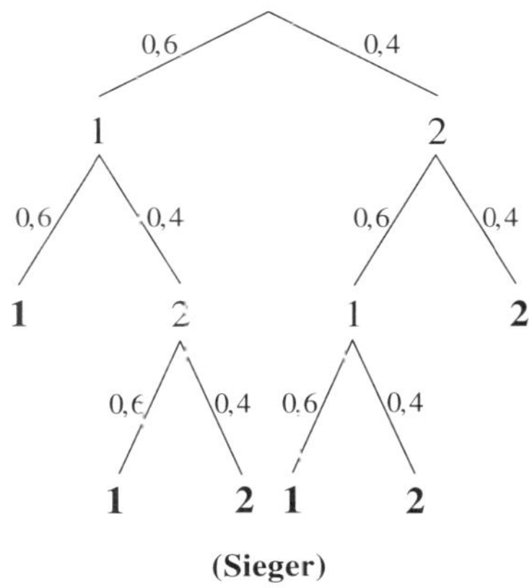


$$E=\{11;121;211\}$$

$$\begin{aligned}P(E)&=P(11)+P(121)+P(211)\\&=0,6\cdot 0,6+0,6\cdot 0,4\cdot 0,6+0,4\cdot 0,6\cdot 0,6\\&=0,648=64,8\ \%\end{aligned}$$

**Beispiel 3:** In einem Paket befinden sich 11 Smartphones. 4 davon sind vom Hersteller Samsung ($s$). Für 70 % der Handys eines jeden Herstellers wird eine Flatrate ($f$) gebucht. Ein Smartphone wird blind entnommen. Mit welcher Wahrscheinlichkeit ist es nicht von Samsung und ohne Flatrate.

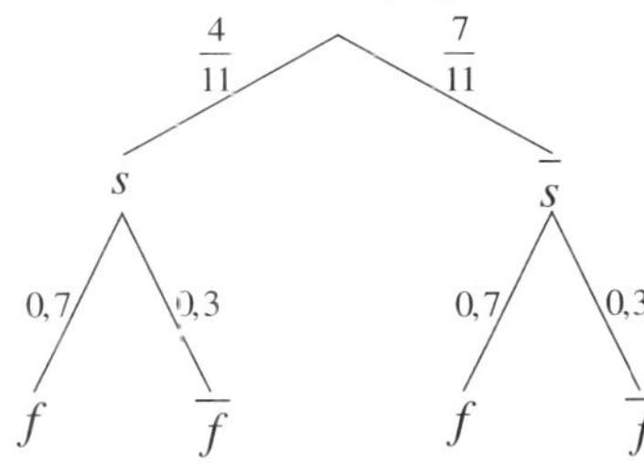

$$E=\{\overline{s}\overline{f}\}$$

$$P(E)=P(\overline{s}\overline{f})=\frac{7}{11}\cdot 0,3\approx 0,191=19,1\%$$

**Beispiel 4:** 30 % der 100 m-Läufer sind bei einem Wettkampf gedopt ($g$). Ein Dopingtest entlarvt gedopte Sportler mit einer Wahrscheinlichkeit von 99 %. Jedoch erhält auch ein nicht gedopter Sportler mit einer Wahrscheinlichkeit von 4 % ein positives Dopingtest-ergebnis ($p$). Mit welcher Wahrscheinlichkeit wird ein zufällig ausgewählter Läufer positiv getestet?

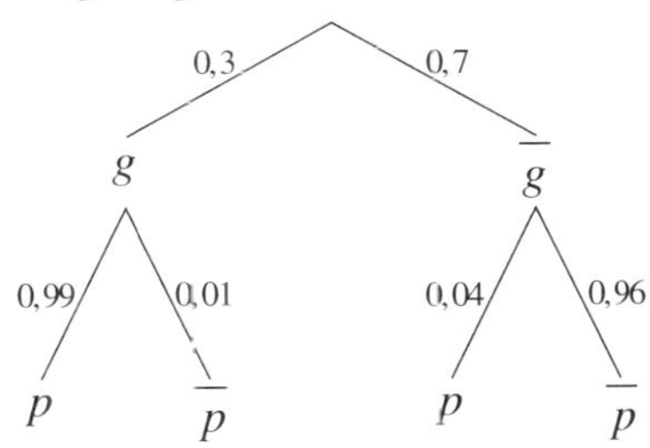

$$E=\{gp;\overline{g}p\}$$

$$\begin{aligned}P(E)&=P(gp)+P(\overline{g}p)\\&=0,3\cdot 0,99+0,7\cdot 0,04=0,325=32,5\%\end{aligned}$$

**Weitere Beispiele und Aufbau der zugehörigen Baumdiagramme**

## Ziehen mit Zurücklegen

**Beispiel 1:** Es befinden sich immer 10 Teile in einem Karton, von denen 3 Teile stets defekt sind. Es werden 7 Kartons geöffnet.

**Anzahl Stufen:** 7

**Wahrscheinlichkeiten:** $d:\frac{3}{10};\ \bar{d}:\frac{7}{10}$

**Beispiel 2:** Ein Glücksrad mit 6 gleich großen Feldern (1 rotes Feld, 2 blaue Felder, 3 grüne Felder) wird 4-mal gedreht.

**Anzahl Stufen:** 4

**Wahrscheinlichkeiten:** $r:\frac{1}{6};\ b:\frac{2}{6};\ g:\frac{3}{6}$

**Beispiel 3:** Ein Würfel wird 3-mal geworfen. (Oder: 3 Würfel werden gleichzeitig geworfen.)

**Anzahl Stufen:** 3

**Wahrscheinlichkeiten:** $1:\frac{1}{6};\ 2:\frac{1}{6};\ldots;6:\frac{1}{6}$

**Beispiel 4:** Die Prüfung für den Autoführerschein besteht aus 18 Fragen. Bei jeder Frage gibt es 3 Antwortmöglichkeiten, von denen eine richtig ist. Der Prüfling rät.

**Anzahl Stufen:** 18

**Wahrscheinlichkeiten:** $r:\frac{1}{3};\ f:\frac{2}{3}$

**Beispiel 5:** Ein Schütze schießt 3-mal. Er trifft mit einer Wahrscheinlichkeit von 75 %.

**Anzahl Stufen:** 3

**Wahrscheinlichkeiten:** $t:0,75;\ \bar{t}:0,25$

## Ziehen ohne Zurücklegen

**Beispiel 1:** Es befinden sich 10 Teile in einem Karton. 3 Teile davon sind defekt. Aus dem Karton werden 4 Teile entnommen.

**Anzahl Stufen:** 4

**Wahrscheinlichkeiten:** $d:\frac{3}{10};\ \bar{d}:\frac{7}{10}$
**(nur 1. Stufe)**

**Beispiel 2:** In einer Lostrommel befinden sich 5 Gewinnlose und 25 Nieten. Es werden 4 Lose gezogen.

**Anzahl Stufen:** 4

**Wahrscheinlichkeiten:** $G:\frac{5}{30};\ N:\frac{25}{30}$
**(nur 1. Stufe)**

**Beispiel 3:** Eine Rubbelkarte hat 16 Felder. Nur eines davon führt zu einem Gewinn. Ein Spieler rubbelt 3 Felder auf.

**Anzahl Stufen:** 3

**Wahrscheinlichkeiten:** $G:\frac{1}{16};\ N:\frac{15}{16}$
**(nur 1. Stufe)**

**Beispiel 4:** Aus einem Skatkartenspiel mit jeweils 8 Karten der Farben Kreuz, Pik, Herz und Karo werden 2 Karten entnommen.

**Anzahl Stufen:** 2

**Wahrscheinlichkeiten (nur 1. Stufe):**
$Kr:\frac{8}{32};\ P:\frac{8}{32};\ H:\frac{8}{32};\ Ka:\frac{8}{32}$

## 1.2 Aufgabentypen

Den nachfolgenden 4 Aufgabentypen liegt die gleiche Ausgangssituation und damit das gleiche Baumdiagramm zugrunde.

**Ausgangssituation (zu den Aufgabentypen 1-4)**
In einer Urne befinden sich 5 rote, 4 blaue und 3 grüne Kugeln. Es werden 3 Kugeln ohne Zurücklegen entnommen.

**Baumdiagramm**

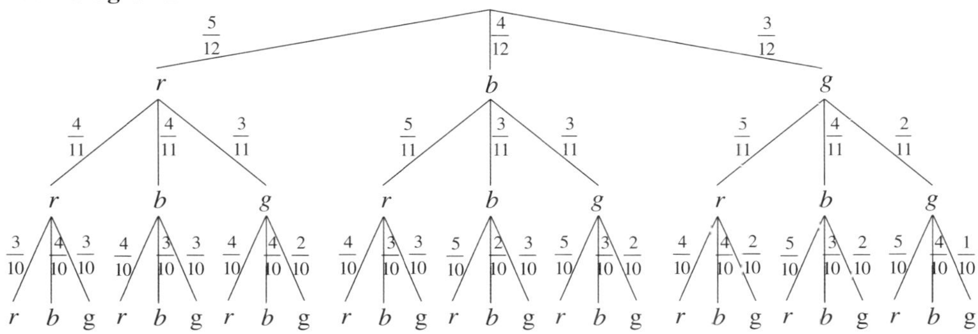


- **Aufgabentyp 1 (Vorgegebene Reihenfolge, also geordnet)**

Mit welcher Wahrscheinlichkeit werden <u>zunächst</u> eine rote Kugel <u>und dann</u> 2 blaue Kugeln gezogen?

$$\mathrm{E} = \{rbb\}$$

$$\mathrm{P}(\mathrm{E}) = \mathrm{P}(rbb) = \frac{5}{12} \cdot \frac{4}{11} \cdot \frac{3}{10} = \frac{1}{22} \approx 0{,}045 = 4{,}5\ \%$$

- **Aufgabentyp 2 (Ohne vorgegebene Reihenfolge, also ungeordnet)**

Mit welcher Wahrscheinlichkeit werden (mit einem Griff) eine rote und 2 blaue Kugeln gezogen?

$\mathrm{E} = \{rbb; brb; bbr\}$ (keine vorgegebene Reihenfolge, größere Ergebnismenge)

$$\mathrm{P}(\mathrm{E}) = \mathrm{P}(rbb) + \mathrm{P}(brb) + \mathrm{P}(bbr)$$

$$= \frac{5}{12} \cdot \frac{4}{11} \cdot \frac{3}{10} + \frac{4}{12} \cdot \frac{5}{11} \cdot \frac{3}{10} + \frac{4}{12} \cdot \frac{3}{11} \cdot \frac{5}{10}$$

$$= \mathbf{3} \cdot \left( \frac{5}{12} \cdot \frac{4}{11} \cdot \frac{3}{10} \right)$$ (**3** mögliche Umordnungen, alle mit gleicher Wahrscheinlichkeit)

$$= \frac{3}{22} = 0{,}136 = 13{,}6\ \%$$



http://frv.tv/3z

- **Aufgabentyp 3 (mit dem Gegenereignis arbeiten)**

Mit welcher Wahrscheinlichkeit wird mindestens eine rote oder eine blaue Kugel gezogen? (Zur Ausgangssituation S. 145)

$\text{E} = \{rrr; rrb; rrg; rbr; \ldots \text{(}\textbf{viele}\text{ weitere)}\}$

**Idee:** Nur wenige Ergebnisse aus der Ergebnismenge gehören nicht zum Ereignis E. Das **Gegenereignis** ($\overline{\text{E}}$: Nur grüne Kugeln) beinhaltet damit nur ein einziges Ergebnis, wodurch dessen Wahrscheinlichkeit schnell berechnet werden kann.

$\overline{\text{E}} = \{ggg\}$

$$\text{P}(\overline{\text{E}}) = \text{P}(ggg) = \frac{3}{12} \cdot \frac{2}{11} \cdot \frac{1}{10} = \frac{1}{220} \approx 0{,}0045 = 0{,}45\ \%$$

$$\mathbf{P(E) = 1 - P(\overline{E})} = 1 - \frac{1}{220} = \frac{219}{220} \approx 0{,}9955 = 99{,}55\ \%$$

Falls die Signalwörter **„mindestens“** oder **„höchstens“** in Aufgabenstellungen enthalten sind, können diese oftmals mit dem **Gegenereignis** bearbeitet werden.

- **Aufgabentyp 4 (Baumdiagramm verkleinern)**

Mit welcher Wahrscheinlichkeit wird genau eine rote Kugel gezogen?
(Zur Ausgangssituation S. 145)

$E = \{rbb; rbg; rgb; rgg; brb; \ldots (\textbf{viele} \text{ weitere})\}$

**Idee:** Bei dieser Aufgabenstellung ist es nicht relevant, ob bei einem Zug eine blaue oder eine grüne Kugel gezogen wird. Es geht nur darum, ob die gezogene Kugel rot ist oder eben nicht. Deshalb können jene beiden Äste zu einem $\bar{r}$-Ast zusammengelegt werden. Hierdurch wird das Baumdiagramm kleiner.

$E = \{(r\bar{r}\bar{r}); (\bar{r}r\bar{r}); (\bar{r}\bar{r}r)\}$

$$\begin{aligned} P(E) &= P(r\bar{r}\bar{r}) + P(\bar{r}r\bar{r}) + P(\bar{r}\bar{r}r) \\ &= \frac{5}{12}\cdot\frac{7}{11}\cdot\frac{6}{10} + \frac{7}{12}\cdot\frac{5}{11}\cdot\frac{6}{10} + \frac{7}{12}\cdot\frac{6}{11}\cdot\frac{5}{10} \\ &= 3\cdot\left(\frac{5}{12}\cdot\frac{7}{11}\cdot\frac{6}{10}\right) \\ &= \frac{21}{44} \approx 0{,}477 = 47{,}7\ \% \end{aligned}$$

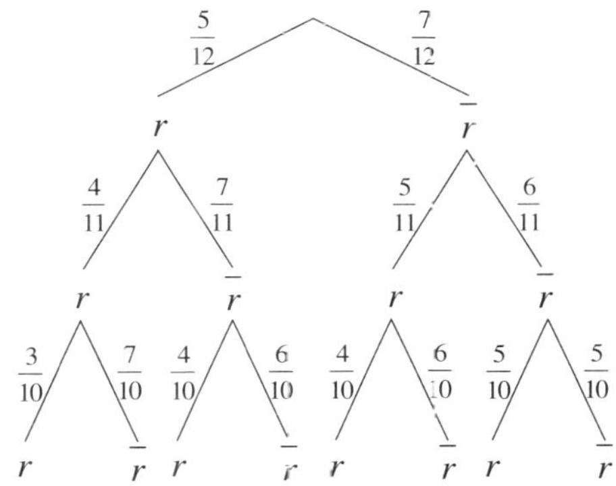

## 1.3 Zufallsgröße, Erwartungswert und Standardabweichung

### Erklärende Beispiele

**Beispiel 1**

Ein Basketballspieler trifft erfahrungsgemäß einen Freiwurf mit einer Wahrscheinlichkeit von 80 %. Er wirft eine Folge aus 2 Würfen.

Die Zufallsgröße **X** gibt die **Anzahl der Treffer bei einer Folge** an.

**a)** Erstellen Sie für diese Zufallsgröße eine Wahrscheinlichkeitsverteilung.
**b)** Der Basketballspieler wirft viele Folgen nacheinander. Wie viele Treffer sind im Durchschnitt pro Folge zu erwarten?
**c)** Berechnen Sie die zugehörige Varianz und Standardabweichung.

Lösung

**a) Baumdiagramm**

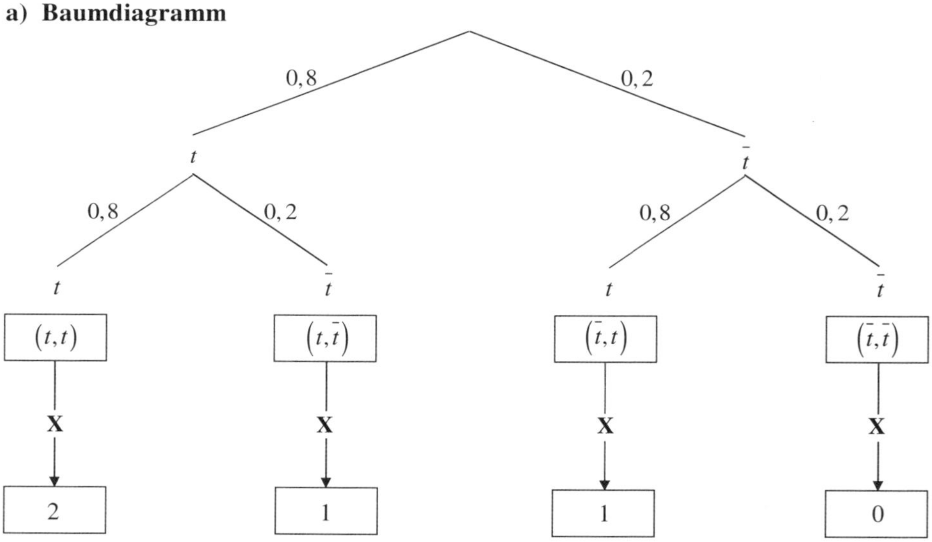


**Hinweis**

Die Zufallsgröße X ordnet jedem Ergebnis eine Zahl (hier: Anzahl der Treffer) zu.



http://frv.tv/7m

**Wahrscheinlichkeitsverteilung der Zufallsgröße**

| **Zugehörige Ergebnisse** | $(t,t)$ | $(t,\bar{t});(\bar{t},t)$ | $(\bar{t},\bar{t})$ |
|---|---|---|---|
| $x_i$ (Mögliche Werte der Zufallsgröße X) | **2** | **1** | **0** |
| $\mathbf{P}(\mathbf{X}=x_i)$ (Wahrscheinlichkeiten zu den Werten der Zufallsgröße) | $0,8\cdot 0,8 = \mathbf{0,64}$ | $0,8\cdot 0,2+0,2\cdot 0,8 = \mathbf{0,32}$ | $0,2\cdot 0,2=\mathbf{0,04}$ (oder: $1-0,64-0,32$) |

**b) Erwartungswert (Abkürzungen : $\mathbf{E(X)}$ bzw. $\mu$) der Zufallsgröße**

**Allgemein : $\mathbf{E(X)}=x_1\cdot \mathbf{P}(\mathbf{X}=x_1)+x_2\cdot \mathbf{P}(\mathbf{X}=x_2)+\ldots+x_n\cdot \mathbf{P}(\mathbf{X}=x_n)$**

Im Beispiel: $E(X)=2\cdot 0,64+1\cdot 0,32(+0\cdot 0,04)=1,6$

**Interpretation**

Der Basketballspieler kann durchschnittlich 1,6 Treffer pro Folge erwarten.

**c) Varianz (Abkürzung : $\mathbf{V(X)}$) der Zufallsgröße**

**Allgemein : $\mathbf{V(X)}=(x_1-\mathbf{E(X)})^2\cdot \mathbf{P}(\mathbf{X}=x_1)+\ldots+(x_n-\mathbf{E(X)})^2\cdot \mathbf{P}(\mathbf{X}=x_n)$**

Im Beispiel: $V(X)=(2-1,6)^2\cdot 0,64+(1-1,6)^2\cdot 0,32+(0-1,6)^2\cdot 0,04=0,32$

**Standardabweichung $\sigma$ der Zufallsgröße**

**Allgemein : $\sigma=\sqrt{\mathbf{V(X)}}$**

Im Beispiel: $\sigma=\sqrt{0,32}\approx 0,57$

**Interpretation**

Varianz und Standardabweichung messen, wie sehr die Wahrscheinlichkeitsverteilung um den Erwartungswert „streut“.

**Beispiel 2**

Ein Spieler kann gegen einen Einsatz von 4 € an folgendem Spiel teilnehmen:
Er würfelt ein Mal. Bei einer geraden Zahl erhält er 3 €. Bei einer ungeraden Zahl erhält er den doppelten Betrag der gewürfelten Augenzahl.

Ist es günstig für den Spieler, bei diesem Spiel teilzunehmen?

**1. Lösungsvariante:** Die **Zufallsgröße X** gibt den **Auszahlungsbetrag an den Spieler** an.

**Baumdiagramm**

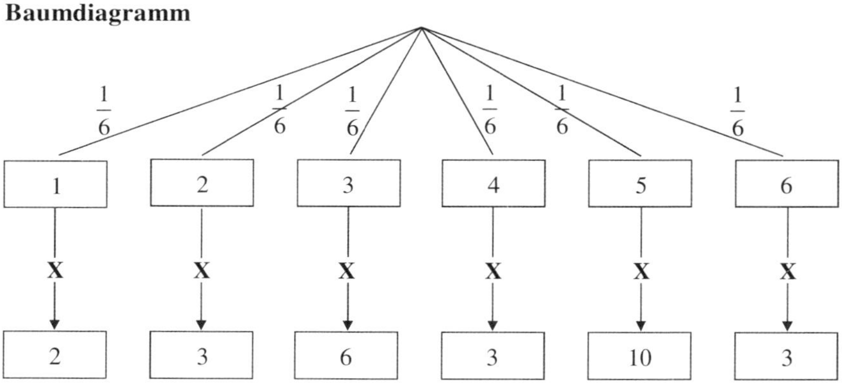


**Wahrscheinlichkeitsverteilung der Zufallsgröße**

| **Zugehörige Ergebnisse** | $(2);(4);(6)$ | $(5)$ | $(3)$ | $(1)$ |
|---|---|---|---|---|
| $x_i$ | **3** | **10** | **6** | **2** |
| $\mathbf{P}(\mathbf{X}=x_i)$ | $\frac{1}{6}+\frac{1}{6}+\frac{1}{6}=\mathbf{\frac{3}{6}}$ | $\mathbf{\frac{1}{6}}$ | $\mathbf{\frac{1}{6}}$ | $\mathbf{\frac{1}{6}}$ |

**Erwartungswert der Zufallsgröße**

$$\mathbf{E(X)=3\cdot\frac{3}{6}+10\cdot\frac{1}{6}+6\cdot\frac{1}{6}+2\cdot\frac{1}{6}=4{,}5}$$

**Interpretation und Ergebnis**

**X** gibt den Auszahlungsbetrag an den Spieler pro Spiel an. Somit gibt **E(X)** den zu **erwartenden Auszahlungsbetrag** pro Spiel an, den der Spieler bei vielen Spielen durchschnittlich erhalten würde.



http://frv.tv/3d

Der Spieler erreicht hier durch seine Teilnahme einen erwarteten Auszahlungsbetrag von 4,50 € pro Spieldurchgang. Da dieser **höher als sein Einsatz** ist, ist das Spiel **günstig für den Spieler** (und ungünstig für den Anbieter).

**2. Lösungsvariante:** Die **Zufallsgröße X** gibt den **Gewinn des Spielers** an.

**Hinweis:** Gewinn = Auszahlungsbetrag – Einsatz

**Wahrscheinlichkeitsverteilung der Zufallsgröße**

| **Zugehörige Ergebnisse** | $(2);(4);(6)$ | $(5)$ | $(3)$ | $(1)$ |
|---|---|---|---|---|
| $x_i$ | $\mathbf{-1}\ (=3-4)$ | $\mathbf{6}\ (=10-4)$ | $\mathbf{2}\ (=6-4)$ | $\mathbf{-2}\ (=2-4)$ |
| $\mathbf{P(X=x_i)}$ | $\frac{1}{6}+\frac{1}{6}+\frac{1}{6}=\mathbf{\frac{3}{6}}$ | $\mathbf{\frac{1}{6}}$ | $\mathbf{\frac{1}{6}}$ | $\mathbf{\frac{1}{6}}$ |

**Erwartungswert der Zufallsgröße**

$$E(X)=(-1)\cdot\frac{3}{6}+6\cdot\frac{1}{6}+2\cdot\frac{1}{6}+(-2)\cdot\frac{1}{6}=0,5$$

**Interpretation und Ergebnis**

**X** gibt den Gewinn des Spielers pro Spiel an. Somit gibt **E(X)** den zu **erwartenden Gewinn** pro Spiel an, den der Spieler bei vielen Spielen durchschnittlich erhalten würde. Der Spieler erreicht hier durch seine Teilnahme einen erwarteten Durchschnittsgewinn von 0,50 € pro Spieldurchgang. Da dieser **positiv** ist, ist das Spiel **günstig für den Spieler** (und ungünstig für den Anbieter).

**Übersicht**

| **X: Auszahlungsbetrag** an Spieler | |
|---|---|
| E(X) > **Einsatz** | günstig für Spieler |
| E(X) = **Einsatz** | faires Spiel |
| E(X) < **Einsatz** | günstig für Anbieter |

| **X: Gewinn** des Spielers | |
|---|---|
| E(X) > **0** | günstig für Spieler |
| E(X) = **0** | faires Spiel |
| E(X) < **0** | günstig für Anbieter |

# 2. Bedingte Wahrscheinlichkeit, Unabhängigkeit, Vierfeldertafel

## 2.1 Bedingte Wahrscheinlichkeit

**Formel (allg.)**

$$\mathbf{P_B(A) = \frac{P(A \cap B)}{P(B)}}$$

A: Gesuchtes Ereignis
B: Vorwissen bzw. Bedingung
$\cap$: „und"

**Formel (in Worten)**

$$P_{\text{Vorwissen}}(\text{gesucht}) = \frac{\text{P(entspricht Vorwissen und ist gesucht)}}{\text{P(möglich laut Vorwissen)}}$$

**Beispiel 1:** Eine Münze wird 2-mal geworfen.
Berechnen Sie die Wahrscheinlichkeit, dass genau ein Mal Zahl geworfen wird, wobei bekannt ist, dass im zweiten Wurf Wappen geworfen wird.

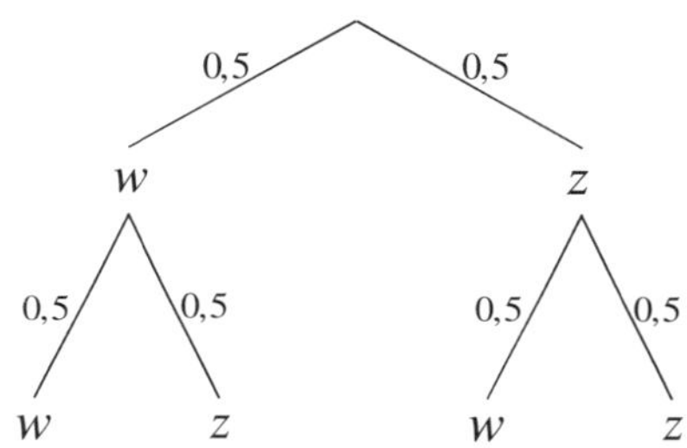


$$P_{\text{Wappen im 2. Wurf}}(\text{genau ein Mal Zahl}) = \frac{\text{P(Wappen im 2. Wurf und genau ein Mal Zahl)}}{\text{P(Wappen im 2. Wurf)}}$$

$$= \frac{P(zw)}{P(zw)+P(ww)} = \frac{0{,}5 \cdot 0{,}5}{0{,}5 \cdot 0{,}5 + 0{,}5 \cdot 0{,}5} = \frac{0{,}25}{0{,}5} = 0{,}5 = 50\,\%$$

**Beispiel 2:** An einer Schule werden Schüler nach der Marke ihres Smartphones befragt:

| Marke | Samsung | Apple | Sony | HTC | sonst |
|---|---|---|---|---|---|
| Anteil | 45 % | 21 % | 8% | 6 % | 20 % |

Mit welcher Wahrscheinlichkeit hat ein Schüler, von welchem bekannt ist, dass er kein Smartphone von Samsung besitzt, ein Smartphone von HTC?

$$P_{\text{kein Samsung}}(\text{HTC}) = \frac{\text{P(kein Samsung und HTC)}}{\text{P(kein Samsung)}} = \frac{\text{P(HTC)}}{\text{P(kein Samsung)}}$$

$$= \frac{0{,}06}{1-0{,}45} = \frac{0{,}06}{0{,}55} \approx 0{,}109 = 10{,}9\,\%$$



http://frv.tv/6j

## Wichtige Hinweise

### Erkennen, dass eine Aufgabe zur bedingten Wahrscheinlichkeit vorliegt

Die Schwierigkeit bei Aufgaben zur bedingten Wahrscheinlichkeit besteht oftmals darin, diese überhaupt als solche zu entlarven und nicht mit „üblichen Baumaufgaben“ zu verwechseln. Hierbei muss das Merkmal solcher Aufgaben, nämlich die Existenz von Vorwissen, erkannt werden.
Es gibt mehrere **grammatikalische Formulierungen**, die den Aufgabenbearbeiter über vorhandenes Vorwissen informieren sollen.

**Beispiel** (siehe Vorseite)

gesuchtes Ereignis: genau ein Mal Zahl geworfen wird

Berechnen Sie die Wahrscheinlichkeit dafür, dass genau ein Mal Zahl geworfen wird, **wobei bekannt ist, dass** im zweiten Wurf Wappen geworfen wird.

**grammatikalische Formulierung**: wobei bekannt ist, dass

Vorwissen (Bedingung): im zweiten Wurf Wappen geworfen wird

### Weitere grammatikalische Formulierungen für die bedingte Wahrscheinlichkeit

Berechnen Sie die Wahrscheinlichkeit dafür, dass genau ein Mal Zahl geworfen wird, **wenn man weiß, dass** im zweiten Wurf Wappen geworfen wird.

Berechnen Sie die Wahrscheinlichkeit dafür, dass genau ein Mal Zahl geworfen wird, **falls** im zweiten Wurf Wappen geworfen wird.

Berechnen Sie die Wahrscheinlichkeit dafür, dass genau ein Mal Zahl geworfen wird, **wenn** im zweiten Wurf Wappen geworfen wird.

Im zweiten Wurf wird Wappen geworfen. **(Vorwissen in eigenem Satz.)**
Berechnen Sie die Wahrscheinlichkeit dafür, dass genau ein Mal Zahl geworfen wird.

### Achtung: Keine bedingte Wahrscheinlichkeit bei Formulierungen mit „und“

Formulierungen mit **„und“** deuten auf eine Aufgabenstellung ohne eine bedingte Wahrscheinlichkeit hin.

**Beispiel:** Eine Münze wird 2-mal geworfen. Berechnen Sie die Wahrscheinlichkeit dafür, dass genau ein Mal Zahl **und** im zweiten Wurf Wappen geworfen wird.

$\mathrm{P}(zw) = 0{,}5 \cdot 0{,}5 = 0{,}25$

## 2.2 Unabhängigkeit (Testgleichung: $\mathbf{P(A \cap B) = P(A) \cdot P(B)}$)

| Abhängige Ereignisse | Unabhängige Ereignisse |
|---|---|
| **Beispiel**<br>Eine Münze wird 2-mal geworfen.<br>A: *Im ersten Wurf erscheint Wappen*<br>B: *In beiden Würfen erscheint Wappen*<br>Sind die beiden Ereignisse abhängig oder unabhängig? | **Beispiel**<br>Eine Münze wird 2-mal geworfen.<br>A: *Im ersten Wurf erscheint Wappen*<br>B: *Im zweiten Wurf erscheint Wappen*<br>Sind die beiden Ereignisse abhängig oder unabhängig? |
| **Rechnerische Lösung**<br>**1. $\mathbf{P(A)}$ bestimmen**<br>$A = \{(WZ);(WW)\}$<br>$P(A) = P(WZ) + P(WW) = 0{,}5 \cdot 0{,}5 + 0{,}5 \cdot 0{,}5 = 0{,}5$ (Baumdiagramm!)<br>**2. $\mathbf{P(B)}$ bestimmen**<br>$B = \{(WW)\}$<br>$P(B) = P(WW) = 0{,}5 \cdot 0{,}5 = 0{,}25$<br>**3. $\mathbf{P(A \cap B)}$ bestimmen**<br>$A \cap B = \{(WW)\}$<br>$P(A \cap B) = P(WW) = 0{,}5 \cdot 0{,}5 = 0{,}25$<br>**4. Test:** $\mathbf{P(A \cap B) = P(A) \cdot P(B)}$<br>$0{,}25 \neq 0{,}5 \cdot 0{,}25$<br>$0{,}25 \neq 0{,}125$<br>Gleichung ist **nicht erfüllt**,<br>somit sind A und B **abhängig!** | **Rechnerische Lösung**<br>**1. $\mathbf{P(A)}$ bestimmen**<br>$A = \{(WZ);(WW)\}$<br>$P(A) = P(WZ) + P(WW) = 0{,}5 \cdot 0{,}5 + 0{,}5 \cdot 0{,}5 = 0{,}5$ (Baumdiagramm!)<br>**2. $\mathbf{P(B)}$ bestimmen**<br>$B = \{(ZW);(WW)\}$<br>$P(B) = P(ZW) + P(WW) = 0{,}5 \cdot 0{,}5 + 0{,}5 \cdot 0{,}5 = 0{,}5$<br>**3. $\mathbf{P(A \cap B)}$ bestimmen**<br>$A \cap B = \{(WW)\}$<br>$P(A \cap B) = P(WW) = 0{,}5 \cdot 0{,}5 = 0{,}25$<br>**4. Test:** $\mathbf{P(A \cap B) = P(A) \cdot P(B)}$<br>$0{,}25 = 0{,}5 \cdot 0{,}5$<br>$0{,}25 = 0{,}25$<br>Gleichung ist **erfüllt**,<br>somit sind A und B **unabhängig!** |
| **Intuitive Lösung**<br>Wenn beispielsweise das Ereignis A nicht eintritt, weil im ersten Wurf Zahl erscheint, kann das Ereignis B ebenfalls nicht mehr eintreten. | **Intuitive Lösung**<br>Ob im ersten Wurf Wappen erscheint (oder nicht) steht in keinem Zusammenhang damit, dass im zweiten Wurf Wappen erscheint. |
| **Merkmal: Zusammenhang existiert** | **Merkmal: Kein Zusammenhang** |



http://frv.tv/4c

## 2.3 Vierfeldertafel

### Grundregel: Zeilen- und Spaltenaddition

**Beispiel 1**

Über die Personen, die in einer Stadt wohnen, ist bekannt:

- 41 % der Personen sind groß;
- 45 % der Personen sind männlich;
- 6 % der Personen sind groß und weiblich.

Für eine Verlosung wird eine Person zufällig ausgewählt.

Mit welcher Wahrscheinlichkeit ist diese klein und weiblich?

| Größe \ Geschlecht | $m$ | $\overline{m}$ | |
|---|---|---|---|
| $g$ | | 0,06 | 0,41 |
| $\overline{g}$ | | | |
| | 0,45 | | 1 |

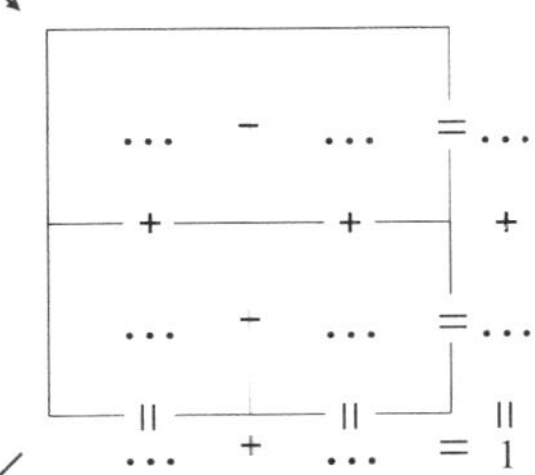

| Größe \ Geschlecht | $m$ | $\overline{m}$ | |
|---|---|---|---|
| $g$ | 0,35 | 0,06 | 0,41 |
| $\overline{g}$ | 0,10 | **0,49** | 0,59 |
| | 0,45 | 0,55 | 1 |

**Lösung:** $P(\overline{g}\,\overline{m}) = \mathbf{0{,}49}$

### Zusatzregel bei Unabhängigkeit: P(außen) · P(außen) = P(innen)

**Beispiel 2**

Über die Personen, die in einer Stadt wohnen, ist bekannt:

- 41 % der Personen sind groß;
- 52 % der Personen haben dunkles Haar;
- **Information: Größe und Haarfarbe sind voneinander unabhängig.**

Für eine Verlosung wird eine Person zufällig ausgewählt.

Mit welcher Wahrscheinlichkeit ist diese klein und besitzt helles Haar?

| Größe \ Haarfarbe | $d$ | $\overline{d}$ | |
|---|---|---|---|
| $g$ | | | 0,41 |
| $\overline{g}$ | | | |
| | 0,52 | | 1 |

**Zusatzregel**

P(außen) · P(außen) = P(innen)

| Größe \ Haarfarbe | $d$ | $\overline{d}$ | |
|---|---|---|---|
| $g$ | 0,21 (= 0,41 · 0,52) | 0,20 (= 0,41 · 0,48) | 0,41 |
| $\overline{g}$ | 0,31 (= 0,59 · 0,52) | **0,28** (= 0,59 · 0,48) | 0,59 |
| | 0,52 | 0,48 | 1 |

**Lösung:** $P(\overline{g}\,\overline{d}) = \mathbf{0{,}28}$

## 2.4 Zusammenhänge und Vernetzung

Bei Aufgabenstellungen, bei denen 2 Merkmale, wie beispielsweise Größe und Geschlecht (Beispiel 1, S. 155), in jeweils 2 Ausprägungen vorkommen, besteht oftmals das Problem zu entscheiden, ob eine Vierfeldertafel oder ein 2-stufiger Wahrscheinlichkeitsbaum zur Bearbeitung verwendet werden soll.
Hierfür muss erkannt werden, welche **Typen von Wahrscheinlichkeitsangaben** in der Aufgabenstellung gegebenen sind und an welchen **Positionen** diese in der Vierfeldertafel bzw. im Wahrscheinlichkeitsbaum stehen.
Es muss dann das Instrument vorgezogen werden, für welches eine ausreichende Menge an Wahrscheinlichkeitsangaben vorhanden ist.

*Geschlecht* (Spalten), *Größe* (Zeilen)

| | $m$ | $\overline{m}$ | |
|---|---|---|---|
| $g$ | $P(gm)$ | $P(g\overline{m})$ | $P(g)$ |
| $\overline{g}$ | $P(\overline{g}m)$ | $P(\overline{g}\overline{m})$ | $P(\overline{g})$ |
| | $P(m)$ | $P(\overline{m})$ | 1 |

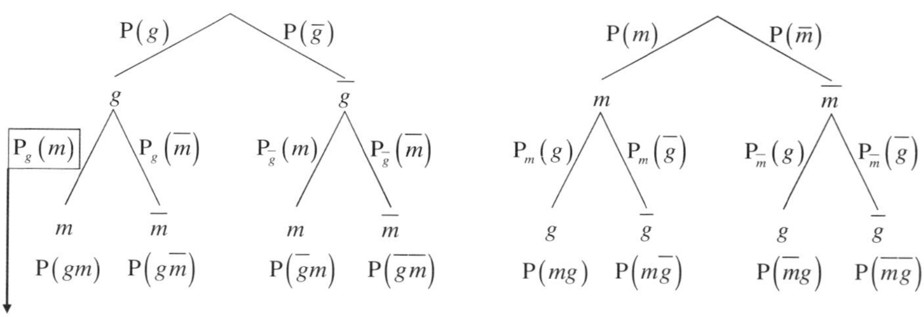


**Weshalb steht auf der zweiten Stufe eine bedingte Wahrscheinlichkeit?**
Wie bisher muss in einem Baumdiagramm an dieser Stelle die Wahrscheinlichkeit stehen, dass eine Person, von der man weiß, dass sie groß ist (sonst: anderer Ast), männlich ist. Dass die Person groß ist, kann jedoch als **Vorwissen** interpretiert werden. Somit liegt eigentlich eine bedingte Wahrscheinlichkeitsangabe vor.
*Aber*: Dies hat keine Auswirkung auf den Umgang mit dem Baumdiagramm. Sie wissen nun lediglich, von welcher Art diese Wahrscheinlichkeitsangabe ist!



http://frv.tv/4e

| Typen von Wahrscheinlichkeitsangaben | Position |
|---|---|
| **1. Typ : Eigenschaftswahrscheinlichkeit**<br>**Schreibweise :** $P(g), P(\overline{g}), P(m), P(\overline{m})$<br>**Interpretation :** z.B. $P(g) = 0,41 \rightarrow$ Zu 41 % ist die ausgewählte Person groß<br>**Merkmale :** 1. Es geht nur um eine Eigenschaft (z.B. Größe)<br>2. Angabe bezieht sich auf die gesamte Grundmenge (alle Personen) | **Vierfeldertafel :**<br>Außerhalb<br>**Baumdiagramm :**<br>Auf der ersten Stufe |
| **2. Typ : Bedingte Wahrscheinlichkeit**<br>**Schreibweise :** $P_g(m), P_g(\overline{m}), ..., P_{\overline{m}}(\overline{g})$<br>**Interpretation :** z.B. $P_g(m) = 0,854 \rightarrow$ Wenn die ausgewählte Person groß ist, ist sie zu 85,4 % männlich<br>**Merkmale :** 1. Es geht um beide Eigenschaften (Größe und Geschlecht)<br>2. Angabe bezieht sich nur auf einen Teil der Grundmenge (nur die großen Personen) | **Vierfeldertafel :**<br>!! Nicht vorhanden !!<br>**Baumdiagramm :**<br>Auf der zweiten Stufe |
| **3. Typ : Ergebniswahrscheinlichkeit**<br>**Schreibweise :** $P(gm), P(\overline{g}m), ..., P(\overline{m}\overline{g})$<br>**Interpretation :** z.B. $P(g\overline{m}) = 0,06 \rightarrow$ Zu 6 % ist die ausgewählte Person groß und weiblich<br>**Merkmale :** 1. Es geht um beide Eigenschaften (Größe und Geschlecht)<br>2. Angabe bezieht sich auf die gesamte Grundmenge (alle Personen) | **Vierfeldertafel :**<br>In den Innenfeldern<br>**Baumdiagramm :**<br>Ergebnis der Pfadmultiplikation („Baumblätter“) |

**Beispiel 1**

Die Schüler einer Klasse bereiten sich auf eine Klausur in Mathematik vor. Der Mathematiklehrer der Klasse weiß aus Erfahrung:

63 % der Schüler haben den Stoff verstanden;
Ein Schüler, der den Stoff verstanden hat, erreicht mit einer Wahrscheinlichkeit von 69 % ein positives Ergebnis;
Ein Schüler, der den Stoff nicht verstanden hat, erreicht hingegen nur mit einer Wahrscheinlichkeit von 28 % ein positives Ergebnis.

Ein Schüler dieser Klasse wird zufällig ausgewählt. Mit welcher Wahrscheinlichkeit erreicht er kein positives Ergebnis?

**Lösung**

**Bezeichnungen**

$v$: Schüler hat Stoff verstanden; $\overline{v}$: Schüler hat Stoff nicht verstanden
$p$: Schüler erreicht pos. Ergebnis; $\overline{p}$: Schüler erreicht kein pos. Ergebnis

**Gegebene Typen von Wahrscheinlichkeitsangaben**

$P(v) = 0,63$: Eigenschaftswahrscheinlichkeit (nur Eigenschaft „Stoff verstanden")
$P_v(p) = 0,69$: Bed. Wahrscheinlichkeit (nur von Schülern mit „Stoff verstanden")
$P_{\overline{v}}(p) = 0,28$: Bed. Wahrscheinlichkeit (nur von Schülern mit „Stoff nicht verstanden")

**Besser: Baumdiagramm**

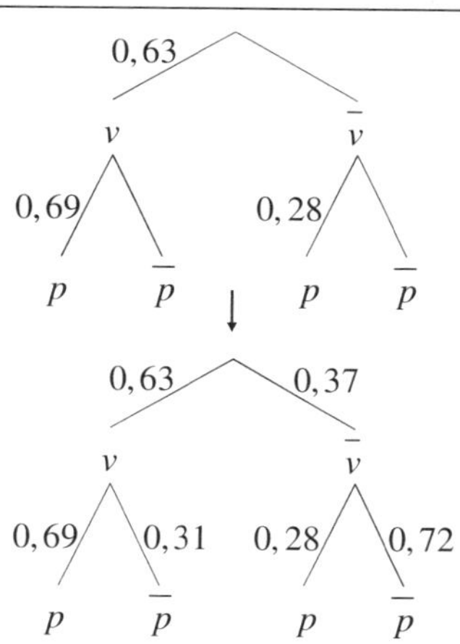


$$P(\overline{p}) = P(v\overline{p}) + P(\overline{v}\,\overline{p}) = 0,63 \cdot 0,31 + 0,37 \cdot 0,72 = 0,46$$

**Vierfeldertafel**

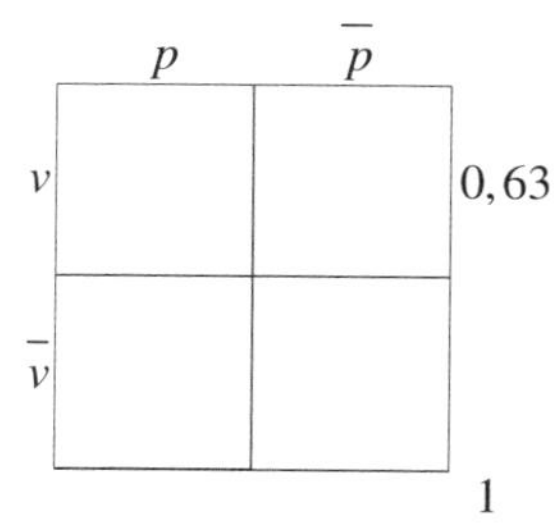


Problem: Die bedingten Wahrscheinlichkeiten können nicht direkt eingetragen werden



http://frv.tv/4f

**Beispiel 2**

Die Schulleitung eines beruflichen Gymnasiums erhebt an einem Schultag die folgenden Daten:

40 % der Schüler kamen mit dem Auto in die Schule;
87 % der Schüler erschienen pünktlich im Unterricht;
5 % der Schüler kamen nicht mit dem Auto und erschienen unpünktlich im Unterricht.

Mit welcher Wahrscheinlichkeit trifft man an diesem Schultag zufällig auf einen Schüler, der mit dem Auto in die Schule kam und pünktlich im Unterricht erschien?

**Lösung**

**Bezeichnungen**

$a$: Schüler kam mit Auto; $\overline{a}$: Schüler kam nicht mit Auto
$p$: Schüler war pünktlich; $\overline{p}$: Schüler war unpünktlich

**Gegebene Typen von Wahrscheinlichkeitsangaben**

$\mathrm{P}(a)=0{,}4$: Eigenschaftswahrscheinlichkeit (nur Eigenschaft „kam mit Auto“)
$\mathrm{P}(p)=0{,}87$: Eigenschaftswahrscheinlichkeit (nur Eigenschaft „kam pünktlich“)
$\mathrm{P}(\overline{a}\,\overline{p})=0{,}05$: Ergebniswahrscheinlichkeit (beide Eigenschaften; von allen Schülern)

**Baumdiagramm**

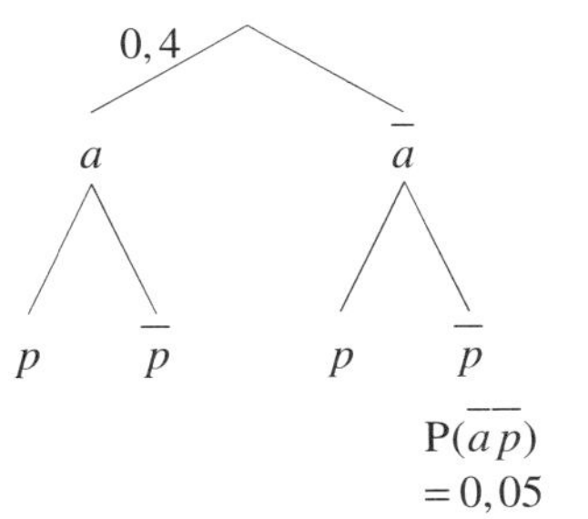


Problem: $\mathrm{P}(p)=0{,}87$ kann nicht direkt eingetragen werden

**Besser: Vierfeldertafel**

| | $p$ | $\overline{p}$ | |
|---|---|---|---|
| $a$ | | | 0,40 |
| $\overline{a}$ | | 0,05 | |
| | 0,87 | | 1 |

↓

| | $p$ | $\overline{p}$ | |
|---|---|---|---|
| $a$ | **0,32** | 0,08 | 0,40 |
| $\overline{a}$ | 0,55 | 0,05 | 0,60 |
| | 0,87 | 0,13 | 1 |

$\Rightarrow \mathrm{P}(ap)=\mathbf{0{,}32}$

## Spezialfall : Unabhängige Eigenschaften

**Beispiel** (entspricht Beispiel 2 auf S. 155)

Über die Personen, die in einer Stadt wohnen, ist bekannt:
- 41 % der Personen sind groß;
- 52 % der Personen haben dunkles Haar;
- Größe und Haarfarbe sind voneinander unabhängig.

**Berechnung** (mit den Werten aus der Vierfeldertafel auf S. 155)
$P_g(d) = P_{\overline{g}}(d) = P(d) = 0{,}52$

**Interpretation**
Es haben also sowohl 52 % aller Personen, als auch aller großen und aller kleinen Personen, dunkles Haar. Für die Wahrscheinlichkeit, dass eine zufällig ausgewählte Person dunkles Haar besitzt, ist somit das Vorwissen, dass diese groß (oder klein) ist, völlig unerheblich. Sie beträgt stets 52 %.

**Ergebnis**
Bei voneinander **unabhängigen Eigenschaften** ist Vorwissen unerheblich.
Damit werden **bedingte Wahrscheinlichkeiten zu Eigenschaftswahrscheinlichkeiten :**
$\mathbf{P_{\not x}(d) = P_{\overline{\not x}}(d) = P(d)}$.

**Folgen für das Baumdiagramm**

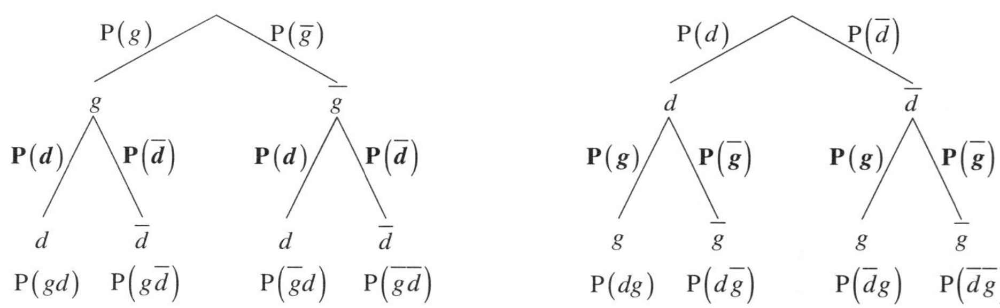


**2. Stufe :** • **Eigenschaftswahrscheinlichkeiten** statt bedingter Wahrscheinlichkeiten
• **Gleiche Werte** bei beiden Ästen



http://frv.tv/4g

**Beispiel 3**

60 % der Bewerber eines Unternehmens sind weiblich. 21 % aller Bewerber werden eingestellt. Außerdem gibt das Unternehmen an, dass die beiden Eigenschaften Einstellungschance und Geschlecht unabhängig voneinander sind.

Ein Bewerber wird zufällig ausgewählt. Mit welcher Wahrscheinlichkeit ist er männlich und wird nicht eingestellt?

**Lösung**

**Bezeichnungen**

$w$: Bewerber ist weiblich; $\overline{w}$: Bewerber ist männlich

$e$: Bewerber wird eingestellt; $\overline{e}$: Bewerber wird nicht eingestellt

**Gegebene Typen von Wahrscheinlichkeitsangaben**

$P(w) = 0{,}6$: Eigenschaftswahrscheinlichkeit (nur Eigenschaft „weiblich“)
$P(e) = 0{,}21$: Eigenschaftswahrscheinlichkeit (nur Eigenschaft „eingestellt“)

**Möglich: Baumdiagramm**

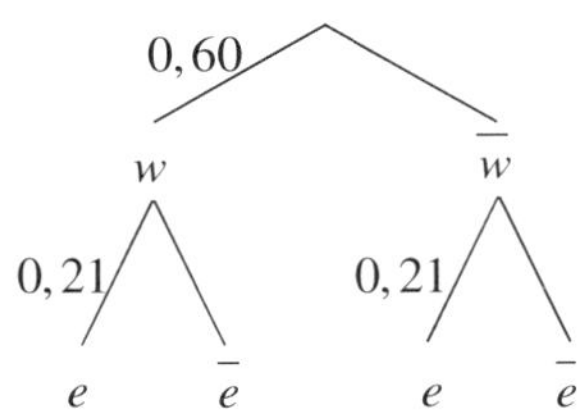


Wegen Unabhängigkeit steht $P(e) = 0{,}21$ auf 2. Stufe bei beiden Ästen.

↓

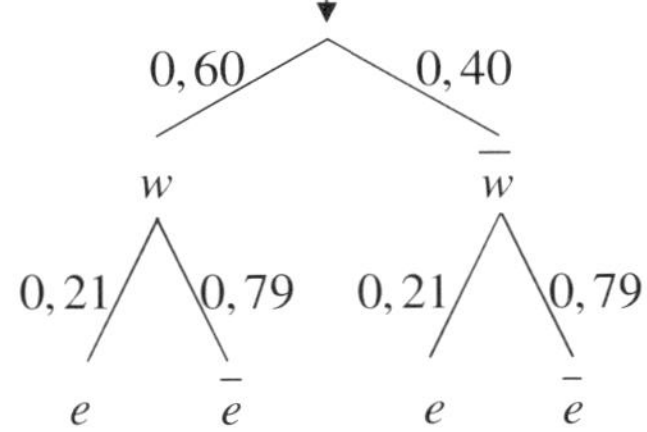


$\Rightarrow P\left(\overline{w}\overline{e}\right) = 0{,}4 \cdot 0{,}79 = 0{,}32$

**Möglich: Vierfeldertafel**

| | $e$ | $\overline{e}$ | |
|---|---|---|---|
| $w$ | | | 0,60 |
| $\overline{w}$ | | | |
| | 0,21 | | 1 |

Wegen Unabhängigkeit kann die Regel:
**P(außen) · P(außen) = P(innen)**
genutzt werden.

↓

| | $e$ | $\overline{e}$ | |
|---|---|---|---|
| $w$ | 0,13 $(= 0{,}60 \cdot 0{,}21)$ | 0,47 $(= 0{,}60 \cdot 0{,}79)$ | 0,60 |
| $\overline{w}$ | 0,08 $(= 0{,}40 \cdot 0{,}21)$ | **0,32** $(= 0{,}40 \cdot 0{,}79)$ | 0,40 |
| | 0,21 | 0,79 | 1 |

$\Rightarrow P\left(\overline{w}\overline{e}\right) = \mathbf{0{,}32}$

# 3. Kombinatorik

## 3.1 Übersicht: Berechnung von Anzahlen und Wahrscheinlichkeiten

### Allgemein

| **Reihenfolge ist wichtig (geordnet)** | | **Reihenfolge ist unwichtig (ungeordnet)** | |
|---|---|---|---|
| **mit Zurück - legen** | **ohne Zurück - legen** | **mit Zurück - legen** | **ohne Zurück - legen** |

**1. Berechnung von Anzahlen**

$n$: Anzahl Kugeln in der Urne

$k$: Anzahl gezogener Kugeln

| mit Zurücklegen (geordnet) | ohne Zurücklegen (geordnet) | mit Zurücklegen (ungeordnet) | ohne Zurücklegen (ungeordnet) |
|---|---|---|---|
| $\boldsymbol{n^k}$ | $\boldsymbol{n\cdot(n-1)\cdot\ldots\cdot(n-k+1)}$ $\left(=\frac{n!}{(n-k)!}\right)$ | (nicht relevant) | $\boldsymbol{\binom{n}{k}}$ $\left(=\frac{n!}{k!\cdot(n-k)!}\right)$ |

**2. Berechnung von Wahrscheinlichkeiten**

(Von Anzahlen zu Wahrscheinlichkeiten durch: P = Anz. günstige / Anz. mögliche)

$$P=\frac{n^k_{günst.}}{n^k_{ges.}}$$

$$P=\frac{n_{günst.}\cdot(n_{günst.}-1)\cdot\ldots\cdot(n_{günst.}-k+1)}{n_{ges.}\cdot(n_{ges.}-1)\cdot\ldots\cdot(n_{ges.}-k+1)}$$

$$P=\frac{\binom{n_{günst.}}{k}}{\binom{n_{ges.}}{k}}$$

**Zusatz**

Formel für Aufgaben mit mehreren (z.B. 3) (günstigen) „Gruppen“

$$P=\frac{\binom{n_1}{k_1}\cdot\binom{n_2}{k_2}\cdot\binom{n_3}{k_3}}{\binom{n_{ges.}}{k}}$$

**Am Beispiel**

| **Reihenfolge ist wichtig (geordnet)** | | **Reihenfolge ist unwichtig (ungeordnet)** | |
|---|---|---|---|
| **mit Zurück - legen** | **ohne Zurück - legen** | **mit Zurück - legen** | **ohne Zurück - legen** |

### 1. Berechnung von Anzahlen

In einer Klasse mit 30 Schülern werden 3 Preise (1. Preis, 2. Preis, 3. Preis) verlost, indem aus einer Urne mit 30 Namenszetteln 3 Mal gezogen wird.
Wie viele Möglichkeiten gibt es ...

| mit Zurücklegen (geordnet) | ohne Zurücklegen (geordnet) | mit Zurücklegen (ungeordnet) | ohne Zurücklegen (ungeordnet) |
|---|---|---|---|
| ... wenn ein Schüler auch mehrere Preise gewinnen kann? | ... wenn ein Schüler höchstens einen Preis gewinnen kann? | | ... wenn ein Schüler höchstens einen Preis gewinnen kann und die Preise gleichwertig sind? |
| $30^3$ | $30 \cdot 29 \cdot 28$ | (nicht relevant) | $\binom{30}{3}$ |

### 2. Berechnung von Wahrscheinlichkeiten

Bei der Ziehung sitzen 5 Freundinnen aus der Klasse in der letzten Reihe.
Mit welcher Wahrscheinlichkeit gewinnen sie alle 3 Preise?

$$P = \frac{5^3}{30^3}$$

$$P = \frac{5 \cdot 4 \cdot 3}{30 \cdot 29 \cdot 28}$$

$$P = \frac{\binom{5}{3}}{\binom{30}{3}}$$

**Zusatz**

2 der 5 Freundinnen haben einen roten Pulli an. Mit welcher Wahrscheinlichkeit gewinnt eine Freundin mit rotem Pulli, eine Freundin ohne roten Pulli und ein weiterer Schüler?

$$P = \frac{\binom{2}{1} \cdot \binom{3}{1} \cdot \binom{25}{1}}{\binom{30}{3}}$$

## 3.2 Beispielaufgaben

**Beispiel 1:** Wie viele Möglichkeiten gibt es?

| | | |
|---|---|---|
| **a)** | Ein Würfel wird 4 Mal nacheinander geworfen. Nach jedem Wurf wird die gewürfelte Augenzahl notiert. | $6^4 = 1296$ |
| **b)** | In einer Klausur stellt der Lehrer 7 Aufgaben, von denen 5 bearbeitet werden müssen. | $\binom{7}{5} = 21$ |
| **c)** | Klara hat jeweils einen blauen, roten, grünen und gelben Legostein. Sie setzt 2 Legosteine aufeinander. | $4 \cdot 3 = 2$ |
| **d)** | Klara hat jeweils einen blauen, roten, grünen und gelben Legostein. Sie setzt alle Legosteine aufeinander. | $4 \cdot 3 \cdot 2 \cdot 1 = 24$ |
| **e)** | Beim Lotto müssen aus 49 Zahlen 6 angekreuzt werden. | $\binom{49}{6} = 13983816$ |
| **f)** | Das Passwort eines Computers ist eine 6-stellige Kombination von (verschiedenen) Ziffern 0 bis 9. | $10 \cdot 9 \cdot 8 \cdot 7 \cdot 6 \cdot 5 = 151200$ |
| **g)** | Tobias nimmt an 5 Marathonläufen teil, an welchen stets 14 Läufer außer ihm starten (und ankommen). Er notiert seine Platzierung nach jedem Marathon. | $15^5 = 759375$ |

**Hinweise**

- Die Formeln zur **Berechnung von Anzahlen** gelten nur, falls die *n* Elemente alle **unterscheidbar** sind (nur verschiedenfarbige Kugeln in der Urne).
- Für die Formeln zur Berechnung von Wahrscheinlichkeiten muss dies nicht vorausgesetzt werden.

**Beispiel 2:** Wie groß ist die Wahrscheinlichkeit?

**a)** Ein Würfel wird 4 Mal nacheinander geworfen. Nach jedem Wurf wird die gewürfelte Augenzahl notiert

$E_1$: Man erhält nur die Augenzahlen 2 und 3.
$E_2$: Man erhält nicht die Augenzahl 4.

$$P(E_1) = \frac{2^4}{6^4} \approx 0{,}0123$$
$$P(E_2) = \frac{5^4}{6^4} \approx 0{,}482$$

**b)** Bei einem Fußballspiel kommt es zum Elfmeterschießen. Der Trainer wählt aus 11 Spielern 3 Elfmeterschützen aus und legt zudem die Reihenfolge fest, in welcher die Schützen antreten.

$E_1$: Marco, Daniel und Tobias dürfen schießen.
$E_2$: Zuerst schießt Marco, dann Daniel und dann Tobias.

$$P(E_1) = \frac{3 \cdot 2 \cdot 1}{11 \cdot 10 \cdot 9} \approx 0{,}00606$$
$$P(E_2) = \frac{1}{11 \cdot 10 \cdot 9} \approx 0{,}00101$$

**c)** In einer Urne befinden sich 3 rote, 4 grüne und 5 gelbe Kugeln. Ohne Zurücklegen werden 3 Kugeln entnommen.

$E_1$: Man erhält nur grüne Kugeln
$E_2$: Man erhält eine Kugel in jeder Farbe.
$E_3$: Man erhält 2 grüne und eine rote Kugel.

$$P(E_1) = \frac{\binom{3}{0} \cdot \binom{4}{3} \cdot \binom{5}{0}}{\binom{12}{3}} \approx 0{,}0182$$
$$P(E_2) = \frac{\binom{3}{1} \cdot \binom{4}{1} \cdot \binom{5}{1}}{\binom{12}{3}} \approx 0{,}273$$
$$P(E_3) = \frac{\binom{3}{1} \cdot \binom{4}{2} \cdot \binom{5}{0}}{\binom{12}{3}} \approx 0{,}0818$$

# 4. Binomialverteilung

## 4.1 Bernoulli-Formel

Zugrunde liegt ein mehrfach ausgeführtes Bernoulli-Experiment, bei dem …
… nur **zwei mögliche Ergebnisse** („Treffer“ oder „Niete“) eintreten können
und
… sich die **Wahrscheinlichkeiten nicht ändern** (z.B. „Ziehen **mit** Zurücklegen“)

**Beispiele:** Münzwurf („Kopf“ oder „Zahl“); Mehrfach würfeln („6“ oder „keine 6“); …

**Bernoulliformel (allg.)**

$$\mathbf{P(X=k)=\binom{n}{k}\cdot p^k\cdot(1-p)^{n-k}}$$

$n$: Anzahl der Versuche (Durchführungen)
$k$: Anzahl der „Treffer“
$p$: Wahrscheinlichkeit für einen „Treffer“

**Bernoulliformel (in Worten)**

$$\text{P(X = Anz. Treffer)} = \binom{\text{Anz. Versuche}}{\text{Anz. Treffer}}\cdot \text{Trefferwahrsch.}^{\text{Anz. Treffer}}\cdot\text{Nietenwahrsch.}^{\text{Anz. Nieten}}$$

**Beispiel 1**
Ein Basketballspieler trifft ($t$) erfahrungsgemäß einen Freiwurf mit einer Wahrscheinlichkeit von 75 %. Er wirft 8 Mal.
Mit welcher Wahrscheinlichkeit trifft er insgesamt 5 Mal (und 3 Mal nicht)?

$$P(X=5)=\binom{8}{5}\cdot 0,75^5\cdot 0,25^3\approx 0,2076$$

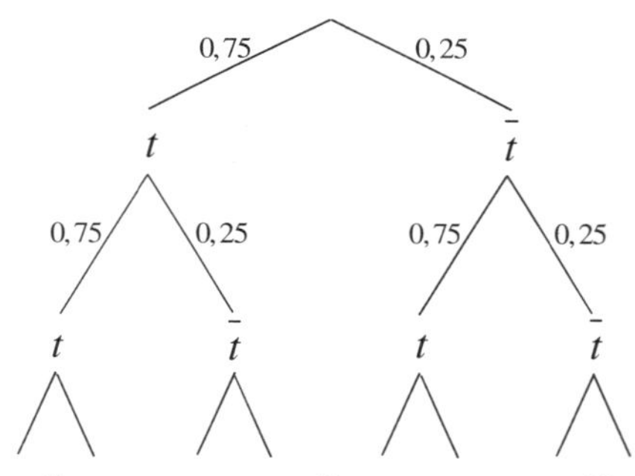


(8 Stufen)
(alle Pfade mit 5 Mal $t$ und 3 Mal $\bar{t}$ relevant)

**Eingabe in WTR** (mit Taste nCr):

CASIO

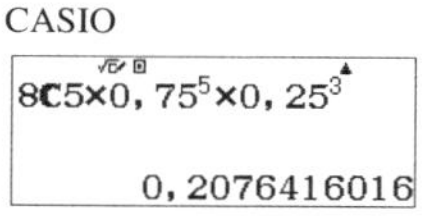


TI

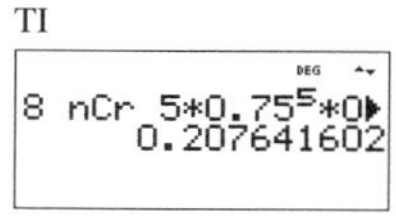


**Erläuterungen**

- Binomialkoeffizient (allg.): $\binom{n}{k}=\frac{n!}{k!\cdot(n-k)!}$
- $n!$ steht für die Fakultät einer Zahl: $n!=n\cdot(n-1)\cdot\ldots\cdot 1$
- $P(X=5)=\binom{8}{5}\cdot 0,75^5\cdot 0,25^3=\frac{8!}{5!\cdot(8-5)!}\cdot 0,75^5\cdot 0,25^3=56\cdot 0,00371\approx 0,2078.$

Es gibt also 56 mögliche Reihenfolgen für 5 Treffer unter 8 Schüssen ($ttttt\bar{t}\bar{t}\bar{t}$, $\bar{t}ttttt\bar{t}\bar{t}$, ...), von welchen jede eine Einzelwahrscheinlichkeit von ungefähr $0,00371$ aufweist.



http://frv.tv/6f

**Beispiel 2:** Eine faire Münze wird 5 Mal geworfen. Mit welcher Wahrscheinlichkeit erhält man genau 3 Mal „Zahl“? (Lösen ohne WTR)

$$P(X=3)=\binom{5}{3}\cdot\left(\frac{1}{2}\right)^3\cdot\left(\frac{1}{2}\right)^2=10\cdot\left(\frac{1}{2}\right)^5=10\cdot\frac{1}{32}=\frac{5}{16}$$

$$\left(\text{Nebenrechnung: }\binom{5}{3}=\frac{5!}{3!\cdot(5-3)!}=\frac{5!}{3!\cdot 2!}=\frac{5\cdot 4\cdot 3\cdot 2\cdot 1}{(3\cdot 2\cdot 1)\cdot(2\cdot 1)}=\frac{5\cdot 4\cdot \not{3}\cdot \not{2}\cdot \not{1}}{(\not{3}\cdot \not{2}\cdot \not{1})\cdot(2\cdot 1)}=10\right)$$

**Beispiel 3:** Ein Bauteil ist mit einer Wahrscheinlichkeit von 4 % defekt. Mit welcher Wahrscheinlichkeit befinden sich in einem Karton mit 50 Bauteilen genau 3 defekte Bauteile?

$$P(X=3)=\binom{50}{3}\cdot 0{,}04^3\cdot 0{,}96^{47}(\approx 19600\cdot 0{,}000009396)\approx 0{,}184=18{,}4\,\%$$

(Es gibt also 19600 mögliche Reihenfolgen für 3 defekte unter 50 (nacheinander entnommenen) Bauteilen.)

**Beispiel 4**

Jonas würfelt 24 Mal.

**a)** Mit welcher Wahrscheinlichkeit erhält er genau 7 Mal eine 3?

$$P(X=7)=\binom{24}{7}\cdot\left(\frac{1}{6}\right)^7\cdot\left(\frac{5}{6}\right)^{17}\approx 0{,}056$$

**b)** Mit welcher Wahrscheinlichkeit erhält er genau 10 Mal eine 2 oder eine 3?

$$\left(\text{Wahrscheinlichkeit für 2 oder 3: }\frac{2}{6}\right)$$

$$P(X=10)=\binom{24}{10}\cdot\left(\frac{2}{6}\right)^{10}\cdot\left(\frac{4}{6}\right)^{14}\approx 0{,}114$$

**Beispiel 5**

Jakob hat einen deformierten Würfel. Die Wahrscheinlichkeit für eine 6 wird mit $p$ bezeichnet. Jakob würfelt 3 Mal.

**a)** Geben Sie einen Term für die Wahrscheinlichkeit an, dass 2 Mal eine 6 gewürfelt wird.

$$P(X=2)=\binom{3}{2}\cdot p^2\cdot(1-p)^1=3\cdot p^2\cdot(1-p)$$

**b)** Interpretieren Sie die Ungleichung im Sachzusammenhang.

$$p^3+3\cdot p^2\cdot(1-p)>0{,}95$$

Die Wahrscheinlichkeit dafür, dass 3 Mal oder 2 Mal eine 6 gewürfelt wird, soll mehr als 95% betragen.

## 4.2 Binomialverteilung und kumulierte Binomialverteilung

**Beispiel:** Ein Basketballspieler trifft erfahrungsgemäß einen Freiwurf mit einer Wahrscheinlichkeit von 75 %. Er wirft 8 Mal. Die Zufallsgröße X gibt die Anzahl der Treffer an.

Die Wahrscheinlichkeit, dass X einen bestimmten Wert annimmt, kann mit Hilfe der Bernoulliformel (mit $n = 8$ und $p = 0,75$) berechnet werden.
Somit ist die Zufallsgröße X binomial verteilt.

### 1. Die Binomialverteilung (genau *k* Treffer; P(X = *k*))

eine „Liste", in welcher für jeden möglichen Wert der Zufallsgröße die **zugehörige Wahrscheinlichkeit** steht.

CASIO

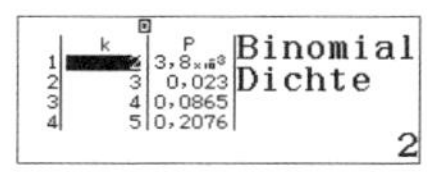


TI

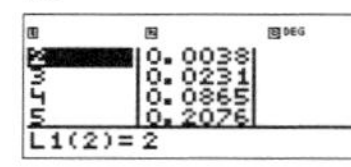


Beispiel: $P(X = 4) \approx 0,0865$

Die Wahrscheinlichkeit für **genau** 4 Treffer beträgt ca. 8,65 %.

(Berechnung mit Bernoulliformel:
$P(X = 4) = \binom{8}{4} \cdot 0,75^4 \cdot 0,25^4 \approx 0,0865$)

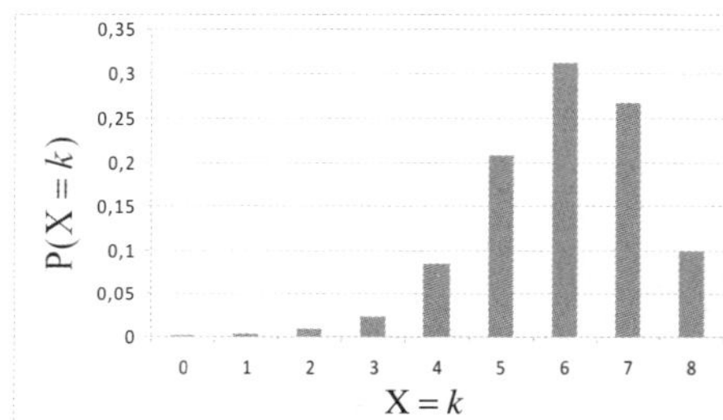


### 2. Die kumulierte Binomialverteilung (höchstens *k* Treffer; P(X ≤ *k*))

eine „Liste", in welcher für jeden möglichen Wert der Zufallsgröße die **Wahrscheinlichkeit** steht, dass **dieser oder ein geringerer Wert als dieser** (**höchstens** dieser) angenommen wird.

CASIO

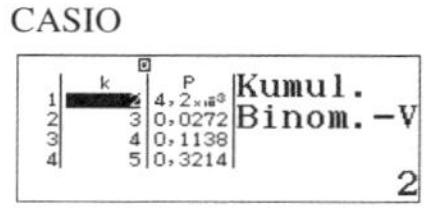


TI

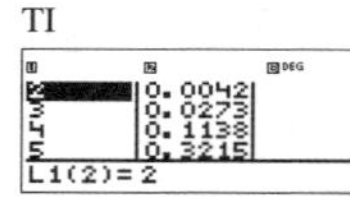


Beispiel: $P(X \leq 4) \approx 0,1138$

Die Wahrscheinlichkeit für 0 bis 4 Treffer (**höchstens** 4 Treffer) beträgt ca. 11,38 %.

(Berechnung:
$P(X \leq 4) = P(X = 0) + P(X = 1) + \ldots + P(X = 4)$)

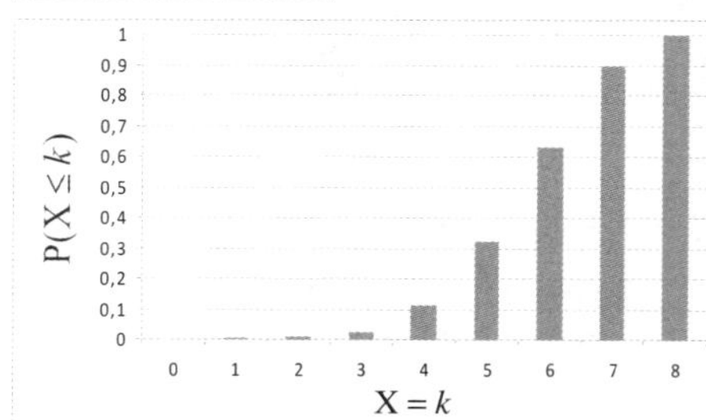


### 3. Wahrscheinlichkeit für mindestens *k* Treffer P(X ≥ *k*)

Mit welcher Wahrscheinlichkeit trifft der Spieler 4 bis 8 Mal (also **mindestens** 4 Mal)?

Vorgehen mithilfe des **Gegenereignisses** „3 oder weniger Treffer (höchst. 3 Treffer)" und der **kumulierten Verteilung**:

$P(X \geq 4) = 1 - P(X \leq 3) \approx 1 - 0,0273 = 0,9727$



http://frv.tv/6g

## Eingabe in den Taschenrechner (WTR)

### 1. Die Binomialverteilung (genau $k$ Treffer; $P(X = k)$)

**CASIO FX-87DE X**

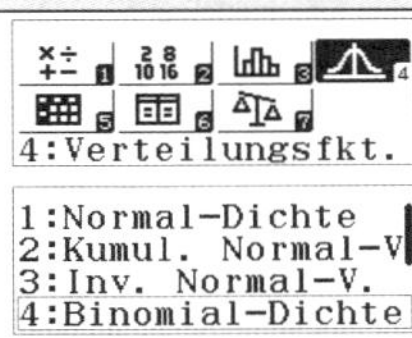


**TI-30X Plus MultiView**

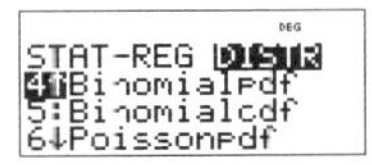


**CASIO – Einzelwert**

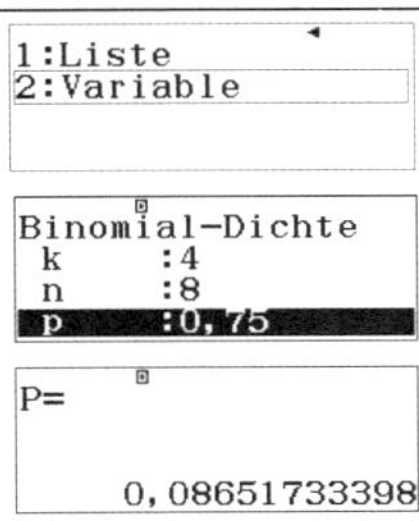


**CASIO – Liste**

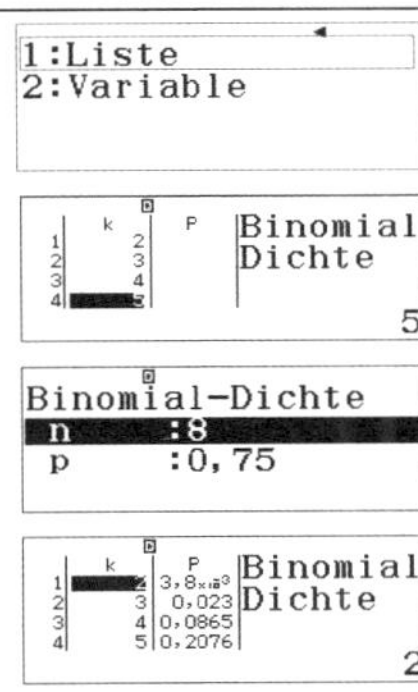


**TI – Einzelwert**

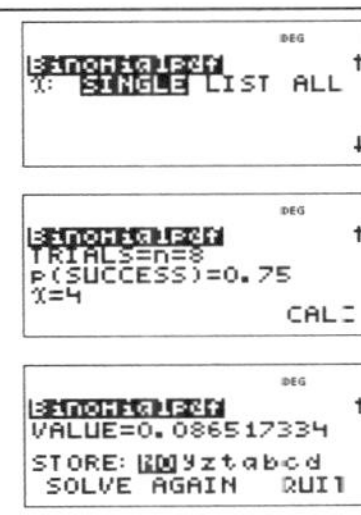


**TI – Liste**

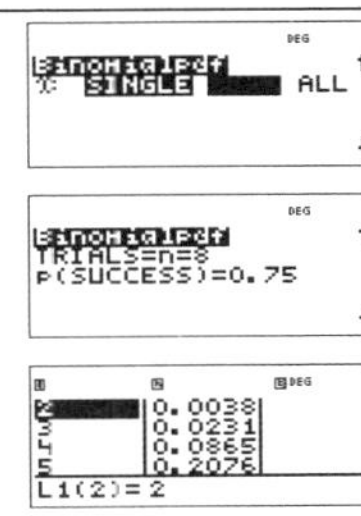


### 2. Die kumulierte Binomialverteilung (höchstens $k$ Treffer; $P(X \leq k)$)

**CASIO FX-87DE X**

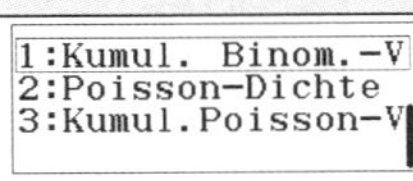


**TI-30X Plus MultiView**

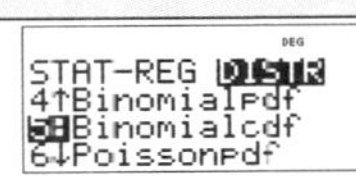


**CASIO – Einzelwert**

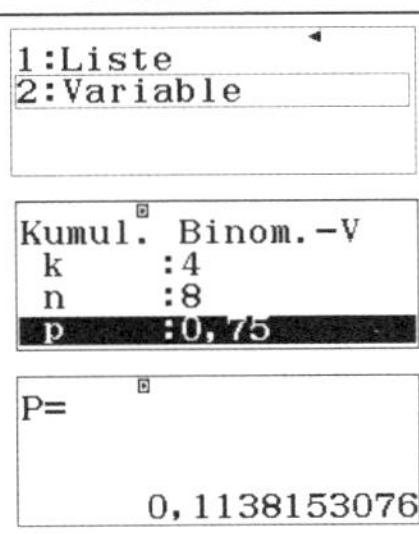


**CASIO – Liste**

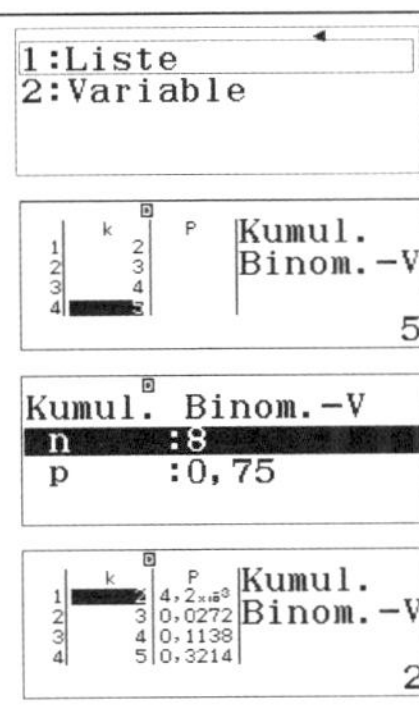


**TI – Einzelwert**

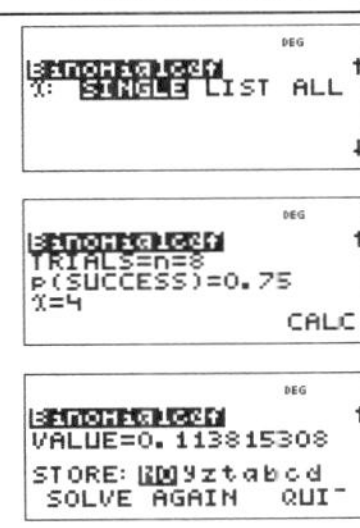


**TI – Liste**

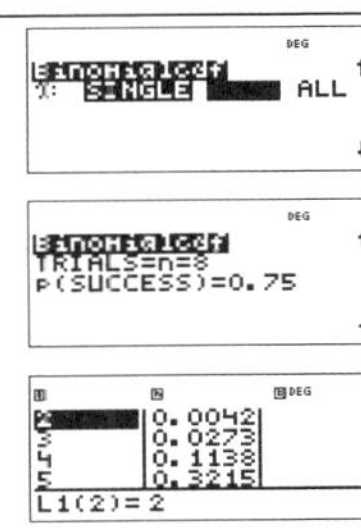

## 4.3 Aufgabentypen

**1. Aufgabentyp („gesucht: Gesamtwahrscheinlichkeit (P)“)**

**Beispiel:** Eine faire Münze wird 8 Mal geworfen. Wie groß ist die Wahrscheinlichkeit …

| | | |
|---|---|---|
| **a)** ... für **genau 3** Mal „Zahl“? | **b)** ... für **höchstens** 3 Mal „Zahl“? | **c)** ... für **mindestens** 3 Mal „Zahl“? |
| geg. $n=8;\;\; p=0{,}5;\;\; k=3$<br>ges. P | geg. $n=8;\;\; p=0{,}5;\;\; k\leq 3$<br>ges. P | geg. $n=8;\;\; p=0{,}5;\;\; k\geq 3$<br>ges. P |
| **Binomialverteilung (BV)**<br>$\mathrm{P}(\mathrm{X}=3)=0{,}2188$ | **kumulierte BV**<br>$\mathrm{P}(\mathrm{X}\leq 3)=0{,}3633$ | **kumulierte BV**<br>$\mathrm{P}(\mathrm{X}\geq 3)=1-\mathrm{P}(\mathrm{X}\leq 2)$<br>$=1-0{,}1445=0{,}8555$ |

**d)** ... für **mindestens** 2 Mal **und höchstens** 5 Mal „Zahl“?

**kumulierte BV :** $\mathrm{P}(2\leq \mathrm{X}\leq 5)=\mathrm{P}(\mathrm{X}\leq 5)-\mathrm{P}(\mathrm{X}\leq 1)\approx 0{,}8555-0{,}0352\approx 0{,}8203$



http://frv.tv/6h

**2. Aufgabentyp („gesucht: Trefferanzahl ($k$)“)**

**Beispiel:** Eine faire Münze wird 8 Mal geworfen. Wie oft muss man …

**a)** … **(genau)** „Zahl“ | **b)** … **höchstens** „Zahl“ | **c)** … **mindestens** „Zahl“

erhalten, wenn die Wahrscheinlichkeit hierfür weniger als 15 % betragen soll?

**a)**

gegeben: $n = 8;\ p = 0,5$

Bedingung: $P(X = k) < 0,15$

gesucht: $k$

**BV**

(Liste für mehrere $k$-Werte)

$P(X = 0) = 0,0039 \leftarrow$

$P(X = 1) = 0,0312 \leftarrow$

$P(X = 2) = 0,1093 \leftarrow$

$P(X = 3) = 0,2187$

$P(X = 4) = 0,2734$

$P(X = 5) = 0,2187$

$P(X = 6) = 0,1093 \leftarrow$

$P(X = 7) = 0,0312 \leftarrow$

$P(X = 8) = 0,0039 \leftarrow$

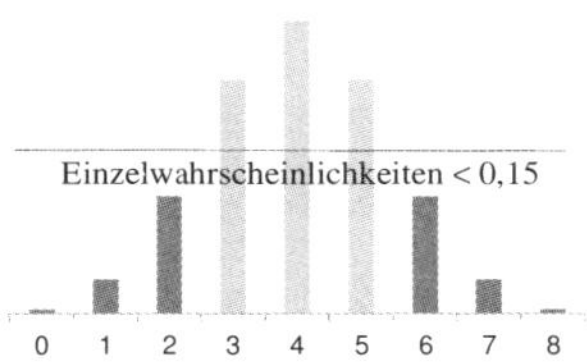


**A:** 0, 1, 2, 6, 7 oder 8 Mal.

**b)**

gegeben: $n = 8;\ p = 0,5$

Bedingung: $P(X \leq k) < 0,15$

gesucht: $k$

**kumulierte BV**

(Liste für mehrere $k$-Werte)

$P(X \leq 1) = 0,0352$

$P(X \leq 2) = 0,1445 \uparrow$

$P(X \leq 3) = 0,3633$

$P(X \leq 4) = 0,6367$

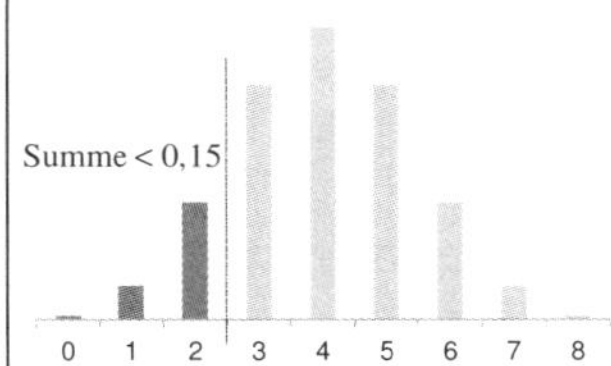


**A:** 2 Mal oder weniger.

**c)**

gegeben: $n = 8;\ p = 0,5$

Bedingung: $P(X \geq k) < 0,15$

gesucht: $k$

**kumulierte BV**

(Liste für mehrere $k$-Werte; Gegenereignis)

$P(X \leq 3) = 0,3633 \Rightarrow P(X \geq 4) = 0,6367$

$P(X \leq 4) = 0,6367 \Rightarrow P(X \geq 5) = 0,3633$

$P(X \leq 5) = 0,8555 \Rightarrow P(X \geq 6) = 0,1445 \downarrow$

$P(X \leq 6) = 0,9648 \Rightarrow P(X \geq 7) = 0,0352$

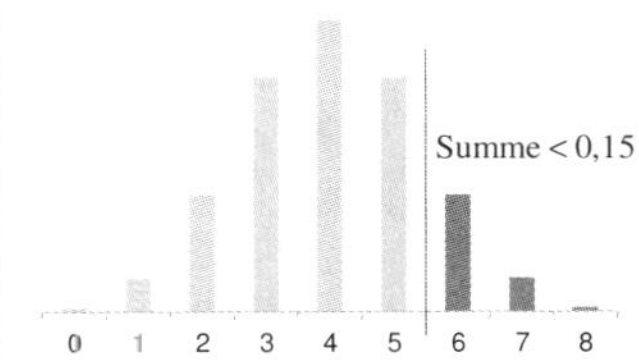


**A:** 6 Mal oder mehr.

**3. Aufgabentyp („gesucht: Durchführungshäufigkeit ($n$)")**

**Beispiel:** Wie oft muss eine faire Münze geworfen werden, wenn man mit einer Wahrscheinlichkeit von mehr als 25 % ...

**a)** ... **genau** 3 Mal „Zahl" erhalten möchte?

gegeben: $p = 0,5$; $k = 3$
Bedingung: $P > 0,25$
gesucht: $n$

**BV**
($n$-Werte probieren)

$n = 4$; $P(X = 3) \approx 0,25$
$n = 5$; $P(X = 3) \approx 0,3125$ ↓
$n = 6$; $P(X = 3) \approx 0,3125$
$n = 7$; $P(X = 3) \approx 0,2734$ ↑
$n = 8$; $P(X = 3) \approx 0,2188$

**A:** 5, 6 oder 7 Mal.

**b)** ... **höchstens** 3 Mal „Zahl" erhalten möchte?

gegeben: $p = 0,5$; $k \le 3$
Bedingung: $P > 0,25$
gesucht: $n$

**kumulierte BV**
($n$-Werte probieren)

$n = 8$; $P(X \le 3) \approx 0,3633$
$n = 9$; $P(X \le 3) \approx 0,2539$ ↑
$n = 10$; $P(X \le 3) \approx 0,1719$
$n = 11$; $P(X \le 3) \approx 0,1133$

**A:** 9 Mal oder weniger.

**c)** ... **mindestens** 3 Mal „Zahl" erhalten möchte?

gegeben: $p = 0,5$; $k \ge 3$
Bedingung: $P > 0,25$
gesucht: $n$

**kumulierte BV**
($n$-Werte probieren;
$P(X \le 2) \le 0,75 \Rightarrow P(X \ge 3) > 0,25$)

$n = 3$;
$P(X \le 2) = 0,875 \Rightarrow P(X \ge 3) = 0,125$
$n = 4$; ↓
$P(X \le 2) = 0,6875 \Rightarrow P(X \ge 3) = 0,3125$
$n = 5$;
$P(X \le 2) = 0,5 \Rightarrow P(X \ge 3) = 0,5$

**A:** 4 Mal oder mehr.

**4. Aufgabentyp („gesucht: Trefferwahrscheinlichkeit ($p$)") (Zusatz)**

**Beispiel:** Eine verbeulte Münze wird 8 Mal geworfen. Die Wahrscheinlichkeit für „Zahl" beträgt entweder $p$=0,2 oder $p$=0,4 oder $p$=0,6. Welche Werte für $p$ können stimmen, wenn man mit einer Wahrscheinlichkeit von mehr als 25 % ...

**a)** … **genau** 3 Mal „Zahl" erhalten möchte?

gegeben: $n = 8$; $k = 3$
Bedingung: $P > 0,25$
gesucht: $p$

**BV**
(geg. $p$-Werte probieren)

$p = 0,2$;
$P(X = 3) \approx 0,1468 \ < 0,25$

$p = 0,4$;
$P(X = 3) \approx 0,2787 \ > 0,25$

$p = 0,6$;
$P(X = 3) \approx 0,1239 \ < 0,25$

**A:** Für $p = 0,4$.

**b)** … **höchstens** 3 Mal „Zahl" erhalten möchte?

gegeben: $n = 8$; $k \leq 3$
Bedingung: $P > 0,25$
gesucht: $p$

**kumulierte BV**
(geg. $p$-Werte probieren)

$p = 0,2$;
$P(X \leq 3) \approx 0,9437 \ > 0,25$

$p = 0,4$;
$P(X \leq 3) \approx 0,5941 \ > 0,25$

$p = 0,6$;
$P(X \leq 3) \approx 0,1737 \ < 0,25$

**A:** Für $p = 0,2$ o. $p = 0,4$.

**c)** … **mindestens** 3 Mal „Zahl" erhalten möchte?

gegeben: $n = 8$; $k \geq 3$
Bedingung: $P > 0,25$
gesucht: $p$

**kumulierte BV**
(geg. $p$-Werte probieren;
$P(X \leq 2) \leq 0,75 \Rightarrow P(X \geq 3) > 0,25$)

$p = 0,2$;
$P(X \leq 2) = 0,7969$
$\Rightarrow P(X \geq 3) = 0,2031 \ < 0,25$

$p = 0,4$
$P(X \leq 2) = 0,3154$
$\Rightarrow P(X \geq 3) = 0,6846 \ > 0,25$

$p = 0,6$
$P(X \leq 2) = 0,0498$
$\Rightarrow P(X \geq 3) = 0,9502 \ > 0,25$

**A:** Für $p = 0,4$ oder $p = 0,6$.

**Beispiel**

**a)** Erfahrungsgemäß sind 4 % der produzierten Smartphones eines Herstellers defekt. Ein Kunde erhält ein Paket mit 50 Smartphones des Herstellers.

| Anzahl | Aufgabentyp | Lösung |
|---|---|---|
| Wahrscheinlichkeit für genau 3 defekte Smartphones? | **Typ 1 (genau)**<br>geg. $n=50$<br>$p=0,04$<br>$k=3$<br>ges. P | **Binomialverteilung (BV)**<br>$P(X=3)=0,1842$ |
| Wahrscheinlichkeit für 2 oder 3 defekte Smartphones? | **Typ 1 (genau)**<br>geg. $n=50$<br>$p=0,04$<br>$k=2$ oder 3<br>ges. P | **BV**<br>$P(X=2)+P(X=3)$<br>$=0,2762+0,1842=0,4604$ |
| Wahrscheinlichkeit für mindestens 2 defekte Smartphones? | **Typ 1 (mind.)**<br>geg. $n=50$<br>$p=0,04$<br>$k\geq 2$<br>ges. P | **kumulierte BV**<br>$P(X\geq 2)=1-P(X\leq 1)$<br>$=1-0,4005=0,5995$ |
| Wahrscheinlichkeit für mehr als 2, aber weniger als 8 defekte Smartphones? | **Typ 1 (mind. / höchst.)**<br>geg. $n=50$<br>$p=0,04$<br>$2<k<8$<br>ges. P | **kumulierte BV**<br>$P(2<X<8)=P(3\leq X\leq 7)$<br>$=P(X\leq 7)-P(X\leq 2)$<br>$=0,9992-0,6767=0,3225$ |

**b)** Weitere Aufgabenstellungen.

| **Anzahl** | **Aufgabentyp** | **Lösung** |
|---|---|---|
| Wie viele defekte Smartphones müsste das Paket enthalten, wenn die Wahrscheinlichkeit hierfür ungefähr 1 % betragen soll? | **Typ 2 (genau)**<br>geg: $n = 50;$<br>$p = 0,04$<br>Bed.:<br>$P(X = k) \approx 0,01$<br>ges.: $k$ | **BV**<br>(Liste für mehrere $k$-Werte)<br>$P(X = 4) = 0,0902$<br>$P(X = 5) = 0,0346$<br>$P(X = 6) = 0,0108 \leftarrow$<br>$P(X = 7) = 0,0028$<br>$P(X = 8) = 0,0006$<br>A: Das Paket müsste also 6 defekte Smartphones enthalten. |
| Wie viele defekte Smartphones müsste das Paket mindestens enthalten, wenn die Wahrscheinlichkeit hierfür weniger als 5 % betragen soll? | **Typ 2 (mind.)**<br>geg: $n = 50;$<br>$p = 0,04$<br>Bed.:<br>$P(X \geq k) < 0,05$<br>ges.: $k$ | **kumulierte BV**<br>(Liste für mehrere $k$-Werte; Gegenereignis)<br>$P(X \leq 2) = 0,6767 \Rightarrow P(X \geq 3) = 0,3233$<br>$P(X \leq 3) = 0,8609 \Rightarrow P(X \geq 4) = 0,1391$<br>$P(X \leq 4) = 0,9510 \Rightarrow P(X \geq 5) = 0,0490 \downarrow$<br>$P(X \leq 5) = 0,9856 \Rightarrow P(X \geq 6) = 0,0144$<br>A: Das Paket müsste also 5 oder mehr defekte Smartphones enthalten. |
| Wie viele Smartphones des Herstellers müsste der Kunde überprüfen, um mit einer Wahrscheinlichkeit von mehr als 10 % mindestens 4 defekte zu erhalten? | **Typ 3 (mind.)**<br>geg: $p = 0,04$<br>$k \geq 4$<br>Bed.: $P > 0,1$<br>ges.: $n$ | **kumulierte BV**<br>(Mehrere $n$-Werte probieren;<br>$P(X < 3) \leq 0,9 \quad \Rightarrow \quad P(X \geq 4) > 0,1$)<br>$n = 43;$<br>$P(X \leq 3) = 0,9078 \Rightarrow P(X \geq 4) = 0,0922$<br>$n = 44;$<br>$P(X \leq 3) = 0,9016 \Rightarrow P(X \geq 4) = 0,0984$<br>$n = 45;$ $\downarrow$<br>$P(X \leq 3) = 0,8953 \Rightarrow P(X \geq 4) = 0,1047$<br>$n = 46;$<br>$P(X \leq 3) = 0,8887 \Rightarrow P(X \geq 4) = 0,1113$<br>A: Der Kunde müsste also 45 oder mehr Smartphones überpüfen. |

| Anzahl | Aufgabentyp | Lösung |
|---|---|---|
| Wie viele Smartphones des Herstellers müsste der Kunde überprüfen, um mit einer Wahrscheinlichkeit von weniger als 70 % höchstens ein defektes zu erhalten? | **Typ 3 (höchst.)**<br>geg: $p = 0,04$<br>$k \leq 1$<br>Bed.: $P < 0,7$<br>ges.: $n$ | **kumulierte BV**<br>(Mehrere $n$-Werte probieren)<br>$n = 26;\ P(X \leq 1) \approx 0,7208$<br>$n = 27;\ P(X \leq 1) \approx 0,7058$<br>$n = 28;\ P(X \leq 1) \approx 0,6909 \downarrow$<br>$n = 29;\ P(X \leq 1) \approx 0,6760$<br>A: Der Kunde müsste also 28 oder mehr Smartphones überpüfen. |
| Die Defektwahrscheinlichkeit $p$ beträgt nun entweder 11%, 12% oder 13%. Welcher Wert für $p$ kann stimmen, wenn die Wahrscheinlichkeit, dass in einem Paket genau 5 defekt sind, weniger als 15 % betragen soll? | **Typ 4 (genau)**<br>geg: $n = 50;$<br>$k = 5$<br>Bed.: $P < 0,15$<br>ges.: $p$<br>(Zusatz) | **BV**<br>(gegebene $p$-Werte probieren)<br>$p = 0,11;$<br>$P(X = 5) \approx 0,1801 \ > 0,15$<br>$p = 0,12;$<br>$P(X = 5) \approx 0,1674 \ > 0,15$<br>$p = 0,13;$<br>$P(X = 5) \approx 0,1493 \ < 0,15$<br>A: Für $p$=0,13. |
| Die Defektwahrscheinlichkeit $p$ beträgt nun entweder 11%, 12% oder 13%. Welcher Wert für $p$ kann stimmen, wenn die Wahrscheinlichkeit, dass in einem Paket (nur) höchstens 3 defekt sind, weniger als 10 % betragen soll? | **Typ 4 (höchst.)**<br>geg: $n = 50;$<br>$k \leq 3$<br>Bed.: $P < 0,1$<br>ges.: $p$<br>(Zusatz) | **kumulierte BV**<br>(gegebene $p$-Werte probieren)<br>$p = 0,11;$<br>$P(X \leq 3) \approx 0,1854 \ > 0,10$<br>$p = 0,12;$<br>$P(X \leq 3) \approx 0,1345 \ > 0,10$<br>$p = 0,13;$<br>$P(X \leq 3) \approx 0,0958 \ < 0,10$<br>A: Für $p$=0,13. |

## 4.4 Erwartungswert und Standardabweichung

### Formeln (bei Binomialverteilung)

- **Erwartungswert**
  $E(X) = n \cdot p \quad (= \mu)$
- **Standardabweichung**
  $\sigma = \sqrt{n \cdot p \cdot (1-p)}$

$n$: Anzahl der Versuche (Durchführungen)
$p$: Wahrscheinlichkeit für einen „Treffer"
($\mu$: Andere Abkürzung für den Erwartungswert)

### Am Beispiel

Ein Basketballspieler trifft erfahrungsgemäß einen Freiwurf mit einer Wahrscheinlichkeit von 75 %. Er wirft 8 Mal. Die Zufallsgröße X gibt die Anzahl der Treffer an.

- **Erwartungswert:** $E(X) = 8 \cdot 0,75 = 6 \quad (= \mu)$

**Interpretation:** Der Spieler kann durchschnittlich 6 Treffer bei 8 Würfen erwarten.

**Grafische Betrachtung**

„In der Nähe des Erwartungswertes" befinden sich die Werte von X mit den höchsten Wahrscheinlichkeiten. „Fällt" der Erwartungswert (wie hier) direkt auf einen Wert von X, so liegt an diesem stets die höchste Wahrscheinlichkeit vor.

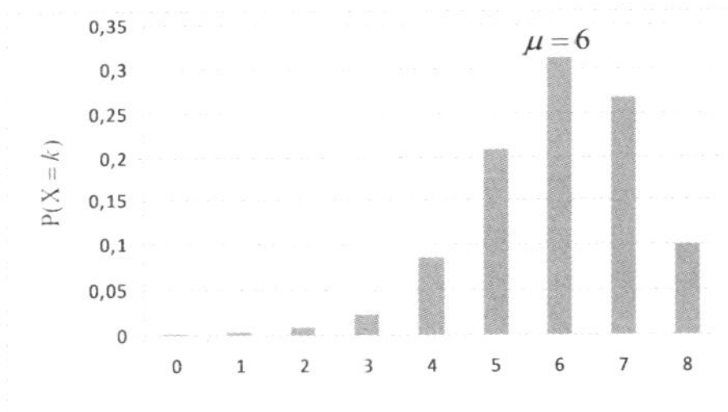


- **Standardabweichung:** $\sigma = \sqrt{8 \cdot 0,75 \cdot 0,25} \approx 1,22$

**Interpretation:** Die Standardabweichung ist ein Maß dafür, wie stark die Werte der Zufallsgröße um den Erwartungswert streuen, d.h. ob man mit hoher Wahrscheinlichkeit stets einen Wert „in der Nähe des Erwartungswertes" erhält (geringe Standardabw.), oder ob auch Werte „weit ab vom Erwartungswert" wahrscheinlich sind (hohe Standardabw.).

**Grafische Betrachtung**

Ein höherer Wert der Standardabweichung führt zu einer „breiteren" Verteilung.

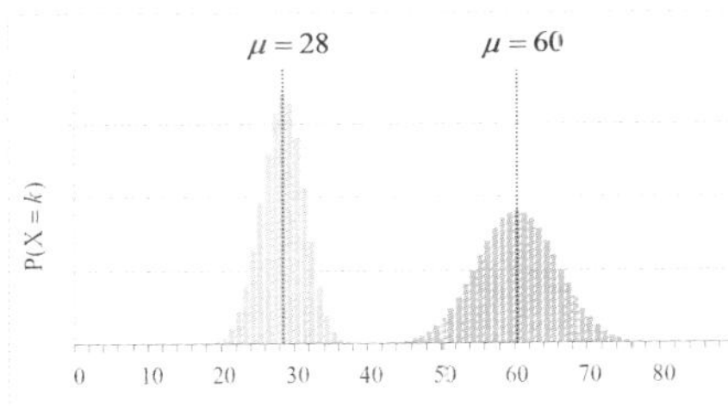


$\sigma = 2,89$ (geringere Standardabw.)
$\sigma = 5,48$ (höhere Standardabw.)



http://frv.tv/4j

# 5. Der Hypothesentest

## 5.1 Einseitiger Hypothesentest: Ausführliche Erklärung

• **Beispiel :** Ein Basketballspieler behauptet, dass er einen Freiwurf mit einer Wahrscheinlichkeit von mindestens 75 % trifft. Sein Trainer möchte dies überprüfen und lässt ihn 8 Mal werfen. Er trifft nur 3 Mal. Sollte der Trainer die Behauptung des Spielers ablehnen?

• **Vorgehen mit Hypothesentest** (beispielhaft mit Signifikanzniveau $\alpha^* = 5\,\%$)

Die Zufallsgröße X gibt die Anzahl der Treffer des Basketballspielers bei 8 Würfen an. Dessen Behauptung und damit die Nullhypothese ($\mathrm{H}_0$) lautet: $p_0 \geq 0,75$. Falls diese zutrifft, beträgt die Trefferwahrscheinlichkeit im für ihn ungünstigsten Fall (Extremfall) also (nur) genau 0,75. Die Wahrscheinlichkeit, dass X einen bestimmten Wert annimmt, kann mit Hilfe der Bernoulliformel berechnet werden. Somit ist X mit $n = 8$ und $p_0 = 0,75$ binomialverteilt. Die Verteilung und die zugehörige kumulierte Verteilung sind dargestellt.

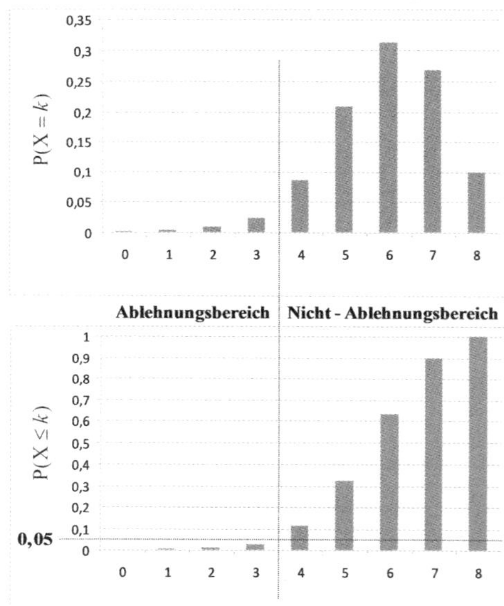


Der Spieler behauptet eine Mindestwahrscheinlichkeit: Geringe Werte von X (wenige Treffer) sprechen gegen seine Behauptung. Somit muss ein linksseitiger Hypothesentest durchgeführt werden.
Aus der kumulierten Binomialverteilung ist zu entnehmen, dass die Werte $\{0;1;2;3\}$ eine Gesamtwahrscheinlichkeit von 2,73 % aufweisen, wohingegen die Werte $\{0;1;2;3;4\}$ schon eine Gesamtwahrscheinlichkeit von 11,38 % aufweisen.
Falls der Spieler wirklich eine Trefferwahrscheinlichkeit von 75 % hätte, wäre es mit 2,73 % sehr unwahrscheinlich, dass er nur höchstens 3 von 8 Freiwürfen treffen würde. Da der Wert unter 5 % (Signifikanzniveau) liegt, wird in diesem Fall davon ausgegangen, dass die behauptete Trefferwahrscheinlichkeit nicht stimmt. (Die Wahrscheinlichkeit, dass der Spieler eine geringere Trefferwahrscheinlichkeit als 75 % hat, beträgt umgekehrt 97,27 % !).

$\mathrm{P}(X \leq 2) = 0,0042$ | **Ablehnungsbereich ($\leq 5\%$)**
$\mathrm{P}(X \leq 3) = 0,0273$ | $\overline{\mathrm{A}} = \{0;1;2;3\}$
**0,05**
$\mathrm{P}(X \leq 4) = 0,1138$ | $\mathrm{A} = \{4;5;...;8\}$
$\mathrm{P}(X \leq 5) = 0,3215$ | **Nicht - Ablehnungsbereich**

Der Ablehnungsbereich für die Behauptung besteht also aus den Werten $\overline{\mathrm{A}} = \{0;1;2;3\}$, der Nicht-Ablehnungsbereich aus den Werten $\mathrm{A} = \{4;5;...;8\}$ (Entscheidungsregel).

• **Entscheidung :** Im Beispiel trifft der Spieler nur 3 Mal. Da diese Trefferanzahl im Ablehnungsbereich liegt, wird der Trainer die Behauptung des Spielers ablehnen.



http://frv.tv/8v

## 5.2 Einseitiger Hypothesentest: Vorgehen am Beispiel

| Linksseitiger Hypothesentest | Rechtsseitiger Hypothesentest |
|---|---|

**1. Schritt:** „Testart" erkennen und Aufstellen der Nullhypothese.

| Linksseitiger Hypothesentest | Rechtsseitiger Hypothesentest |
|---|---|
| - Behauptung: **Mindest**wahrscheinlichkeit ist gegeben (Nullhypothese $H_0$: $p_0 \geq ...$) | - Behauptung: **Höchst**wahrscheinlichkeit ist gegeben (Nullhypothese $H_0$: $p_0 \leq ...$) |
| - Vermutung: Wirkl. Wahrsch. ist geringer als $p_0$ (Gegenhypothese $H_1$: $p_0 < ...$) | - Vermutung: Wirkl. Wahrsch. ist höher als $p_0$ (Gegenhypothese $H_1$: $p_0 > ...$) |
| **Geringe Werte** von X sprechen **gegen die Behauptung** (bzw. für die Vermutung). | **Hohe Werte** von X sprechen **gegen die Behauptung** (bzw. für die Vermutung). |

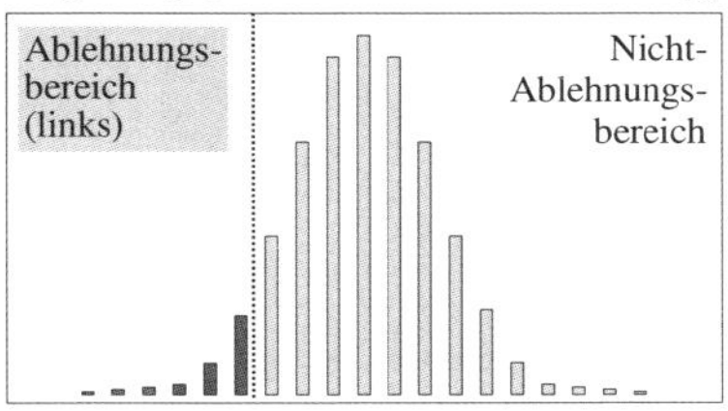


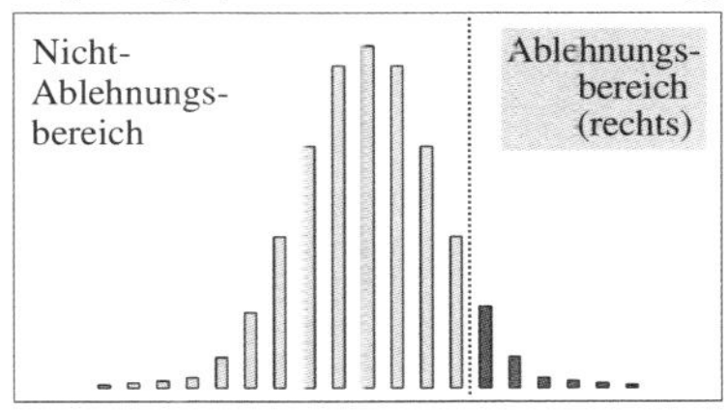


**2. Schritt:** Ablesen des Stichprobenumfangs $n$ (Anzahl der Durchführungen) und des Signifikanzniveaus $\alpha^*$ aus der Aufgabenstellung. (z.B. $n = 30$; $\alpha^* = 5\%$; $p_0 = 0,4$)

**3. Schritt:** Ermittlung des Ablehnungs- und Nicht-Ablehnungsbereiches.

| Linksseitiger Hypothesentest | Rechtsseitiger Hypothesentest |
|---|---|
| Die Wahrscheinlichkeit für **höchstens *k* Treffer** darf nicht höher als $\alpha^*$ sein: | Die Wahrscheinlichkeit für **mindestens *k* Treffer** darf nicht höher als $\alpha^*$ sein: |
| $\mathbf{P(X \leq k) \leq \alpha^*}$ | $\mathbf{P(X \geq k) \leq \alpha^*}$ |
| TR/Tabelle: kum. BV ($n$; $p_0$) | TR/Tabelle: kum. BV ($n$; $p_0$) |

**Linksseitig:**

| | |
|---|---|
| $P(X \leq 6) = 0,0172$ | **Ablehnungsbereich ($\leq 5\%$)** |
| $P(X \leq 7) = 0,0435$ | $\bar{A} = \{0;1;...;7\}$ |
| **0,05** | |
| $P(X \leq 8) = 0,0940$ | $A = \{8;9;...;30\}$ |
| $P(X \leq 9) = 0,1763$ | **Nicht-Ablehnungsbereich** |

**Rechtsseitig:**

| | |
|---|---|
| $P(X \leq 14) = 0,8246 \Rightarrow P(X \geq 15) = 0,1754$ | **Nicht-Ablehnungsb.** |
| $P(X \leq 15) = 0,9029 \Rightarrow P(X \geq 16) = 0,0971$ | $A = \{0;1;...;16\}$ |
| **0,05** | |
| $P(X \leq 16) = 0,9519 \Rightarrow P(X \geq 17) = 0,0481$ | $\bar{A} = \{17;18;...;30\}$ |
| $P(X \leq 17) = 0,9788 \Rightarrow P(X \geq 18) = 0,0212$ | **Ablehnungsb. ($\leq 5\%$)** |

**4. Schritt:** Ermittlung der Entscheidungsregel. Der Vergleich mit dem konkreten Stichprobenergebnis (siehe Aufgabenstellung) führt zur Entscheidung.

| Linksseitiger Hypothesentest | Rechtsseitiger Hypothesentest |
|---|---|
| Bei dem Wert 7 oder weniger wird die Hypothese abgelehnt, ansonsten nicht. | Bei dem Wert 17 oder mehr wird die Hypothese abgelehnt, ansonsten nicht. |



http://frv.tv/8w

**Beispiel 2**

Der Hersteller eines Medikaments behauptet, dass dieses bei mindestens 90 % der Patienten wirkt. Ein Konkurrent vermutet, dass diese Wahrscheinlichkeit zu hoch ist und testet das Medikament bei 50 Personen. Es wirkt bei 42 Personen.
Kann die Behauptung des Herstellers bei einem Signifikanzniveau von 5 % abgelehnt werden?

| | |
|---|---|
| **1. Schritt**<br>„Testart" erkennen;<br>Aufstellen der Null-hypothese | **Linksseitiger Hypothesentest** liegt vor<br>- Mindestwahrscheinlichkeit ist gegeben<br>- Vermutung, dass wirkliche Wahrscheinlichkeit geringer ist (geringe Werte sprechen gegen Behauptung)<br>- Nullhypothese $H_0$: $\boldsymbol{p_0 \geq 0{,}9}$ (Gegenhypothese $H_1$: $p_0 < 0{,}9$) |

| | |
|---|---|
| **2. Schritt**<br>Stichprobenumfang $n$;<br>Signifikanzniveau $\alpha^*$ | $n = 50$;<br>$\alpha^* = 5\%$ |

| | |
|---|---|
| **3. Schritt**<br>Definition Zufalls-größe;<br>Ermittlung von Ablehnungs- und Nicht-Ablehnungsbereich | X - Anzahl der Patienten, bei denen das Medikament wirkt;<br>$\mathbf{P(X \leq k) \leq 0{,}05}$<br>TR/Tabelle: kum. BV ($n = 50$; $p = 0{,}9$)<br>$P(X \leq 39) = 0{,}0094$ **Ablehnungsb. ( ≤ 5 %)**<br>$P(X \leq 40) = 0{,}0245$ $\overline{A} = \{0;1;...;40\}$<br>**0,05** ……………<br>$P(X \leq 41) = 0{,}0579$ $A = \{41;42;...;50\}$<br>$P(X \leq 42) = 0{,}1221$ **Nicht-Ablehnungsb.** |

| | |
|---|---|
| **4. Schritt**<br>Entscheidungsregel;<br>Entscheidung | **Entscheidungsregel:** Falls das Medikament bei 40 oder weniger Personen wirkt, wird die Hypothese des Herstellers abgelehnt. Falls es bei 41 oder mehr Personen wirkt, wird die Hypothese nicht abgelehnt.<br>**Entscheidung:** Da es bei 42 Personen wirkt, sollte die Hypothese des Herstellers nicht abgelehnt werden. |

**Tipp: Wahl der Nullhypothese und Gegenhypothese (Alternativhypothese)**

„ Die Behauptung, die der misstrauische Tester absichern möchte, sollte er als Gegenhypothese formulieren". Im Beispiel: Der Konkurrent vermutet, dass das Medikament bei weniger als 90 % wirkt. Deshalb formuliert er dies als Gegenhypothese. Wenn das Ergebnis dann im Ablehnungsbereich liegt, kann der die Nullhypothese ablehnen und die Gegenhypothese (Medikament wirkt bei weniger als 90 %) untermauern.

**Beispiel 3**

Der Hersteller eines Medikaments behauptet, dass dieses nur bei höchstens 8 % der Patienten Nebenwirkungen verursacht. Ein Konkurrent vermutet, dass diese Wahrscheinlichkeit zu gering ist und testet das Medikament bei 70 Personen. Bei 14 Personen treten Nebenwirkungen auf. Kann die Behauptung des Herstellers bei einem Signifikanzniveau von 5 % abgelehnt werden?

| | |
|---|---|
| **1. Schritt**<br>„Testart“ erkennen;<br>Aufstellen der Nullhypothese | **Rechtsseitiger Hypothesentest** liegt vor<br>- Höchstwahrscheinlichkeit ist gegeben<br>- Vermutung, dass wirkliche Wahrscheinlichkeit höher ist (hohe Werte sprechen gegen Behauptung)<br>- Nullhypothese $H_0$: $\boldsymbol{p_0 \leq 0,08}$ (Gegenhypoth. $H_1$: $p_0 > 0,08$) |

| | |
|---|---|
| **2. Schritt**<br>Stichprobenumfang $n$;<br>Signifikanzniveau $\alpha^*$ | $n = 70$;<br>$\alpha^* = 5\%$ |

| | |
|---|---|
| **3. Schritt**<br>Definition Zufallsgröße;<br>Ermittlung von Ablehnungs- und Nicht-Ablehnungsbereich | X - Anzahl der Patienten, bei denen das Medikament Nebenwirkungen verursacht;<br>$\mathbf{P(X \geq k) \leq 0,05}$<br>TR/Tabelle: kum. BV ($n = 70$; $p = 0,08$)<br>$P(X \leq 8) = 0,8946 \Rightarrow P(X \geq 9) = 0,1054$ **Nicht-Ablehnungsb.**<br>$P(X \leq 9) = 0,9486 \Rightarrow P(X \geq 10) = 0,0514$ $\mathbf{A = \{0;1;...;10\}}$<br>........................ **0,05** ........................<br>$P(X \leq 10) = 0,9772 \Rightarrow P(X \geq 11) = 0,0228$ $\mathbf{\overline{A} = \{11;12;...;70\}}$<br>$P(X \leq 11) = 0,9908 \Rightarrow P(X \geq 12) = 0,0092$ **Ablehnungsb. ($\leq$ 5 %)** |

| | |
|---|---|
| **4. Schritt**<br>Entscheidungsregel;<br>Entscheidung | **Entscheidungsregel:** Falls das Medikament bei 11 oder mehr Personen Nebenwirkungen verursacht, wird die Hypothese des Herstellers abgelehnt. Falls dies bei 10 oder weniger Personen auftritt, wird diese nicht abgelehnt.<br>**Entscheidung:** Da bei 14 Personen Nebenwirkungen auftreten, sollte die Hypothese abgelehnt werden. |

## 5.3 Fehler 1. Art ($\alpha$-Fehler; Irrtumswahrsch.) und 2. Art ($\beta$-Fehler)

**Allgemein:**

| | | **Realität** | |
| --- | --- | --- | --- |
| | | $H_0$ ist wahr | $H_0$ ist falsch |
| **Entscheidung (Testergebnis)** | $H_0$ nicht abgelehnt | richtig | **Fehler 2. Art ($\beta$ - Fehler)**<br>Hypothese wird nicht abgelehnt, obwohl sie falsch ist.<br>**Berechnung:** $\mathbf{P_{p^*}(X \in A) = ?}$ |
| | $H_0$ abgelehnt | **Fehler 1. Art ($\alpha$ - Fehler)**<br>Hypothese wird abgelehnt, obwohl sie wahr ist.<br>**Berechnung:** $\mathbf{P_{p_0}(X \in \overline{A})}$ | richtig |

**Achtung:** Der Fehler **2. Art ($\beta$ - Fehler)** kann nur berechnet werden, falls man $p^*$, die **„wirkliche Wahrscheinlichkeit"**, kennt.

**Am Beispiel 2** (siehe S. 180)

Der Hersteller eines Medikaments behauptet, dass dieses bei mindestens 90 % der Patienten wirkt. Ein Konkurrent vermutet, dass diese Wahrscheinlichkeit zu hoch ist und testet das Medikament bei 50 Personen.

Linkss. Hypothesentest: $p_0 \geq 0{,}9$; $\overline{\text{A}} = \{0; 1; ...; 40\}$; $\text{A} = \{41; 42; ...; 50\}$

<table>
<tr><td colspan="2"></td><th colspan="2">Realität</th></tr>
<tr><td colspan="2"></td><td>Herstellerbehauptung richtig:<br>Medikament wirkt bei mindestens 90 %</td><td>Herstellerbehauptung falsch:<br>Medikament wirkt bei weniger als 90 %</td></tr>
<tr><th rowspan="2">Entscheidung (Testergebnis)</th><td>Behauptung des Herstellers wird nicht abgelehnt</td><td>richtig</td><td>Fehler 2. Art ($\beta$ - Fehler)<br>Man lehnt nicht ab, obwohl Medikament bei weniger als 90 % wirkt.<br>$P_{p^*=?}(X \geq 41) = ?$</td></tr>
<tr><td>Behauptung des Herstellers wird abgelehnt</td><td>Fehler 1. Art ($\alpha$ - Fehler)<br>Man lehnt ab, obwohl Medikament bei mindestens 90 % wirkt.<br>$P_{p_0=0,9}(X \leq 40) \approx 0{,}0245$</td><td>richtig</td></tr>
</table>

## Ausführliche Erklärung

• **Fehler 1. Art ($\alpha$ - Fehler)**: Falls die Hypothese des Herstellers ($p_0$) stimmt (und das Medikament bei mind. 90 % der Patienten wirkt), wäre es die richtige Entscheidung, diese Hypothese nicht abzulehnen. Es wäre eine Fehlentscheidung, diese abzulehnen. Mit welcher Wahrscheinlichkeit wird diese Fehlentscheidung getroffen?
Die Hypothese wird abgelehnt, falls das beobachtete Ergebnis im Ablehnungsbereich liegt. Um die Wahrscheinlichkeit der Fehlentscheidung zu erhalten muss also die Wahrscheinlichkeit berechnet werden, dass **(bei Zugrundelegung von $p_0$)** ein Ergebnis auftritt, welches sich im Ablehnungsbereich befindet: $\mathbf{P_{p_0}(X \in \overline{A})}$. Da im Beispiel der Ablehnungsbereich aus allen Werten bis zum Wert 40 besteht, muss hierzu $P_{p=0,9}(X \leq 40)$ berechnet werden.

• **Fehler 2. Art ($\beta$ - Fehler)**: Falls die Hypothese des Herstellers ($p_0$) nicht stimmt (und das Medikament nicht bei mind. 90% der Patienten wirkt), wäre es die richtige Entscheidung, diese Hypothese abzulehnen. Es wäre eine Fehlentscheidung, diese nicht abzulehnen. Mit welcher Wahrscheinlichkeit wird diese Fehlentscheidung getroffen?
Die Hypothese wird nicht abgelehnt, falls das Ergebnis im Nicht-Ablehnungsbereich liegt. Um die Wahrscheinlichkeit der Fehlentscheidung zu erhalten muss also die Wahrscheinlichkeit berechnet werden, dass **(bei Zugrundelegung von $p^*$, der wirklichen Wahrscheinlichkeit)** ein Ergebnis auftritt, welches sich im Nicht-Ablehnungsbereich befindet: $\mathbf{P_{p^*}(X \in A)}$. Im Beispiel: $P_{p^*}(X \geq 41)$.

**Am Beispiel 3** (siehe S. 181)

Der Hersteller eines Medikaments behauptet, dass dieses nur bei höchstens 8 % der Patienten Nebenwirkungen verursacht. Ein Konkurrent vermutet, dass diese Wahrscheinlichkeit zu gering ist und testet das Medikament bei 70 Personen.
In der Realität treten jedoch bei 20 % („wirkliche Wahrscheinlichkeit") der Personen Nebenwirkungen auf.

Rechtss. Hypothesentest: $p_0 \leq 0,08$; $p^* = 0,20$; $A = \{0;1;...;10\}$; $\overline{A} = \{11;12;...;70\}$

**Fehler 1. Art ($\alpha$ - Fehler):** Man „glaubt" dem Hersteller nicht, dass bei höchstens 8 % Nebenwirkungen auftreten, obwohl dies eigentlich stimmt.
$P_{p_0=0,08}(X \geq 11) = 1 - P_{p_0=0,08}(X \leq 10) \approx 1 - 0,9772 = 0,0228$

**Fehler 2. Art ($\beta$ - Fehler):** Man „glaubt" dem Hersteller, dass bei höchstens 8 % Nebenwirkungen auftreten, obwohl dies nicht stimmt und in der Realität bei $p^* = 20\%$ Nebenwirkungen auftreten: $P_{p^*=0,20}(X \leq 10) \approx 0,1468$

**Hinweis:** Ein geringerer Wert des Signifikanzniveaus $\alpha^*$ (z.B. $\alpha^* = 1\%$) führt zu einem kleineren Ablehnungsbereich. Hierdurch verrringert sich die Gefahr, einen Fehler 1. Art (Irrtum) zu begehen.
$\Rightarrow \alpha$: Irrtumswahrscheinlichkeit; $\alpha^*$: max. Irrtumswahrsch. / Signifikanzniveau.

## 5.4 Zweiseitiger Hypothesentest

Falls ein **konkreter** Wahrscheinlichkeitswert und keine Mindest- bzw. Höchstwahrscheinlichkeit behauptet wird, widersprechen sowohl sehr große Werte als auch sehr kleine Werte dieser Behauptung. Hier gibt es also einen **linksseitigen und** einen **rechtsseitigen** Ablehnungsbereich, welche beide eine maximale Fehlerwahrscheinlichkeit von $\boldsymbol{\alpha^* / 2}$ aufweisen.

**Vorgehen (am Beispiel): Beidseitiger Hypothesentest**

**1. Schritt:** „Testart" erkennen und Aufstellen der Nullhypothese.

- Beh.: **Konkrete** Wahrscheinlichkeit ist gegeben (Nullhypothese: $H_0$: $\boldsymbol{p_0} = ...$)
- Verm.: Wirkl. Wahrscheinl. ist **geringer oder höher** als $p_0$ (Gegenhypoth.: $H_1$: $p_0 \neq ...$)

**Geringe <u>und</u> hohe Werte** sprechen **gegen die Behauptung.**

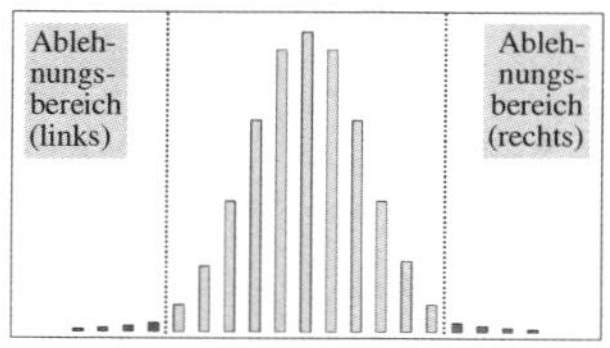


**2. Schritt :** Ablesen des Stichprobenumfangs $n$ (Anzahl der Durchführungen) und des Signifikanzniveaus $\alpha$ aus der Aufgabenstellung. (z.B. $n = 30$; $\alpha^* = 5\%$; $p_0 = 0,4$)

**3. Schritt:** Ermittlung des Ablehnungs- und Nicht-Ablehnungsbereiches.

Gegen die Behauptung sprechen **geringe Werte** **<u>und</u>** **hohe Werte;**

**Linksseitiger Ablehnungsbereich**

Die Wahrscheinlichkeit für **höchstens *k* Treffer** darf nicht höher als $\alpha^* / 2$ sein:

$$\mathbf{P(X \leq \mathit{k}) \leq \frac{\alpha^*}{2}}$$

TR/Tabelle: kum. BV ($n$; $p_0$)

$P(X \leq 5) = 0,0057$

$P(X \leq 6) = 0,0172$

**Ablehnungsbereich (≤ 2,5 %)** $\overline{A} = \{0;1;...;6\}$

........ **0,025** ........

$P(X \leq 7) = 0,0435$

$P(X \leq 8) = 0,0940$

**Nicht-Ablehnungsbereich**

**Rechtsseitiger Ablehnungsbereich**

Die Wahrscheinlichkeit für **mindestens *k* Treffer** darf nicht höher als $\alpha^* / 2$ sein:

$$\mathbf{P(X \geq \mathit{k}) \leq \frac{\alpha^*}{2}}$$

TR/Tabelle: kum. BV ($n$; $p_0$)

$P(X \leq 15) = 0,9029 \Rightarrow P(X \geq 16) = 0,0971$

$P(X \leq 16) = 0,9519 \Rightarrow P(X \geq 17) = 0,0481$

**Nicht-Ablehnungsb.**

........ **0,025** ........

$P(X \leq 17) = 0,9788 \Rightarrow P(X \geq 18) = 0,0212$

$P(X \leq 18) = 0,9917 \Rightarrow P(X \geq 19) = 0,0083$

$\overline{A} = \{18;19;...;30\}$ **Ablehnungsb. (≤ 2,5 %)**

$$A = \{7;8;...;17\}$$

**4. Schritt :** Ermittlung der Entscheidungsregel. Der Vergleich mit dem konkreten Stichprobenergebnis (siehe Aufgabenstellung) führt zur Entscheidung.

Bei einem Wert zwischen 7 und 17 wird die Hypothese nicht abgelehnt, ansonsten wird sie abgelehnt.



http://frv.tv/8y

**Beispiel**

Im vergangenen Jahr haben 15 % der Bevölkerung ein bestimmtes Medikament gekauft. Ein Marktforschungsunternehmen behauptet, dass dieser Marktanteil im aktuellen Jahr gleich geblieben (also weder gesunken noch gestiegen) ist.

Es werden 100 Personen befragt, ob sie das Medikament gekauft haben. 22 Personen geben dies an. Kann die Behauptung des Marktforschungsunternehmens bei einem Signifikanzniveau von 5 % abgelehnt werden?

**1. Schritt:** „Testart“ erkennen und Aufstellen der Nullhypothese.

- Behauptung: **Konkreter** Wahrscheinlichkeitswert
- Vermutung: Wirkliche Wahrscheinlichkeit ist **geringer oder höher** als $p_0$
- Nullhypothese $H_0$: $\boldsymbol{p_0 = 0{,}15}$ (Gegenhypoth. $H_1$: $p_0 \neq 0{,}15$)

**2. Schritt:** Stichprobenumfang $n$; Signifikanzniveau $\alpha^*$

$n = 100$; $\alpha^* = 5\%$

**3. Schritt:** Ermittlung des Ablehnungs- und Nicht-Ablehnungsbereiches.

X - Anzahl der Personen, die das Medikament gekauft haben;

Gegen die Behauptung sprechen

**geringe Werte** **und** **hohe Werte;**

**Linksseitiger Ablehnungsbereich**

$\mathbf{P(X \leq k) \leq 0{,}025}$

TR/Tabelle: kum. BV ($n = 100$; $p = 0{,}15$)

$P(X \leq 6) = 0{,}0047$

$P(X \leq 7) = 0{,}0122$

······ **0,025** ······

$P(X \leq 8) = 0{,}0275$

$P(X \leq 9) = 0{,}0551$

**Ablehnungsb. (≤ 2,5 %)** $\overline{A} = \{0;1;...;7\}$

**Nicht-Ablehnungsbereich**

**Rechtsseitiger Ablehnungsbereich**

$\mathbf{P(X \geq k) \leq 0{,}025}$

TR/Tabelle: kum. BV ($n = 100$; $p = 0{,}15$)

$P(X \leq 20) = 0{,}9337 \Rightarrow P(X \geq 21) = 0{,}0663$

$P(X \leq 21) = 0{,}9607 \Rightarrow P(X \geq 22) = 0{,}0393$

······ **0,025** ······

$P(X \leq 22) = 0{,}9779 \Rightarrow P(X \geq 23) = 0{,}0221$

$P(X \leq 23) = 0{,}9881 \Rightarrow P(X \geq 24) = 0{,}0119$

**Nicht-Ablehnungsb.**

$\overline{A} = \{23;24;...;100\}$ **Ablehnungsb. (≤ 2,5 %)**

$A = \{8;9;...;22\}$

**4. Schritt:** Entscheidungsregel und Entscheidung.

**Entscheidungsregel:** Falls mindestens 8 und höchstens 22 Personen angeben, das Medikament gekauft zu haben, wird die Hypothese nicht abgelehnt, ansonsten schon.

**Entscheidung:** Da 22 Personen angeben, das Medikament gekauft zu haben, sollte die Hypothese nicht abgelehnt werden.

# 6. Normalverteilung

## 6.1 Unterschied zur Binomialverteilung

Um die Normalverteilung zu verstehen ist es sinnvoll, sie mit der (aus dem Vorkapitel) bekannten Binomialverteilung zu vergleichen.

| | **Binomialverteilung** | **Normalverteilung** |
|---|---|---|
| Beispiel für Zufallsexperiment und mögliches Ergebnis. | Münze wird 10 mal geworfen.<br>Ergebnis: $X = 4$ mal Wappen | Messung der Körpergröße einer zufällig ausgewählten männlichen Person.<br>Ergebnis: $X = 174,2364\ldots cm$ |
| Welche Werte kann die Zufallsgröße annehmen? | Zufallsgröße gibt gesamte Anzahl an „Treffern" an und kann somit **nur ganzzahlige Werte** annehmen.<br>Es handelt sich also um eine **diskrete Verteilung**. | Zufallsgröße gibt gemessene Körpergröße an und kann damit **auch „Kommazahlen"** annehmen.<br>Es handelt sich also um eine **stetige Verteilung**. |

## 6.2 Normalverteilung und Gaußsche Glockenkurve (Dichtefunktion)

### 1. Einführung der Gaußschen Glockenkurve am Beispiel

Die Körpergröße, das Gewicht oder die Intelligenz von Menschen ist normalverteilt. Mittlere Werte sind wahrscheinlich, extreme Werte hingegen unwahrscheinlich.

**Beispiel:** Messung der Körpergröße bei einer zufällig ausgewählten männlichen Person.

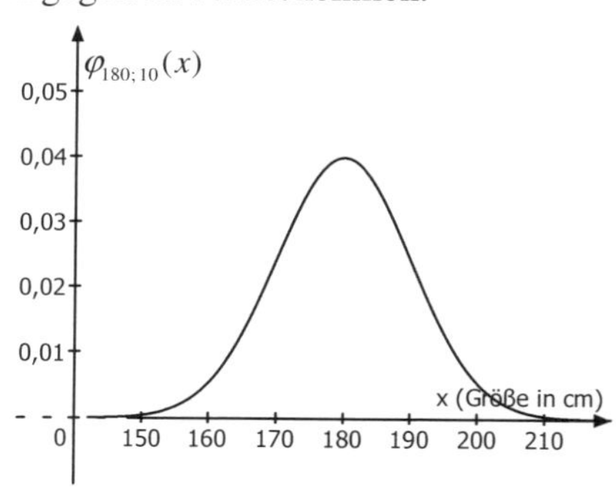


Bei der Gaußschen Glockenkurve $\varphi_{\mu;\sigma}$ ($\varphi_{180;10}$) hat der Bereich um den Erwartungswert ($\mu = 180$ cm) die größte Wahrscheinlichkeit.

Die Standardabweichung (hier $\sigma = 10$) bestimmt, wie sehr die Werte um den Erwartungswert streuen und gibt die Breite der Verteilung an.

**Achtung: Funktionswerte** von $\varphi_{\mu;\sigma}$ stellen **nicht die Wahrscheinlichkeiten** der einzelnen Werte dar!
Die Wahrscheinlichkeit (jedes) einzelnen Wertes beträgt 0%: z.B. $P(X = 170) = 0$!
Grund: Die Wahrscheinlichkeit, dass jemand, auf unendlich viele Kommastellen genau, 170,000000 …0 cm groß ist, beträgt 0%.



http://frv.tv/7n

## 2. Mathematische Merkmale der Gaußschen Glockenkurve

- Bei $\boldsymbol{x = \mu}$ **(Erwartungswert)** hat die Kurve ihr **Maximum**.
  Der **Maximalwert** kann (grob) durch die Formel $\boldsymbol{\varphi_{\mu;\sigma}(\mu) = \frac{0,4}{\sigma}}$ berechnet werden.
  Im Beispiel: $\varphi_{180;10}(\mu) = \frac{0,4}{\sigma} = \frac{0,4}{10} = 0,04$
  somit Hochpunkt H(180 | 0,04).
- Die **Wendestellen** der Kurve sind bei $\boldsymbol{x_1 = \mu - \sigma}$ und $\boldsymbol{x_2 = \mu + \sigma}$.
  Im Beispiel:
  $x_1 = 180 - 10 = 170;\ x_2 = 180 + 10 = 190$
- Der Flächeninhalt zwischen Kurve und $x$-Achse beträgt 1.

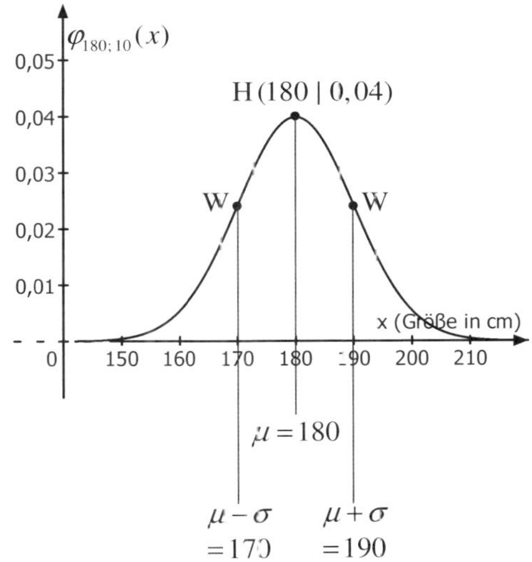


## 3. Wahrscheinlichkeitsberechungen anhand der Gaußschen Glockenkurve

Über den **Inhalt der Fläche unter der Kurve** können **Wahrscheinlichkeiten** berechnet werden.

$$\mathbf{P(X \leq k) = \int_{-\infty}^{k} \varphi_{\mu;\sigma}(x)dx}$$

**Beispiel**

Wie groß ist die Wahrscheinlichkeit, dass eine zufällig ausgewählte Person höchstens 174 cm groß ist?

$$P(X \leq 174) = \int_{-\infty}^{174} \varphi_{180;10}(x)dx \overset{\text{WTR}}{\approx} 0,2743$$

| **Eingabe in WTR** | |
|---|---|
| Kumulierte Normalverteilung | |
| Untere Grenze | : −1000 |
| Obere Grenze | : 174 |
| $\mu$ | : 180 |
| $\sigma$ | : 10 |

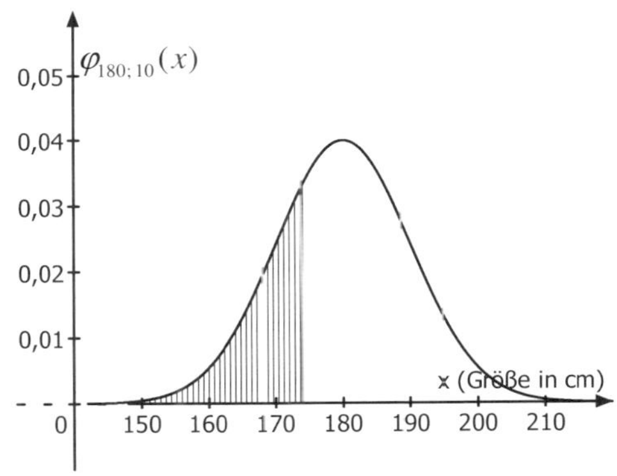

## 6.3 Aufgabentypen

Im Vergleich zur Binomialverteilung ist die Bearbeitung einfacher, da die Eingabe in den Taschenrechner (WTR) komfortabler ist.

**Aufgabentypen**

**Beispiel :** Die Körpergröße vom Männern ist näherungsweise normalverteilt mit dem Erwartungswert $\mu = 180$ cm und der Standardabweichung $\sigma = 10$ cm.

Mit welcher Wahrscheinlichkeit ist ein zufällig ausgewählter Mann ...

| | |
|---|---|
| **1. „höchstens *k*“** (bzw. „weniger als *k*“) | ... höchstens 174 cm groß? (bzw. weniger als) |
| $\mathbf{P(X \leq k)}$ (bzw. $P(X < k)$) | $P(X \leq 174) \overset{WTR}{\approx} 0{,}2743$ |

**Eingabe in WTR**
Kumulierte Normalverteilung
Untere Grenze : $-1000$
Obere Grenze : 174
$\mu$ :180
$\sigma$ :10

| | |
|---|---|
| **2. „mindestens *k*“** (bzw. „mehr als *k*“) | ... mind. 192 cm groß? (bzw. mehr als) |
| $\mathbf{P(X \geq k)}$ (bzw. $P(X > k)$) | $P(X \geq 192) \overset{WTR}{\approx} 0{,}1151$ |

**Eingabe in WTR**
Kumulierte Normalverteilung
Untere Grenze :192
Obere Grenze :1000
$\mu$ :180
$\sigma$ :10

| | |
|---|---|
| **3. „mind. $k_1$ und höchst. $k_2$“** (bzw. „mehr als $k_1$ und weniger als $k_2$“) | ... mind. 183 cm und höchst. 195 cm groß? |
| $\mathbf{P(k_1 \leq X \leq k_2)}$ (bzw. $P(k_1 < X < k_2)$) | $P(183 \leq X \leq 195) \overset{WTR}{\approx} 0{,}3153$ |

**Eingabe in WTR**
Kumulierte Normalverteilung
Untere Grenze : 183
Obere Grenze : 195
$\mu$ :180
$\sigma$ :10

**Wichtige Unterschiede zu den Aufgabentypen bei Binomialverteilung**

- Bei Normalverteilung ist der Aufgabentyp $P(X = k)$ **nicht sinnvoll**, da stets $P(X = k) = \mathbf{0}$ gilt (S. 188, jede Einzelwahrscheinlichkeit hat den Wert 0).
- Zudem muss wegen $P(X = k) = 0$ muss **nicht** zwischen $P(X \leq k)$ und $P(X < k)$ **unterschieden** werden.



http://frv.tv/7o

**Beispiel**

Das Gewicht von auf einer Maschine produzierten Tischtennisbällen ist normalverteilt mit dem Erwartungswert 2,7 g und der Standardabweichung von 0,3 g.

**a)** Mit welcher Wahrscheinlichkeit wiegt ein zufällig aus der Produktion entnommener Ball mindestens 3 g?

$P(X \geq 3) \overset{\text{WTR}}{\approx} 0{,}1587$

A: Mit einer Wahrscheinlichkeit von 15,87 %.

**Eingabe in WTR**
Kumulierte Normalverteilung
Untere Grenze : 3
Obere Grenze : 1000
$\mu$ : 2,7
$\sigma$ : 0,3

**b)** Mit welcher Wahrscheinlichkeit wiegt ein zufällig aus der Produktion entnommener Ball mehr als 3 g?

$P(X > 3) \overset{\text{WTR}}{\approx} 0{,}1587$

A: Mit einer Wahrscheinlichkeit von 15,87 %.

**Hinweis:** Keine Unterscheidung zwischen „mindestens“ und „ mehr als“ nötig. Siehe Vorseite.

**Eingabe in WTR**
Kumulierte Normalverteilung
Untere Grenze : 3
Obere Grenze : 1000
$\mu$ : 2,7
$\sigma$ : 0,3

**c)** Mit welcher Wahrscheinlichkeit wiegt ein zufällig aus der Produktion entnommener Ball zwischen 3 g und 3,2 g?

$P(3 \leq X \leq 3{,}2) \overset{\text{WTR}}{\approx} 0{,}1109$

A: Mit einer Wahrscheinlichkeit von 11,09 %.

**Eingabe in WTR**
Kumulierte Normalverteilung
Untere Grenze : 3
Obere Grenze : 3,2
$\mu$ : 2,7
$\sigma$ : 0,3

**d)** Mit welcher Wahrscheinlichkeit wiegt ein zufällig aus der Produktion entnommener Ball mehr als 2,8 g und höchstens 3 g?

$P(2{,}8 < X \leq 3) \overset{\text{WTR}}{\approx} 0{,}2108$

A: Mit einer Wahrscheinlichkeit von 21,08 %.

**Eingabe in WTR**
Kumulierte Normalverteilung
Untere Grenze : 2,8
Obere Grenze : 3
$\mu$ : 2,7
$\sigma$ : 0,3

**Liebe Schülerinnen und Schüler,**
über Fragen oder Anregungen zu den Inhalten dieses Buches freue ich mich sehr.

*Stefan Rosner*
(stefan_rosner@hotmail.com)